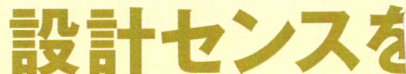

空間認識力"モチアゲ"

「勘」と「論理力」と
「ポンチ絵スキル」をアップ！

山田 学 著
Yamada Manabu

「図面って」シリーズ 番外編

日刊工業新聞社

ポンチ絵は、文字や言葉を上回る世界共通言語

　設計にかかわらず、業務を素早くスムーズに進行するために情報交換、意見交換などのコミュニケーションが重要です。最近は、隣の席に座っている同僚や上司、あるいは部下に対して電子メールで連絡を行うことが当たり前となっているのではないでしょうか？
　電子メールのメリットは、言葉約束による「言った、言わない」を防止するための証拠として履歴を残すことができる点ですが、文字だけのやりとりで明確に意思が伝わるかというと疑問が残ります。

　例えば、「かご台車」と呼ばれる製品を第三者に説明する場合、言葉や文字だけで説明しようとすると、次のようになります。
・キャスターが4個ついた商品移動用の手押し車。
・パイプをU字形に曲げたフレームが底板の上、三面に立てられている。
・フレームには商品が落下しないようにワイヤーが等間隔に取りつけられている。
・前面にステーとゴムバンドがフレームにひっかけるように取りつけられている。

　言葉として丁寧に説明したつもりですが、かご台車の知識を持たない者にとって、上記の言葉だけで、かご台車の構造をイメージすることは難しいかもしれませんね。

　本来なら、写真や3次元モデルがあって、それを示せばすむのですが、まだ具現化していないアイデアの段階ではそうはいきません。
　「頭の中にあるアイデアは、CADで設計した後でないと見せられへんわ！」と反論するかもしれません。
　しかし、エンジニアには言葉以上に意思を的確に伝達する魔法の2つの武器があります。
・**図面**…設計完了後に、部品を加工するための詳細な情報を描き表した文書。
・**ポンチ絵**…頭の中にあるアイデアを簡易的に具現化して第三者に伝えるイラスト。

　そう、ポンチ絵が描ければ、時間をかけてCADで設計しなくても、マジシャンのようにあっという間にアイデアを具現化してみせることができるのです。

百聞は一見にしかず、かご台車を、ポンチ絵で表してみましょう。

ポンチ絵は、文字や言葉の補足がなくても、構造を一目でわからせることができます。

さらに、このポンチ絵を見ると、丁寧に説明した言葉には現れなかった、キャスター固定用のレバーや看板、隣接するフレーム同士を固定する金具なども見ることができます。

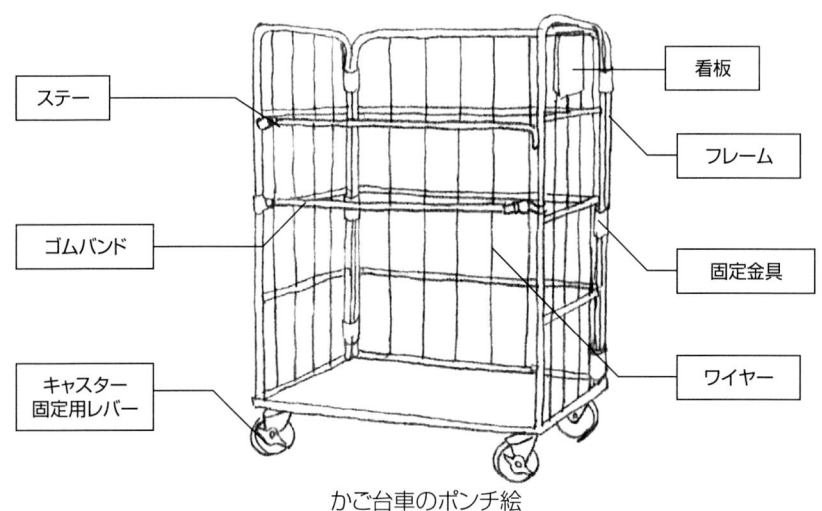

かご台車のポンチ絵

ポンチ絵をストレスなく描くことができれば、一人前のエンジニアに一歩近づくことができます。

しかし残念なことに、製図の新人研修などで若手エンジニアを教えていると、機械系の学部を卒業しても「形状を理解できない」「3次元的な空間を把握できない」人も多く、ポンチ絵を描くどころか形状を理解させることを優先せざるを得ない状況です。

よく耳にする「設計センスがある、設計センスがない」という言葉は、大きさや奥行きを把握し新たな形状を創造する力、つまり空間認識力の有無の違いであると思います。

設計センスを磨くには、機械設計の基本である「製図」、いやいや！・・その前の段階のポンチ絵を描くことが良い練習になると確信しています。

ポンチ絵を描くことで、論理的に物事をとらえる力を養い、設計においてアイデアを生み出し省スペース化に必要な空間認識力、理解しやすい図面を描くために必

要な製図力を向上させる力がつくと確信しています。

　ポンチ絵の基本はフリーハンドで描くことです。フリーハンドの場合、個人によって上手下手の差が激しく、下手な人ほどポンチ絵を描くことを敬遠しがちになりますが、決して上手に描く必要はないのです。線の傾きやうねりなど気にせず、形が理解できれば十分であると理解しましょう。

　「ポンチ絵＝適当なイラスト」というイメージがありますが、大きさの概念を忘れて描くと、後で失敗することがあります。

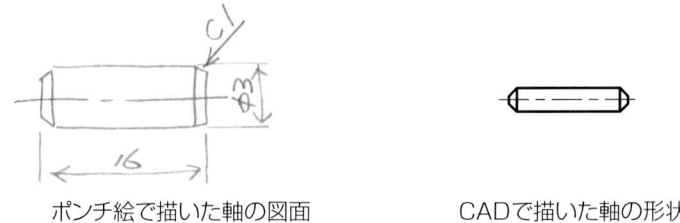

ポンチ絵で描いた軸の図面　　　　　　CADで描いた軸の形状

　上図のようにポンチ絵に寸法を記入した例を見ると、特に問題があるようには見えません。しかし、直径3mmの軸の両端に「C1（45°で1mmの角を取る）」面取りがあるので、実際の形状はCAD図のように先端がかなり尖った状態の軸ができあがり、予想外の軸ができてビックリ！ということが発生するのです。
　このようにポンチ絵を描くにも、大きさの概念も把握して描く必要があることがわかると思います。

　また、「形状を理解できない」「3次元的な空間を把握できない」人に共通することが、「人の話を聞かない」「早合点して勘違いする」ことです。

このような人に、「話をよく聞け！」「問題をよく読んで理解しろ！」と言っても、まったく効果がありません。

そこで本書では、演習問題の出題に工夫を凝らし、課題と問題の2点で簡潔に指示を出します。

課題…しなければいけないこと、ミッション
問題…結果の提示、クリアしなければいけない制約条件

本書の目的と到達点を確認しましょう。
到達点：大きさや姿勢変化の感覚を養い、新たな形状を創造する力を得て、ポンチ絵を描けるようにすること
目　的：空間認識力を向上し、設計業務に対するモチベーションをアゲること
　　　　（モチアゲ！）

読者の皆様からのご意見や問題点のフィードバックなど、ホームページを通して紹介し、情報の共有化やサポートができ、少しでも良いものにしたいと念じております。

「Lab notes by 六自由度」
書籍サポートページ
http://www.labnotes.jp/

最後に、本書の執筆にあたり、ポンチ絵作成と解説にご協力いただいたシグマテック代表の福崎稔浩 技術士（機械部門）、お世話いただいた日刊工業新聞社出版局の方々にお礼を申し上げます。

2013年4月

山田　学

目次 CONTENTS

ポンチ絵は、文字や言葉を上回る世界共通言語 ……………………………… i

第1章 サイズセンス モチアゲの基本 ～大きさの勘を養う!～ …… 1
- 1-1 長さを見極める ……………………………………………… 2
- 1-2 矩形の大きさを見極める …………………………………… 7
- 1-3 円の大きさを見極める ……………………………………… 10
- 1-4 平面上の空間距離を見極める ……………………………… 13
- 1-5 角度の大きさを見極める …………………………………… 16

第2章 機構センス モチアゲの基本 ～姿勢の変化や軌跡を読む!～ …… 23
- 2-1 回転図形を想像する ………………………………………… 24
- 2-2 対称(鏡映)図形を想像する ………………………………… 32

第3章 レイアウトセンス モチアゲの基本 ～組み合わせと分割を想像する!～ …… 39
- 3-1 図形の組み合わせパターンを洗い出す …………………… 40
- 3-2 図形の分割パターンを洗い出す …………………………… 50

第4章 形状認識センス モチアゲの基本 ～投影図のルールを知る!～ …… 63
- 4-1 立体と投影図の関係を知る ………………………………… 64
- 4-2 傾斜や曲面の落とし穴を知る ……………………………… 71
- 4-3 後ろに隠れた形状の表し方を知る ………………………… 74

第5章 形状把握センス モチアゲの基本 ～複数の投影図から形状を確定する!～ …… 85
- 5-1 投影法のルールについて知る ……………………………… 86
- 5-2 大きさを合わせて投影図を描く …………………………… 93
- 5-3 大きさの比率を変えて投影図を描く ……………………… 98
- 5-4 投影図から立体を想像する ………………………………… 101

第6章 アイデア発想センス モチアゲの基本 ～オリジナルの形状を創造する!～ ……………… 111
    6-1 足りない投影図から形状を創造する ……………… 112

第7章 空間認識センスSTEP1 モチアゲの基本 ～常に空間を意識する!～ ……………… 129
    7-1 複数形状から奥行きの優先を知る ……………… 130
    7-2 重なる立体を推測する ……………… 132
    7-3 転がる立体を推測する ……………… 137
    7-4 連続して転がる過程を書きとめる ……………… 139
    7-5 立体の展開図形を考える ……………… 142
    7-6 板金構造の展開形状を考える ……………… 144

第8章 空間認識センスSTEP2 モチアゲの基本 ～仮想の断面を想像する!～ ……………… 155
    8-1 単品の断面を想像する ……………… 156
    8-2 組品の断面を想像する ……………… 160

第9章 空間認識センスSTEP3 モチアゲの基本 ～組立図から部品を見極める!～ ……………… 167
    9-1 単品と複数部品を見分ける ……………… 168
    9-2 少ない情報の組立図から部品形状を類推する ……………… 179

第10章 アイデア表現センス モチアゲの基本 ～ポンチ絵は世界の共通言語!～ ……………… 191
    10-1 立体のポンチ絵を描く手順を盗む ……………… 192

第1章

サイズセンス モチアゲの基本
～大きさの勘を養う！～

図面上の大きさは、CADがあったら測れるし、部品の大きさは定規があったら簡単に測れるやん！

ツールを使わずに、感覚的にあるいは身の回りにあるものを代用して、大きさを把握する能力が設計には必要なんや！

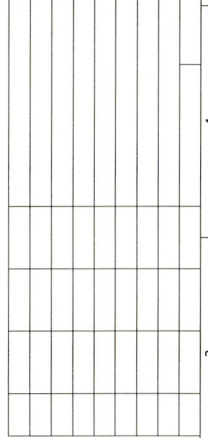

1-1	長さを見極める
1-2	矩形の大きさを見極める
1-3	円の大きさを見極める
1-4	平面上の空間距離を見極める
1-5	角度の大きさを見極める

第1章　1　長さを見極める

　目測で長さ・大きさ・距離の目安をつけることができると、サイズセンスが向上します。機械部品の長さや大きさの単位は、mm（ミリメートル）で表されます。まずは、**長さ**の感覚をつかみましょう。

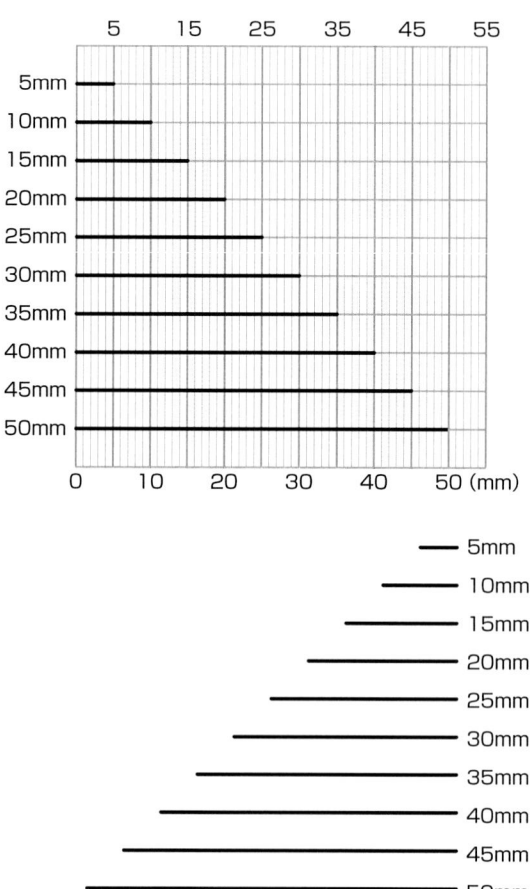

(*'ｪ'*)ﾉ　勘どころ

例えば、人差し指の指先から第一関節までが××㎜、手を開いた直線距離が×××㎜など、体の一部を長さの基準として知っておくと目安がつけやすくなるでしょう。

■D(̄ー ̄*)コーヒーブレイク

　自分自身の体の一部を大まかなスケールとして活用しましょう。利き手とは反対側の手を使うと、利き手でメモをすることができ、実用的です。
　備忘録として、皆さんの手のひらの長さを枠内に記入しておきましょう！

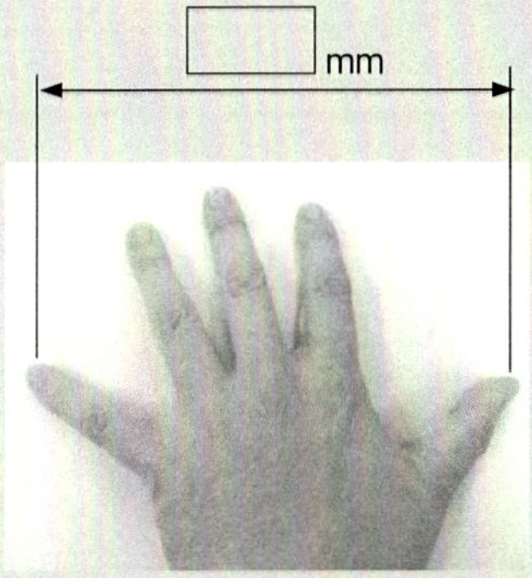

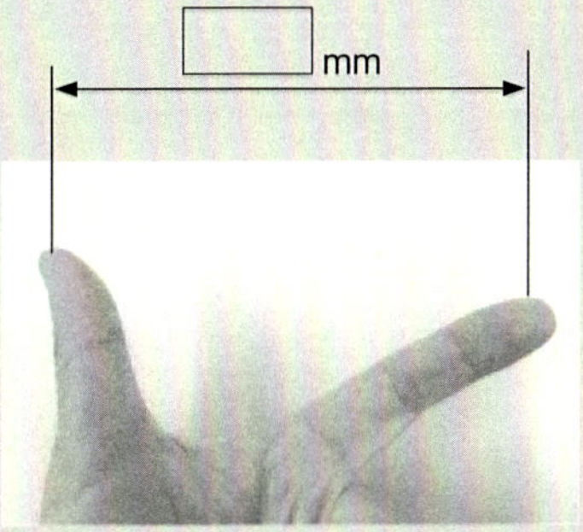

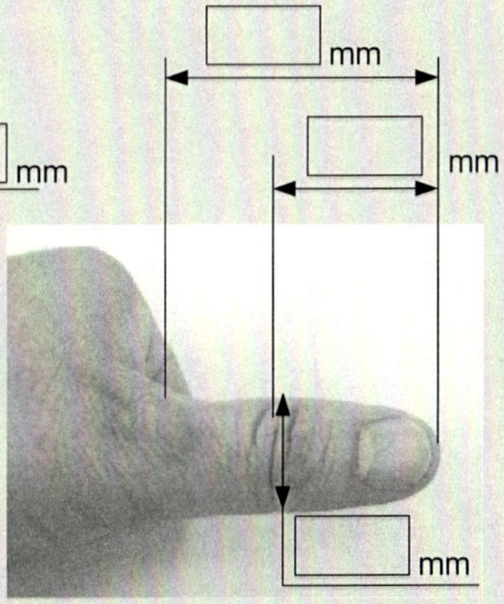

[____]mm　　　　　　　　　　　　　[____]mm

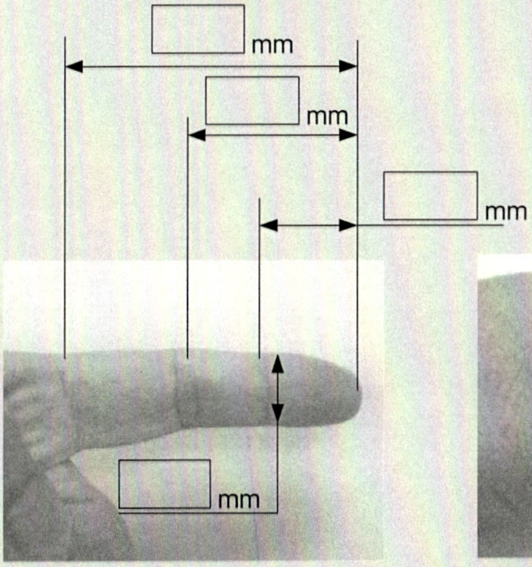

[____]mm　　　　　　　　　　　　　[____]mm
[____]mm　　　　　　　　　　　　　[____]mm
[____]mm　　　　　　　　　　　　　[____]mm
[____]mm

　比較的長い距離を測る場合、靴のつま先からかかとまでの長さを知っておくと、歩数から距離を換算することができます。

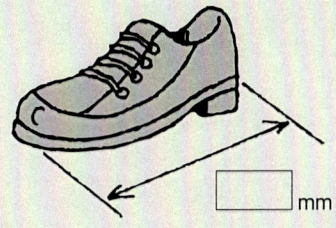

[____]mm

第1章　サイズセンス モチアゲの基本～大きさの勘を養う～

【演習1-1】　　　　　　　　　　　　　　　　　　　　　LEVEL 0

課題 　直線A～Eの中から長さの異なるものを選択すること。
問題 　定規を使わずに、長さの異なる直線のアルファベットに丸印をつけること。

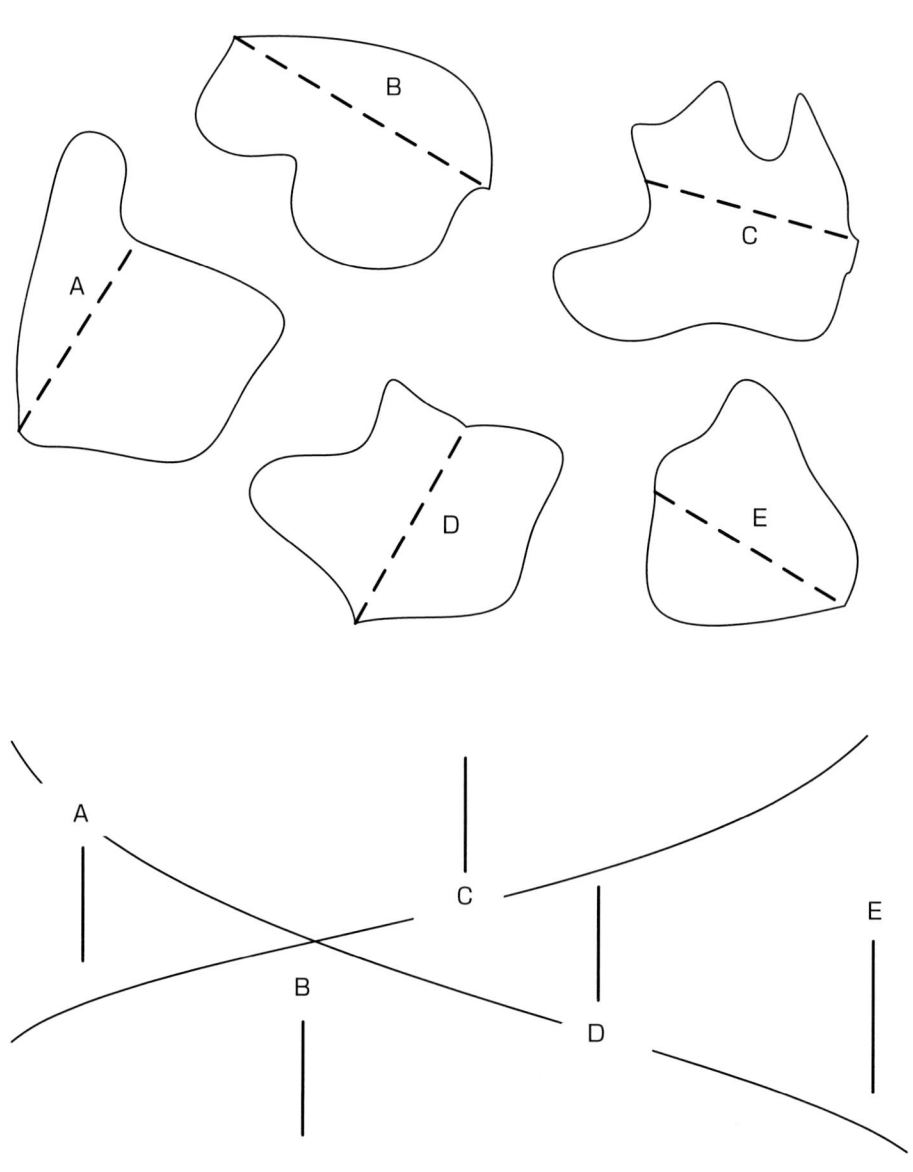

【演習1-2】　　　　　　　　　　　　　　　　　　　　　　　LEVEL 1

課題 水平に配置された直線A～Fの長さを解答すること。
問題 定規を使わずに、20mm、30mm、40mm、50mmの中から選択し、解答枠に長さの数値を記入すること。

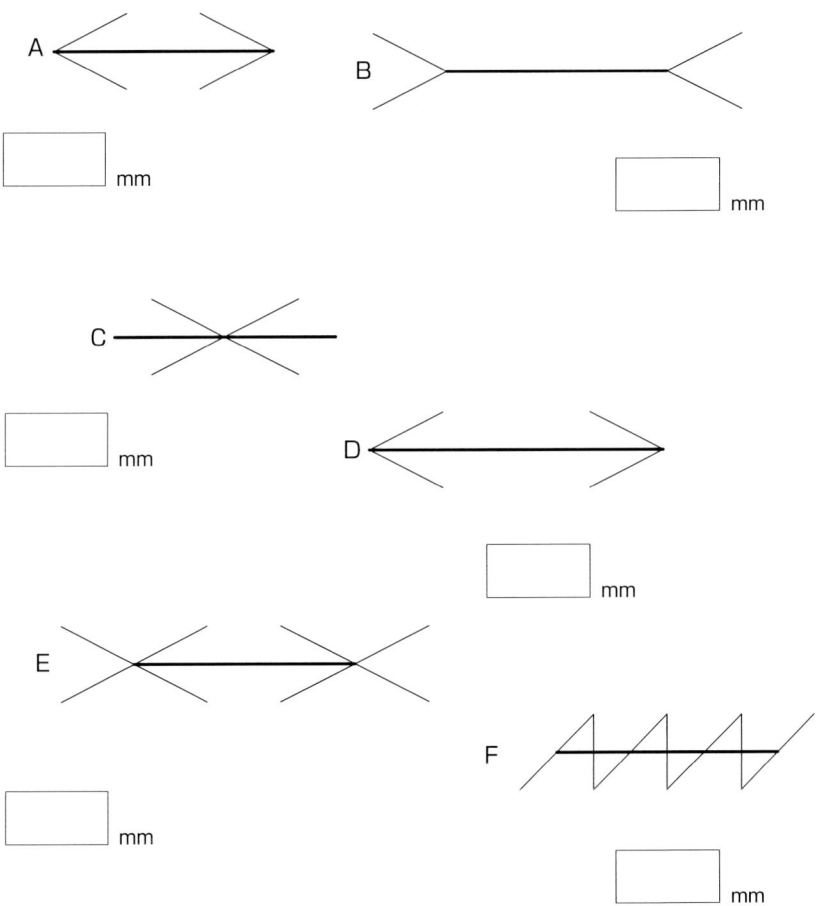

第1章　サイズセンス モチアゲの基本～大きさの勘を養う～

【演習1-3】 LEVEL 1

課題 図形に配置された直線の長さを解答すること。

問題 定規を使わずに、10mm、15mm、20mm、25mmの中から選択し、解答枠に長さの数値を記入すること。ただし、この図形に使用している直線は、全て同じ長さである。

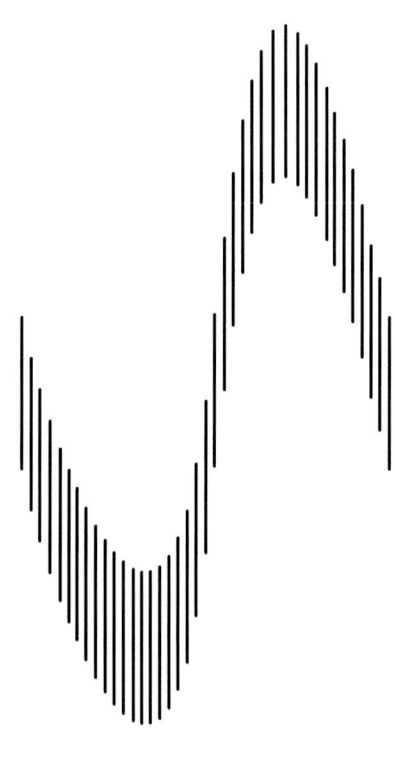

解答欄 ☐ mm

第1章 2 矩形の大きさを見極める

　広がった領域を面といい、平らな面を平面、うねりのある面を曲面といいます。長方形のように四つの角をもった平面図形を矩形（くけい）と呼びます。まずは、**矩形の大きさ**から感覚をつかみましょう。

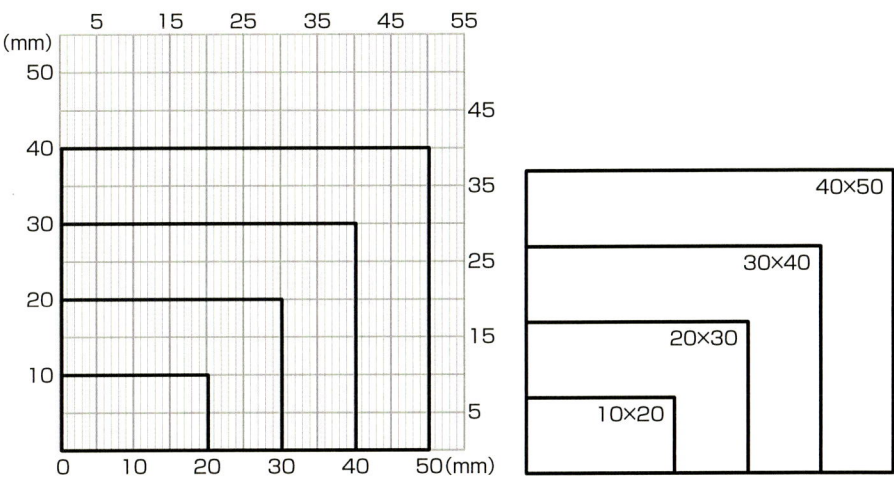

(*'ｪ'*)ﾉ　勘どころ

平面図形である矩形は、辺の長さが1本の直線で構成されています。3次元CADでは、一本の線を引き伸ばすことで矩形（平面）を作成することができます。

3次元CADで矩形を作る例

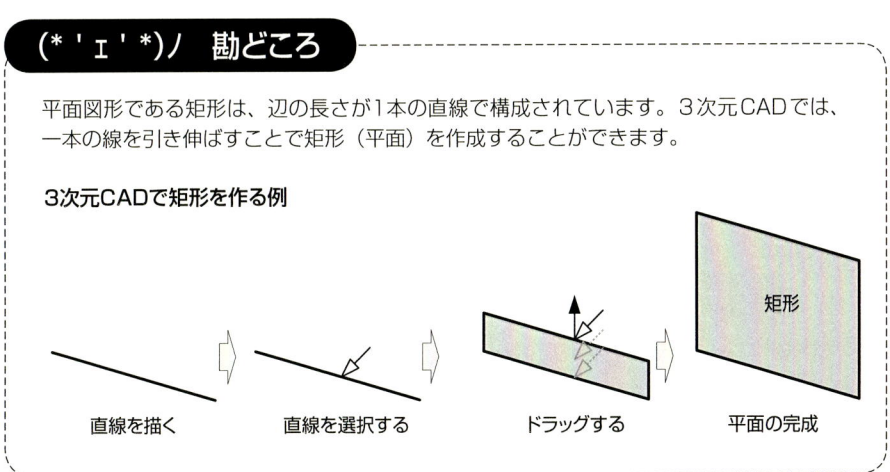

第1章　サイズセンス モチアゲの基本～大きさの勘を養う～

■D(￣ー￣*)コーヒーブレイク

矩形の大きさを計測するための手段

①身の回りのものを利用する
・用紙（周りを探してみるとすぐに見つかるアイテムです）

本書の大きさです →

用紙 (用途)	A1 (ポスター)	A2 (ポスター)	A3 (コピー紙)	A4 (コピー紙)	A5 (専門書)	A6 (文庫本)
短手方向	594mm	420mm	297mm	210mm	148mm	105mm
長手方向	841mm	594mm	420mm	297mm	210mm	148mm

・紙幣やカード類（財布に必ず入っているアイテムです）

金額	1000円	2000円	5000円	10000円	クレジットカード ICカード
短手方向	76mm	76mm	76mm	76mm	54mm
長手方向	150mm	154mm	155mm (新渡戸稲造) 156mm (樋口一葉)	160mm	85.6mm

②計測器を利用する
・金属製直尺（作業着の腕ポケットに入るサイズで、エンジニア必携アイテムです）

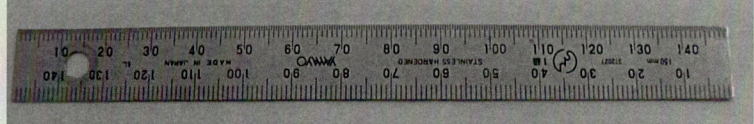

・ノギス（0.05mm単位まで計測できる長さや大きさを測る代表的な計測器です）

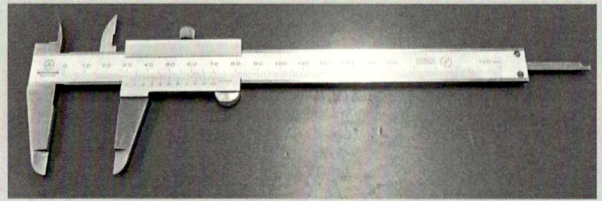

・マイクロメータ（0.01mm単位まで計測できる精度の高い計測器です）

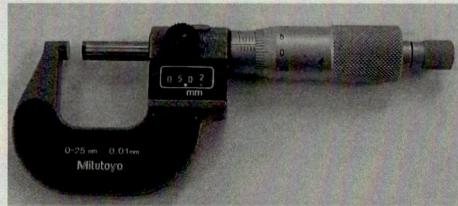

【演習1-4】　LEVEL 1

課題　矩形A〜Dの大きさを解答すること。

問題　定規を使わずに、「短辺×長辺」の数値を解答欄に記入すること。数値は10mm、20mm、30mm、40mm、50mmの中から選択すること。

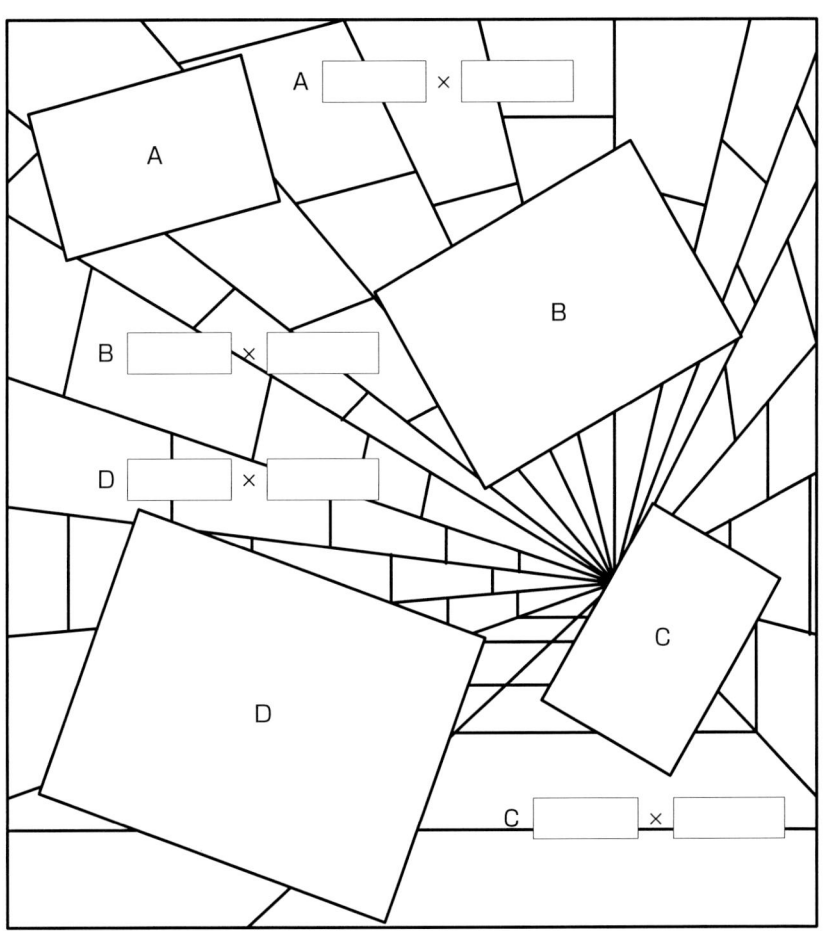

φ(@°▽°@)　メモメモ

縦横比（アスペクトレシオ）：長方形の短辺と長辺の比率をいいます。　**黄金比**：黄金比は、1：1.6の縦横比で名刺などに使われ、デザイン的に見て美しいとされます。　**白銀比**：白銀比は、1：1.4の縦横比で葉書やコピー用紙に用いられ、黄金比同様に美しい比とされます。

第1章　サイズセンス モチアゲの基本〜大きさの勘を養う〜

| 第1章 | 3 | # 円の大きさを見極める |

　1本の線の両端を丸くつないで面形状にしたものが円です。大きさは直径で表します。直径は記号「φ」で表され、中心点を通り両端の点が円周上にある直線の長さです。**円の大きさ**の感覚をつかみましょう。

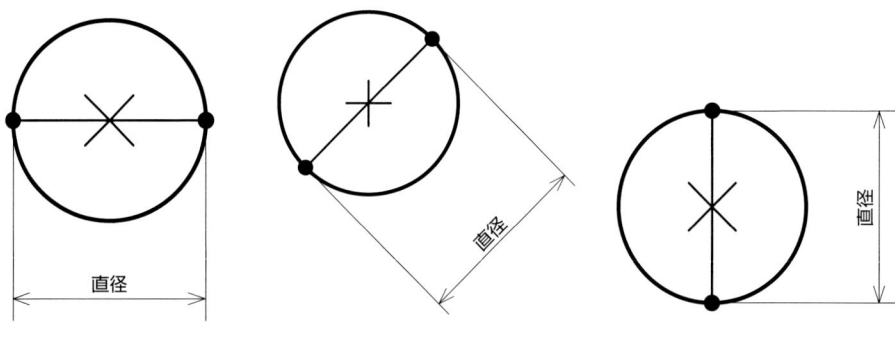

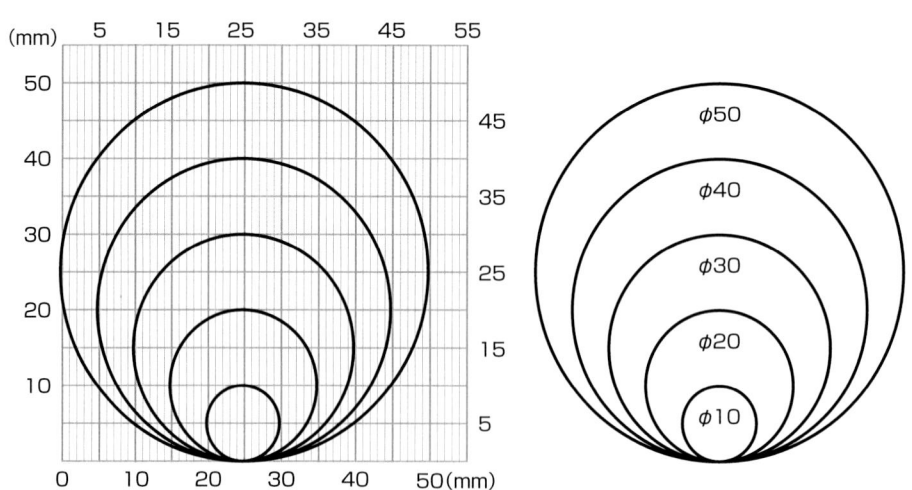

(*'ｴ'*)ﾉ　勘どころ

　直径の英語はDiameterなので、力学など計算の世界ではDやdを使います。しかし図面で直径を表す場合、記号φを使います。読み方は「まる」あるいは「ファイ」と呼びます。例えば、直径10mmの場合、φ10と表します。

■D(￣ー￣*)コーヒーブレイク

円の大きさを計測するための手段

①身の回りのものを利用する
・硬貨(財布に必ず入っているアイテムです)

硬貨	1円	5円	10円	50円	100円	500円
直径	φ20mm	φ22mm 穴5mm	φ23.5mm	φ21mm 穴4mm	φ22.6mm	φ26.5mm

・音楽やパソコン用コンパクトディスク(CD)　外径φ120mm、穴径φ15mm
・セロハンテープやガムテープの内径　約φ75mm

②計測器を利用する
・ノギス(0.05mm単位で外径を計測でき、穴径や溝幅も計測できます)

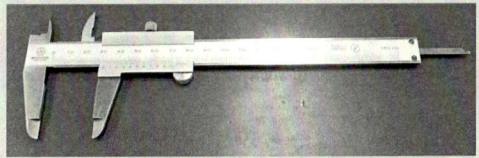

・マイクロメータ(0.01mm単位で外径を計測できますが、穴径は計測できません)

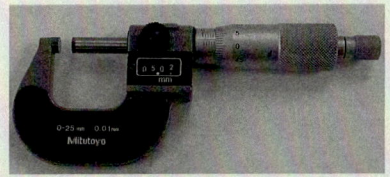

・シリンダーゲージ(0.01mm単位で穴径を計測できますが、外径は計測できません)

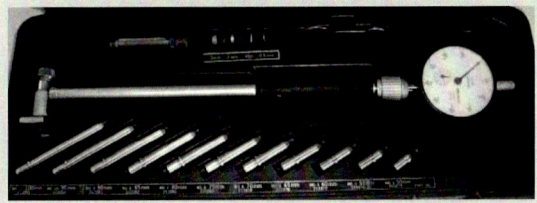

・ラジアスゲージ(半径を計測するための基準型となるものです)

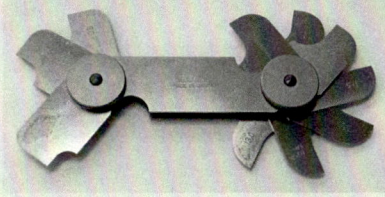

【演習1-5】　LEVEL 1

課題 グレー色の円A〜Dの直径の大きさを解答すること。

問題 定規を使わずに、φ10mm、φ20mm、φ30mm、φ40mm、φ50mmの中から選択し、解答枠に直径の数値を記入すること。

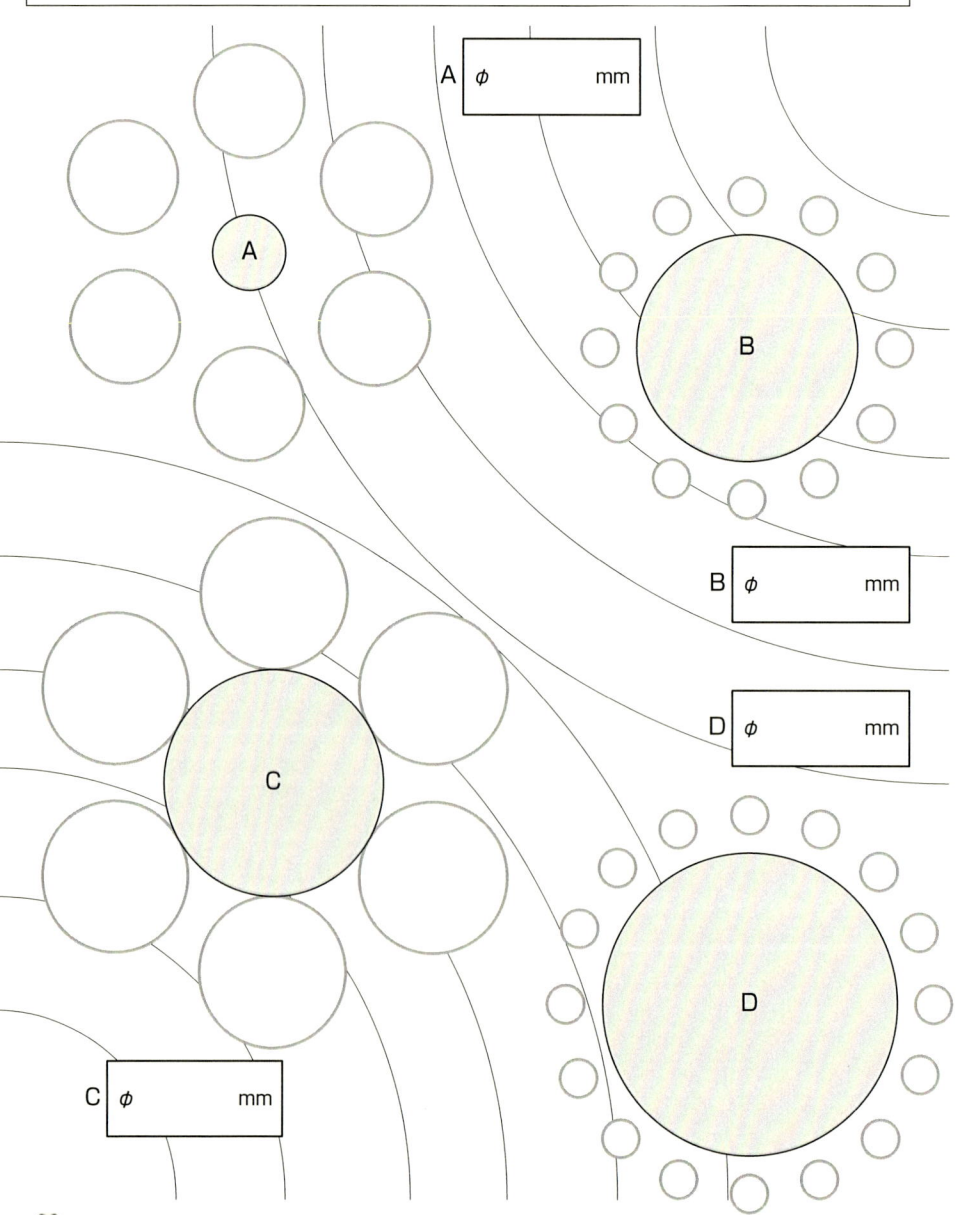

第1章 4 平面上の距離を見極める

複数の図形が隣り合わせになっているとき、ぴったりと接触したり、少し隙間が空いたりする場合があります。ここでは、**平面上の距離の感覚をつかみましょう**。

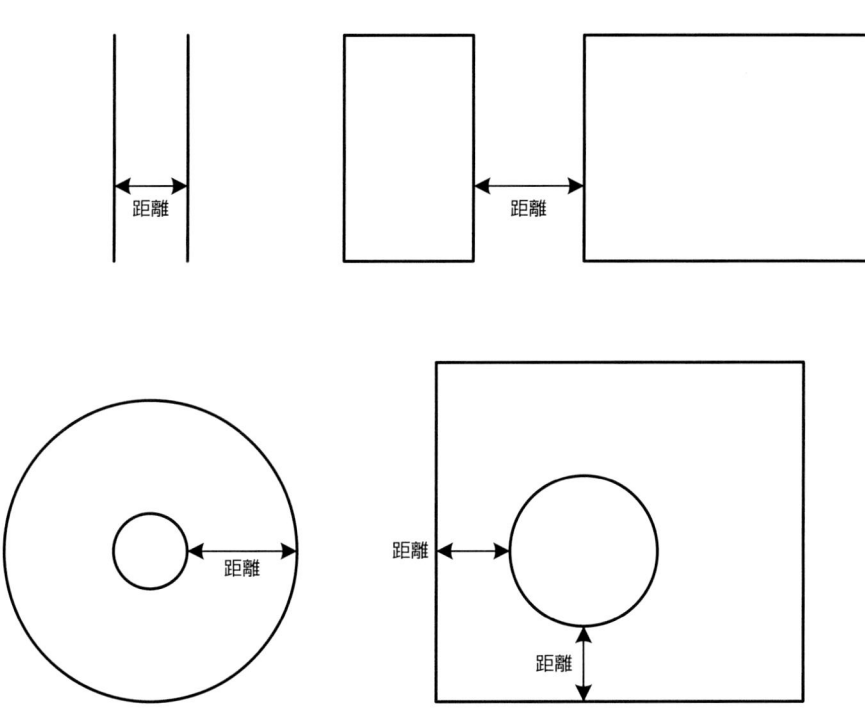

(*'ｪ'*)ノ 勘どころ

日常生活でも距離を目測することがあります。たとえば、ゴルフでカップまでの距離を目測したり、自動車を駐車するときに車が入るスペースがあるか確認したりします。
しかし、製品設計では、隣り合う部品同士の干渉による不具合の発生が多く、大きな距離より非常に狭い隙間に神経を使うことが多いといえます。

【演習1-6】　　　　　　　　　　　　　　　　　　　LEVEL 1

課題　2つの図形の距離を解答すること。
問題　定規を使わずに、10mm、15mm、20mm、30mmの中から選択し、解答枠に距離の数値を記入すること。

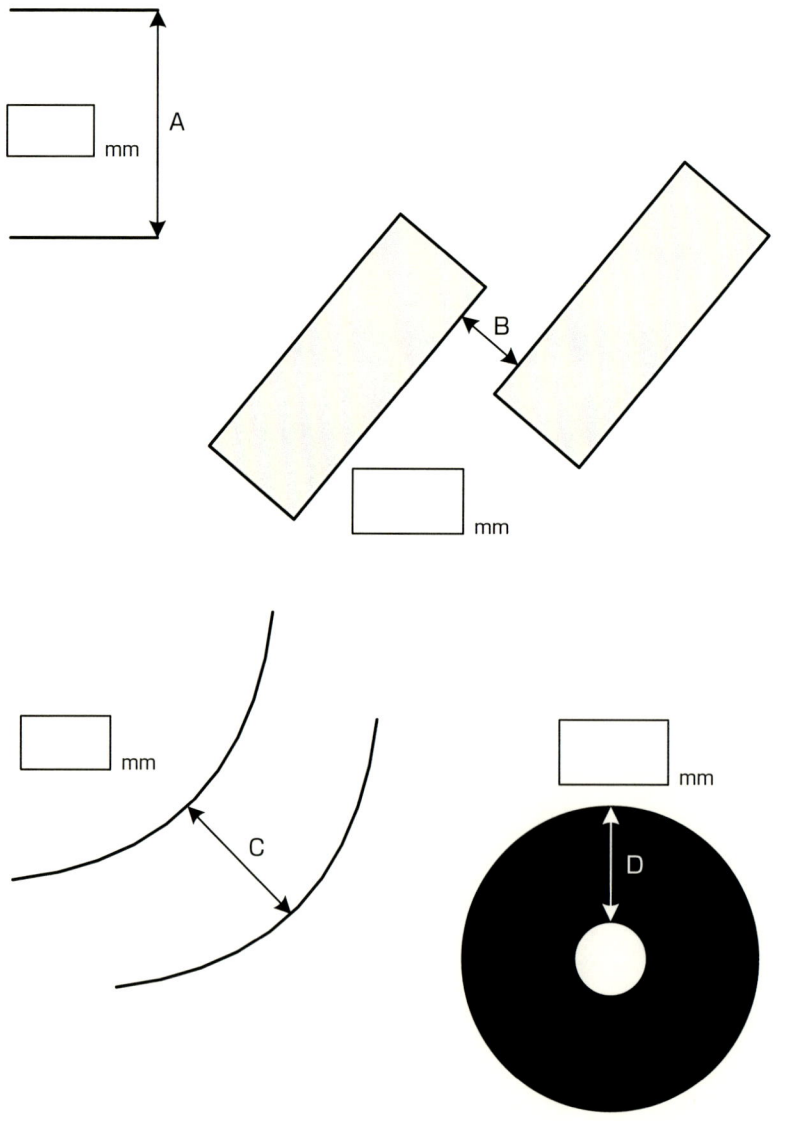

■D(̄ー ̄*)コーヒーブレイク

距離あるいは隙間を計測するための手段

①身の回りのものを利用する（非常に狭い隙間に挿入して感触で判断します）
・コピー用紙1枚の厚み　約0.1mm＝約100μm（ミクロン）
・キャッシュカードやクレジットカードの厚み（エンボスを除く）　約0.8mm
・1円、5円、10円の厚み　約1.5mm、50円、100円の厚み　約1.7mm、500円の厚み　約1.8mm

②計測器を利用する
・金属製直尺（直尺の厚みは0.5mmとして、簡易的に利用することもできます）

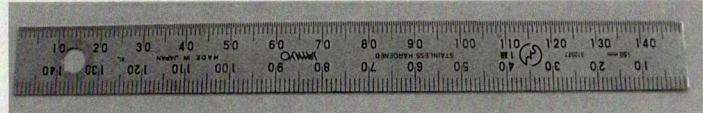

・ノギス（0.05mm単位まで計測できる幅や深さを測る代表的な計測器です）

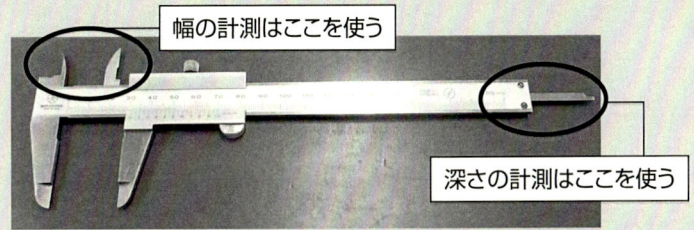

幅の計測はここを使う

深さの計測はここを使う

・シリンダーゲージ（0.01mm単位で穴径を計測できますが、外径は計測できません）

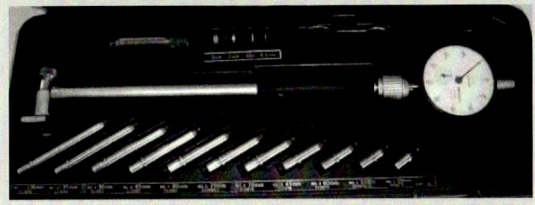

・シクネスゲージ（厚みの異なる薄板を隙間に差し込み、感触で測定します）

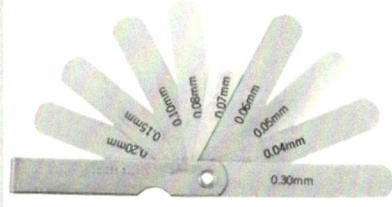

第1章　サイズセンス モチアゲの基本～大きさの勘を養う～

| 第1章 | 5 | 角度の大きさを見極める |

　角度は、直線や平面が交わって作る角の大きさです。単位は、°（度）で表されます。**角度の大きさ**の感覚をつかみましょう。

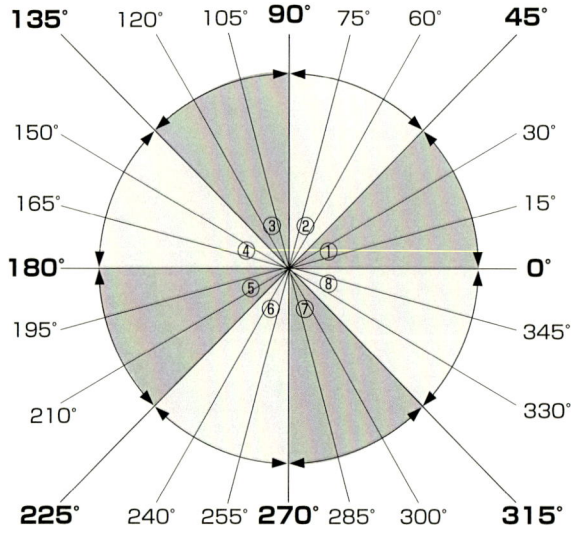

(*'ｪ'*)ﾉ 勘どころ

目分量で水平垂直はある程度判断できます。それが証拠に、機械図面では水平（0°）と垂直（90°）の角度は省略します。
次に目測しやすいのが、「斜め45°」と呼ばれる水平と垂直の中間の角度です。
水平垂直と左右45度のラインで区切った8つの領域を感覚的に覚えると、その他の角度もある程度目安がつきやすくなるでしょう。
ちなみに、時計は円を12等分していますので、1つの目盛の間隔は360°÷12＝30°です。

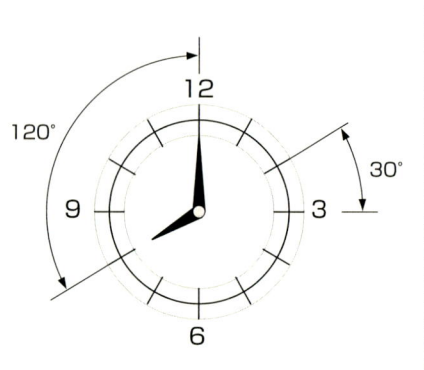

■D(￣ー￣*)コーヒーブレイク

角度を計測するための手段

①身の回りのものを利用する
・文房具としての分度器（半円形状のものと全円形状のものがあります）

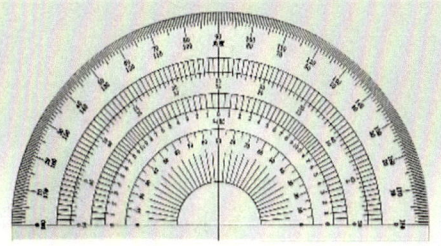

②計測器を利用する
・プロトラクター（0～180°の範囲で計測できます）

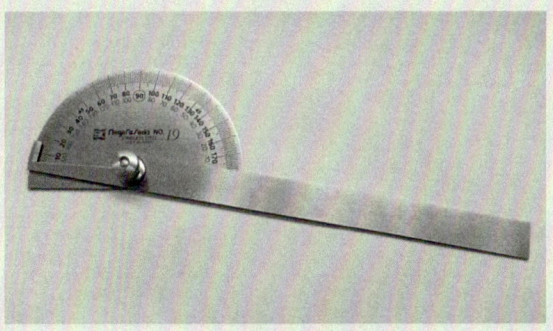

・ダイヤルスラントルール（0～180°の範囲で計測できます）

第1章　サイズセンス モチアゲの基本～大きさの勘を養う～

【演習1-7】　LEVEL 0

課題　一般的な三角定規の角度を解答すること。
問題　分度器を使わずに、15°　30°　45°　60°　75°　90°　105°の中から選択し、解答枠に角度の大きさの数値を記入すること。

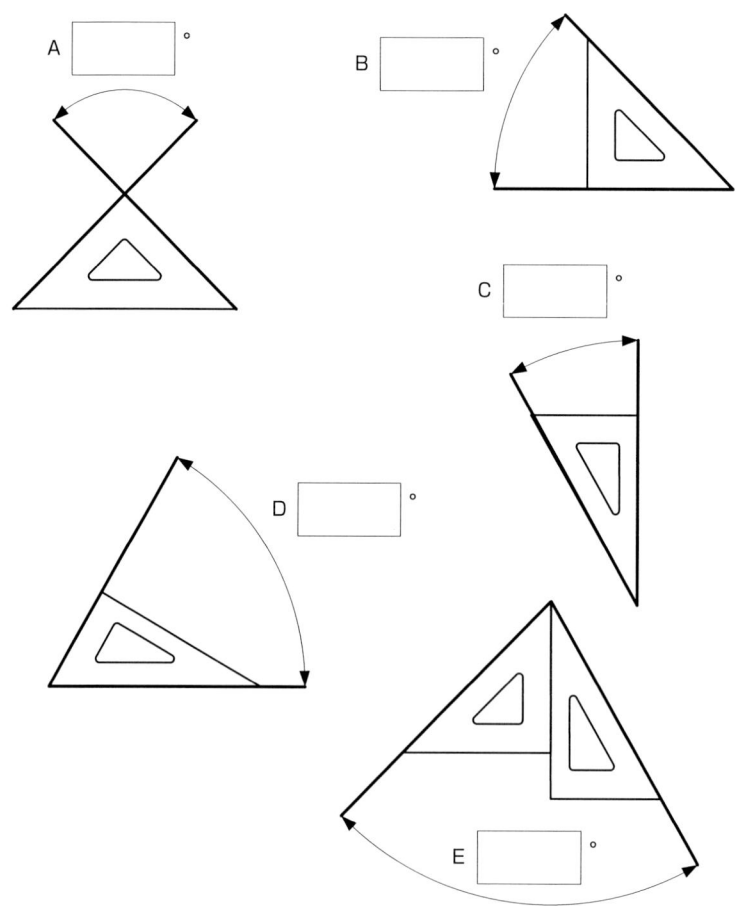

φ(@°▽°@)　メモメモ

三角定規

三角定規には、3つの角度がそれぞれ90°、45°、45°になった直角二等辺三角形のものと、90°、60°、30°の正三角形を半分に割ったものがあります。
一般的に2枚の直角三角形がセットになったものが販売されています。

先輩エンジニアがアドバイスする 解答のページ

【演習1-1】
① B

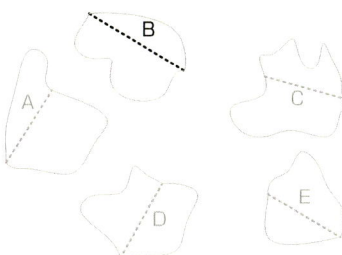

② E

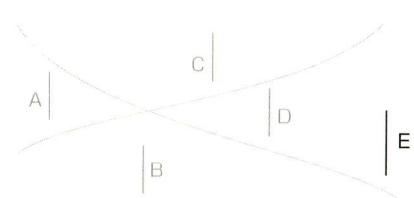

【演習1-2】

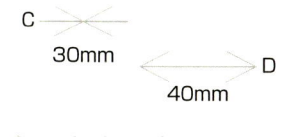

A 30mm　B 30mm

C 30mm
D 40mm

E 30mm　F 30mm

【演習1-3】

全て20mm

単純に長さを比較する場合に比べて、周辺に違う形状があると、錯覚によって感覚が狂うということを知ってなあかんで!

第1章 サイズセンス モチアゲの基本〜大きさの勘を養う〜

【演習1-4】

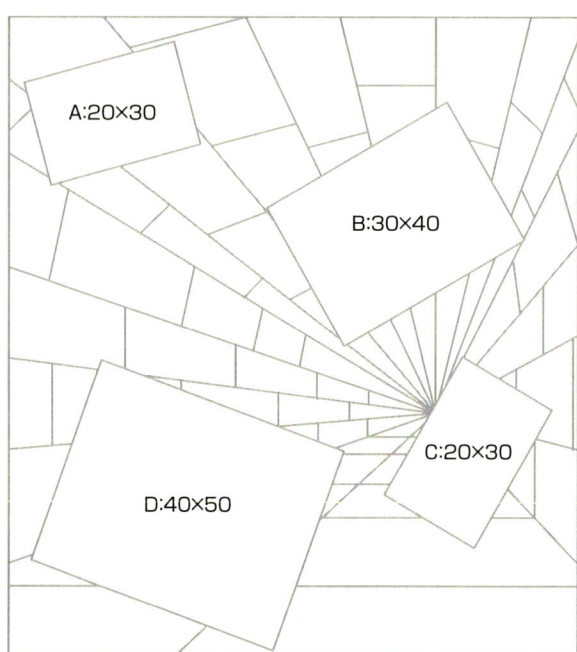

【演習1-5】

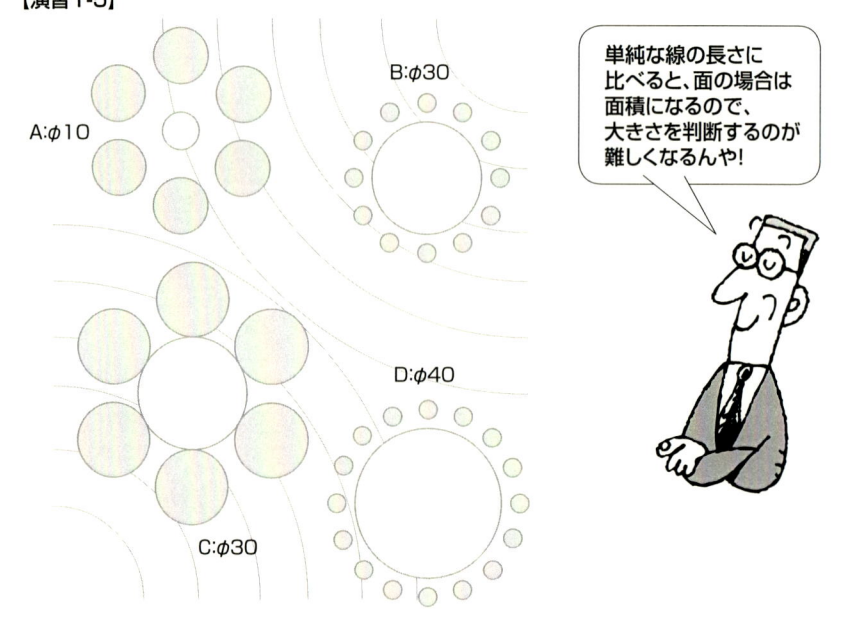

単純な線の長さに比べると、面の場合は面積になるので、大きさを判断するのが難しくなるんや！

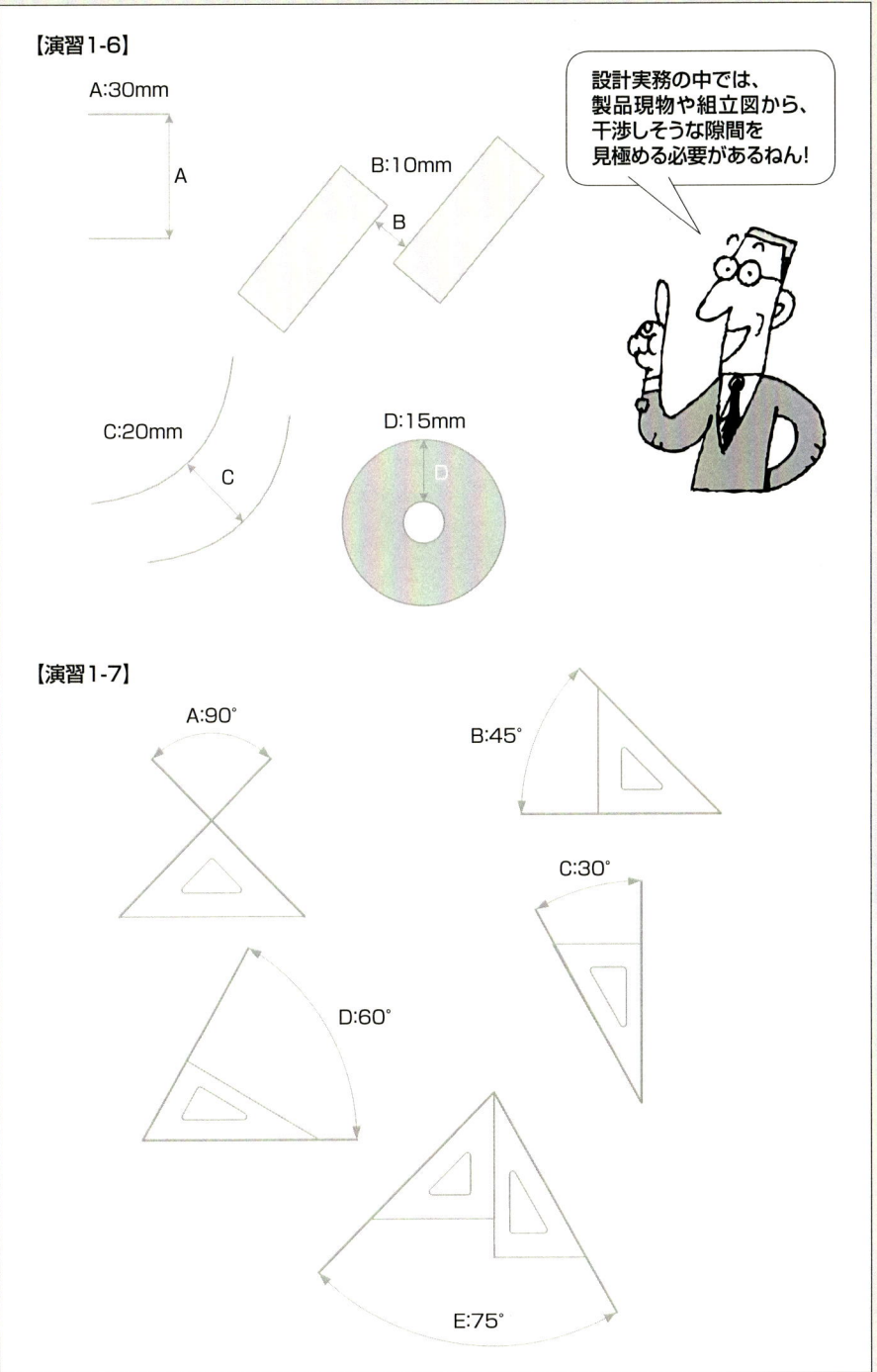

第2章

機構センス モチアゲの基本
～姿勢の変化や軌跡を読む！～

回転したり裏返しにするのも、CADさえあれば簡単にできるやん！

アニメーションではない静止図や停止中の機械を見て、動作の軌跡を推定することで、機能や安全性を素早く見極められるんや！

2-1	回転図形を想像する
2-2	対称（鏡映）図形を想像する

| 第2章 | 1 | # 回転図形を想像する |

　形をそのままに、傾きだけを変えて図形をイメージすることで機構設計時の動作把握力につながります。第1章の角度の大きさを意識しつつ、**図形の回転**から考えてみましょう。

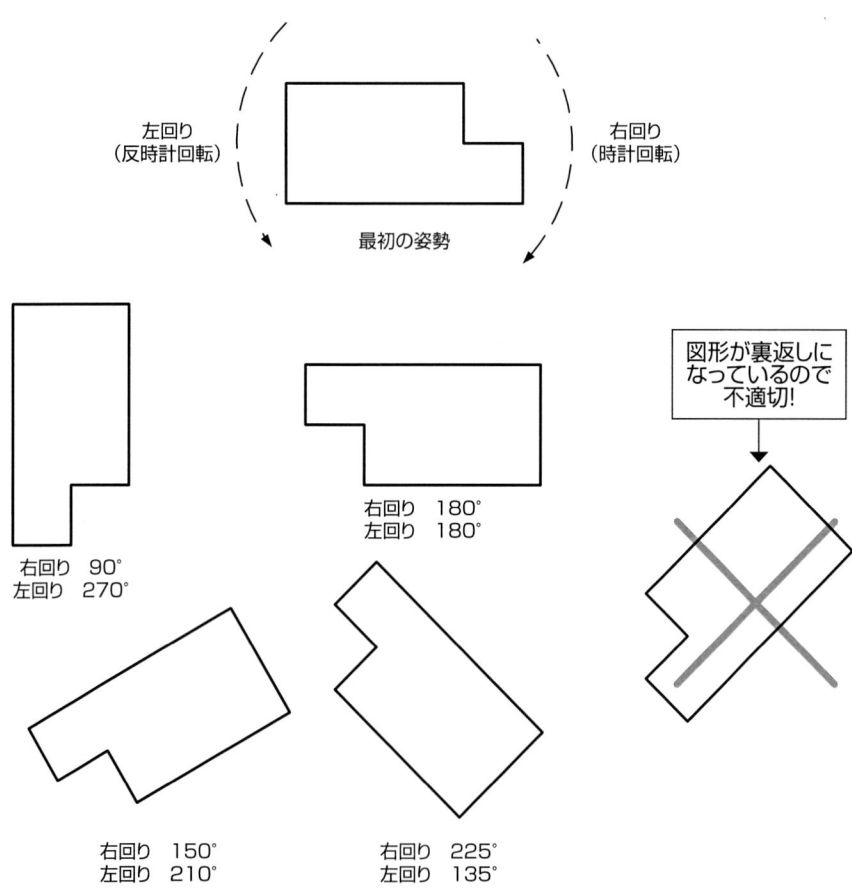

(*'ェ'*)ノ　勘どころ

頭の中で図形を回転できる想像力が必要です。練習すれば簡単に頭の中で回転することができます。身の回りにあるものを利用して、姿勢が変化するときの感覚をイメージできるように練習しましょう。

■D(￣ー￣*)コーヒーブレイク

身近なもので回転を考える場合、文字をさかさまにして読むことでも、姿勢が変化しても対応できる力が鍛えられます。

下記は、拙著「図面って、どない描くねん！」の冒頭の文章を抜粋したものです。右上から左に向かって文章を順に読み、理解できるか試してみましょう。

エンジニアというマジシャンたちへ

なにもない無形のアイデアから思考し、要求される機能を一定期間保証できるものを具現化して、消費者の目の前に取り出してみせる、いわゆるマジシャンのような存在、それがエンジニアです。

手のひらを開いて出てきたモノは、そのマジシャンのテクニック次第で、大きさや価格・使い易さなど千差万別のモノとして飛び出します。

ビルを消したりライオンが出現したりするイリュージョンから、トランプやコインを使ったクローズアップマジックまで、スケールの違いこそあれ、どちらも立派なマジシャンです。設計も同じで、宇宙へ飛び立つロケットから子供向けの小さなおもちゃまで、設計をするという作業は同じで、どちらも立派なエンジニアなのです。

しかし、マジシャンの取り出したモノが良いか悪いか判断するのは、目の前で見ている観客、つまり消費者です。いかに観客の望んでいるモノを手際よく取り出すか、期待に反したモノを取り出したり、手際が悪かったりすれば観客からクレームがきます。

それでは、エンジニアというマジシャンの一人である機械設計者が、はじめに習得しなければならない機械設計の基本「製図」についてお話しましょう。

製図とは無形のアイデアから有形の部品を製作するために、設計者から製作者へ情報を伝える唯一の情報手段なのです。

この情報手段は描き方ひとつで品質の安定性や価格を左右してしまう重要なテクニックのひとつです。

残念ながら「製図」というテクニックは、観客に直接アピールできる華やかなものではありません。しかし、トランプを操る指先の動きを失敗しないように支えている精神力のような存在かもしれませんね。

製図をおろそかに取り扱うエンジニアは真のエンジニアでないことを十分、肝に銘じておいてください。(*￣ー￣)ニヤリッ

【演習2-1】　　　　　　　　　　　　　　　　　　　　LEVEL 0

課題　1つだけ違った種類の文字（文字列）を選択すること。
問題　違う種類の文字（文字列）に丸印をつけること。

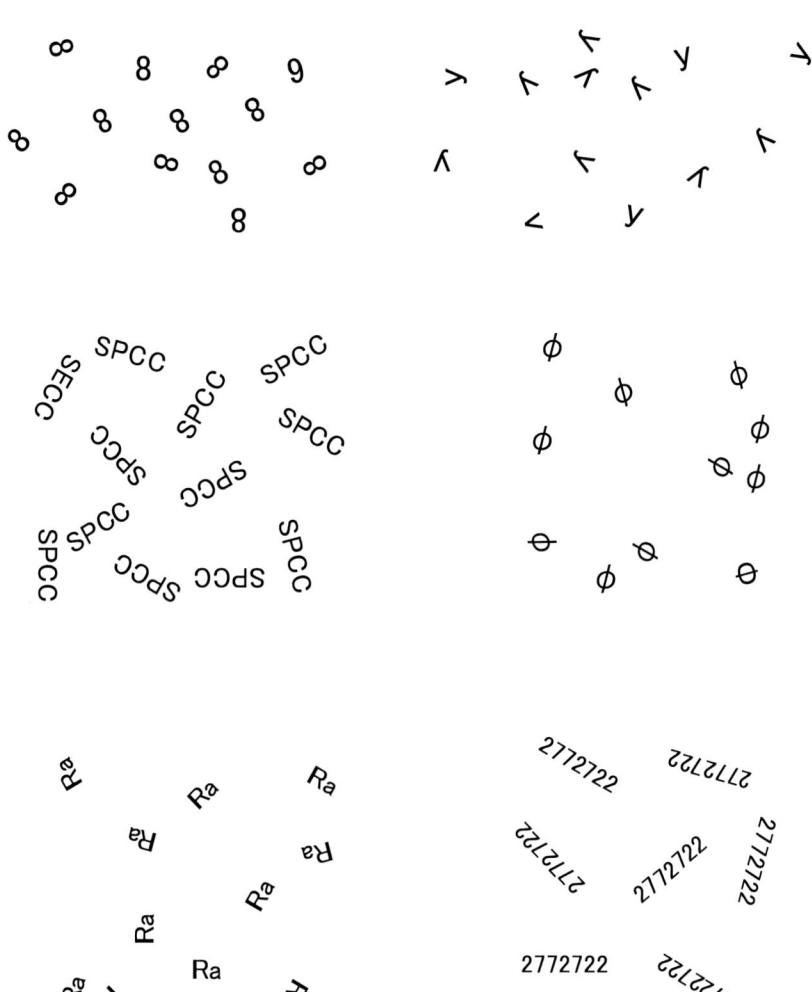

【演習2-2】　　　　　　　　　　　　　　　　　　　　　　　　**LEVEL 1**

課題　最初の姿勢から回転した角度を解答すること。
問題　右回りと左回りの両方の角度を解答枠に記入すること。

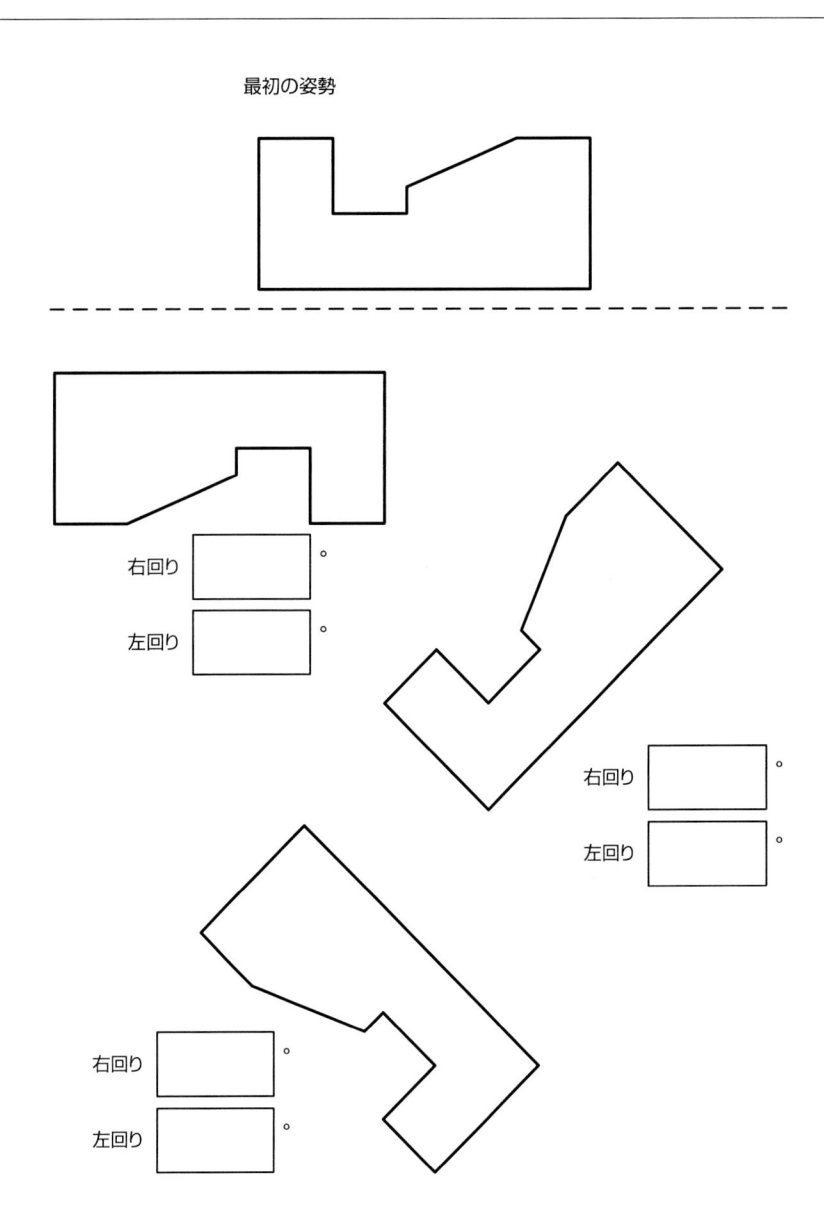

最初の姿勢

右回り □ °
左回り □ °

右回り □ °
左回り □ °

右回り □ °
左回り □ °

第2章　機構センス モチアゲの基本〜姿勢の変化や軌跡を読む!〜

【演習2-3】　LEVEL 1

課題 最初の姿勢から図形を回転したとき、誤りのある図形を選択すること。
問題 図形中央にある●印を中心として回転させたとき、黒い三角形の配置が間違っている図形のアルファベットに丸印をつけること。

最初の姿勢

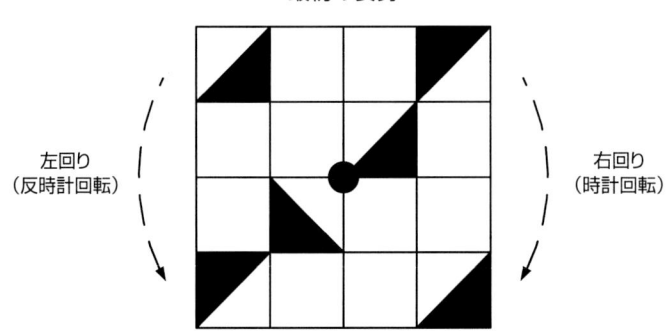

左回り（反時計回転）　　　右回り（時計回転）

A

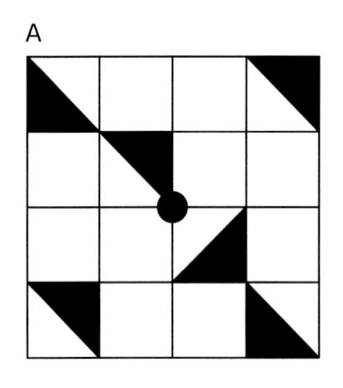

B

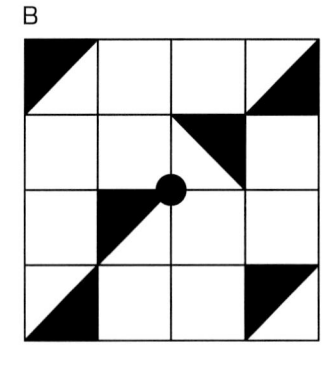

C

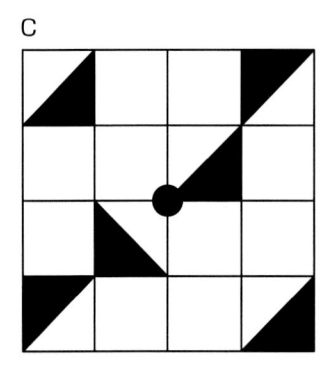

D

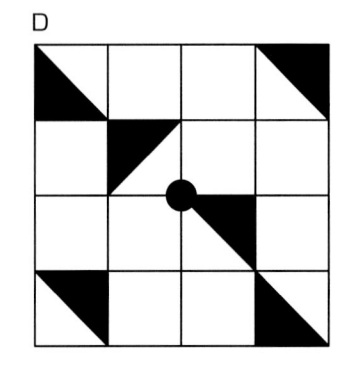

【演習2-4】　　　　　　　　　　　　　　　　　　　　　　　　　　　**LEVEL 1**

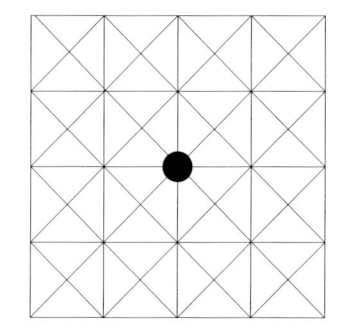

課題 最初の姿勢から図形を回転させたときの図形を記入すること。
問題 それぞれの指示に従った時の黒い三角形の配置を解答図形に記入すること。

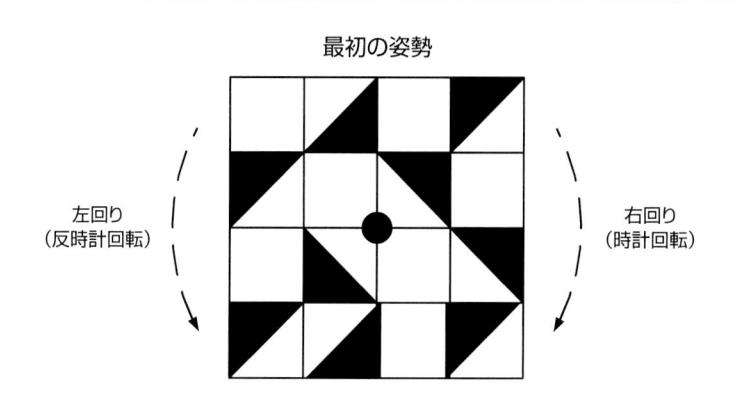

最初の姿勢

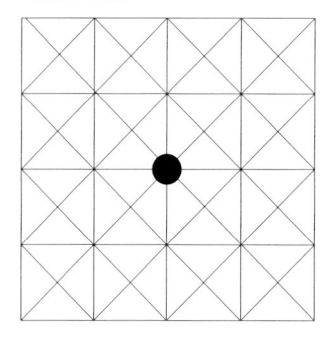

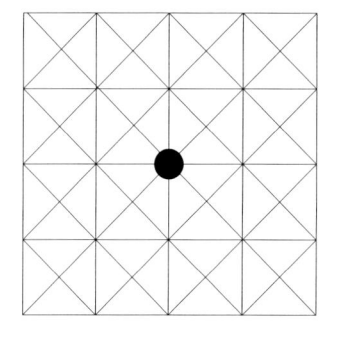

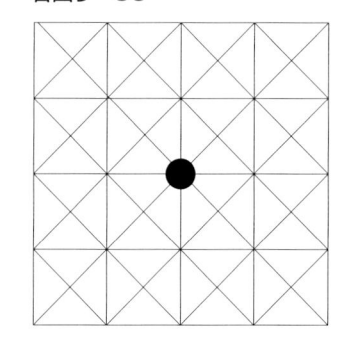

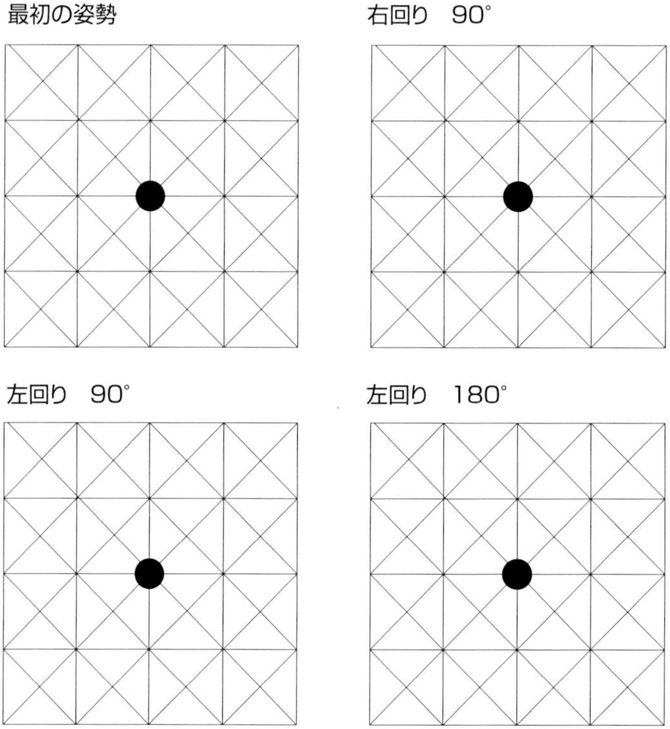

左回り　　　　　　　　　　　　　　　　　　　　右回り
(反時計回転)　　　　　　　　　　　　　　　　(時計回転)

最初の姿勢　　　　　　　　　　右回り　90°

左回り　90°　　　　　　　　　左回り　180°

第2章　機構センス モチアゲの基本〜姿勢の変化や軌跡を読む!〜

【演習2-5】　　　　　　　　　　　　　　　　　　　　　　**LEVEL 1**

課題 最初の姿勢を回転させたときの図形を記入すること。
問題 それぞれの指示に従い、図形を解答欄に記入すること。マス目の数を合わせて、解答欄からはみ出さないこと。

最初の姿勢

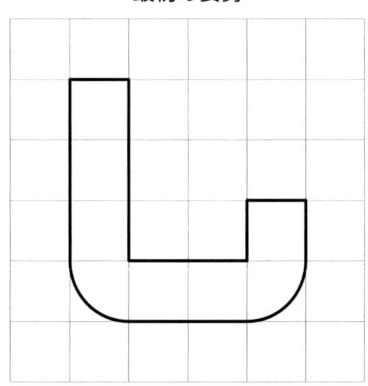

最初の姿勢	右回りに90°
左回りに180°	左回りに90°

【演習2-6】　　　　　　　　　　　　　　　　　　　　　　　LEVEL 2

課題 最初の姿勢を回転させたときの図形を記入すること。
問題 それぞれの指示に従い、図形を解答欄に記入すること。マス目の数を合わせて、解答欄からはみ出さないこと。

最初の姿勢

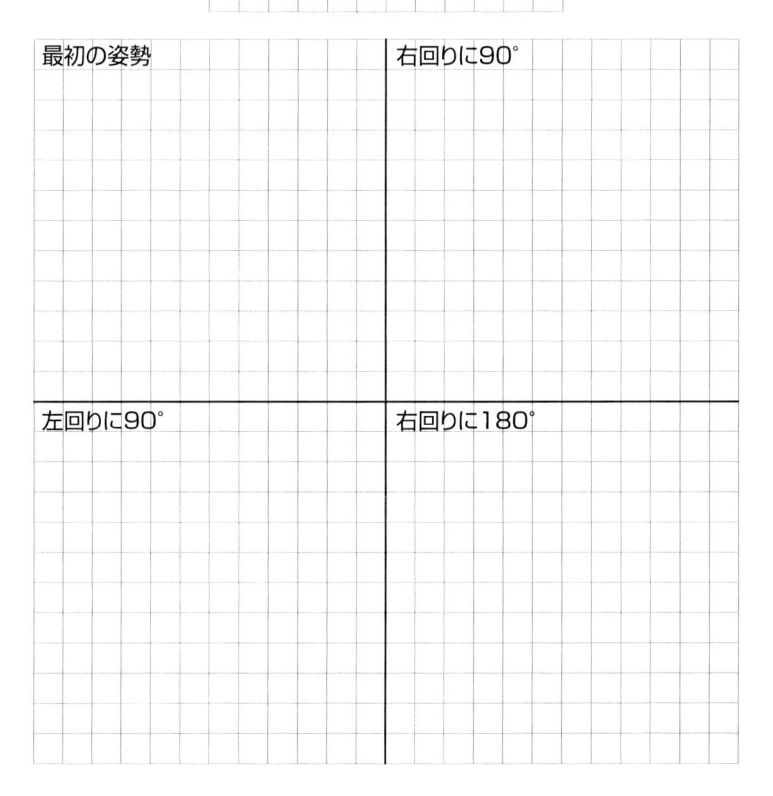

最初の姿勢	右回りに90°
左回りに90°	右回りに180°

第2章　機構センス モチアゲの基本〜姿勢の変化や軌跡を読む!〜

第2章　2　**対称（鏡映）図形を想像する**

図形を裏面から見た図を考えることも創造力を養う手段の1つです。平面図形の場合、裏面から見た図は左右あるいは上下方向に鏡に映した図形として表します。ここでは、**対称（鏡映）図形**を考えてみましょう。

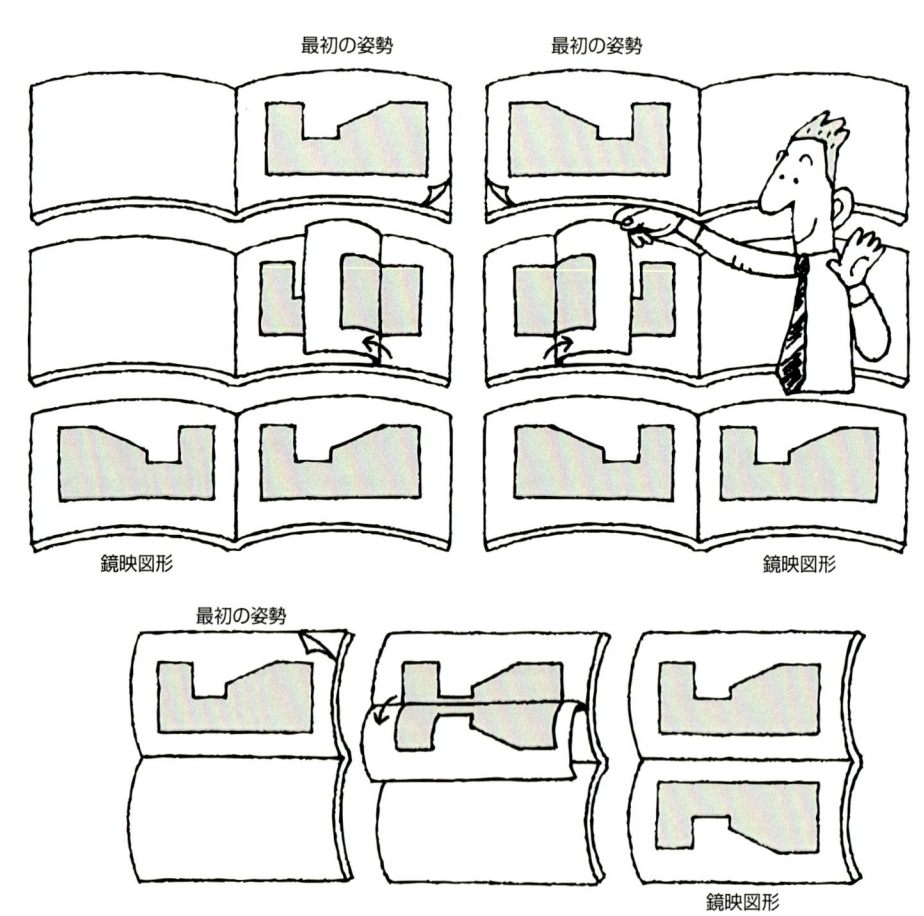

最初の姿勢　　　　　　　　最初の姿勢

鏡映図形　　　　　　　　　鏡映図形

最初の姿勢

鏡映図形

(*'ｪ'*)ノ　勘どころ

対称図形を考える場合、上図のように本のページをめくるようにして裏側から見た図形をイメージすればよいのです。図面で裏から見た図を描く場合は、左右対称図形として表します。詳しくは、第4章で…。

【演習2-7】　LEVEL 1

課題 最初の姿勢を対称にした後に回転させた図形がある。正しく対称図形になっているものを選択すること。

問題 対称図形のアルファベットに丸印をつけること。解答は複数選択しても可とする。

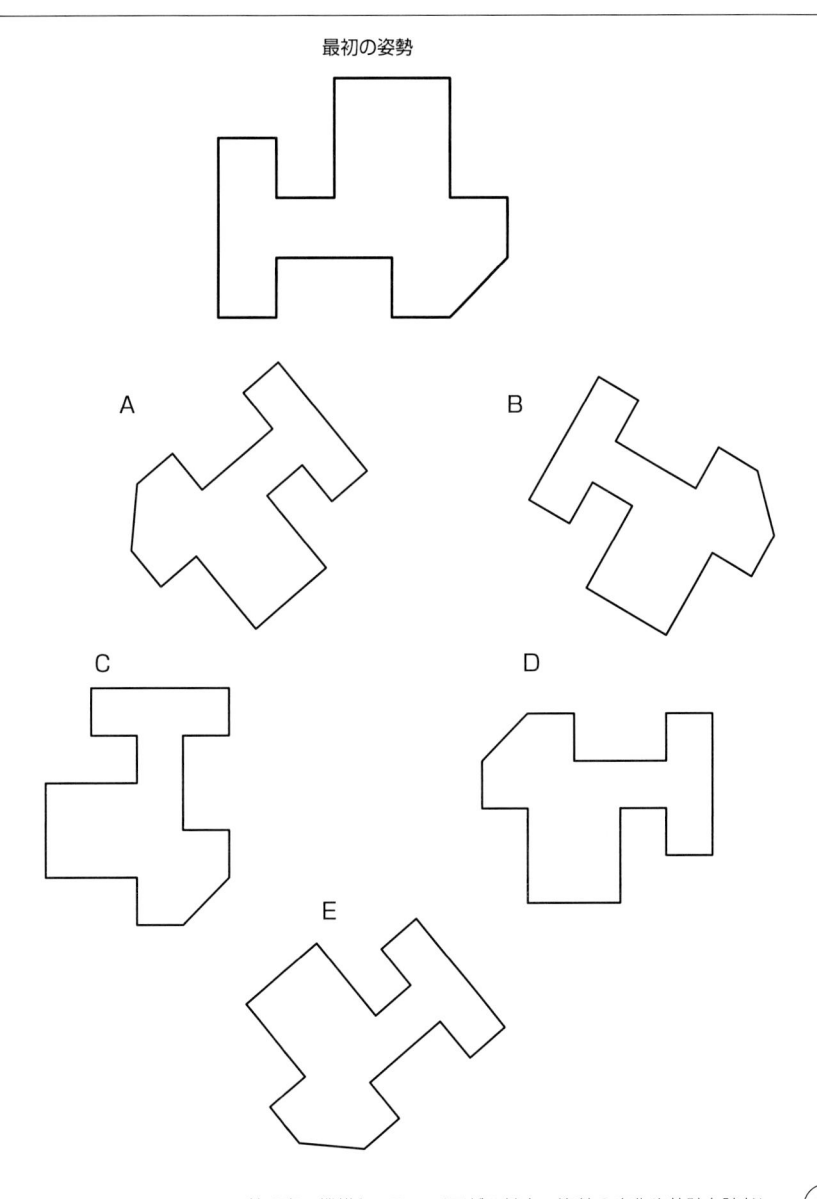

最初の姿勢

A

B

C

D

E

第2章　機構センス モチアゲの基本〜姿勢の変化や軌跡を読む!〜

【演習2-8】　　　　　　　　　　　　　　　　　　　　　　　　　　　LEVEL 1

課題　解答例を参考にして、最初の姿勢を対称図形に変換すること。
問題　①〜④の順に、一点鎖線を中心として折り返したときの図形を解答欄に記入すること。マス目の数を合わせること。

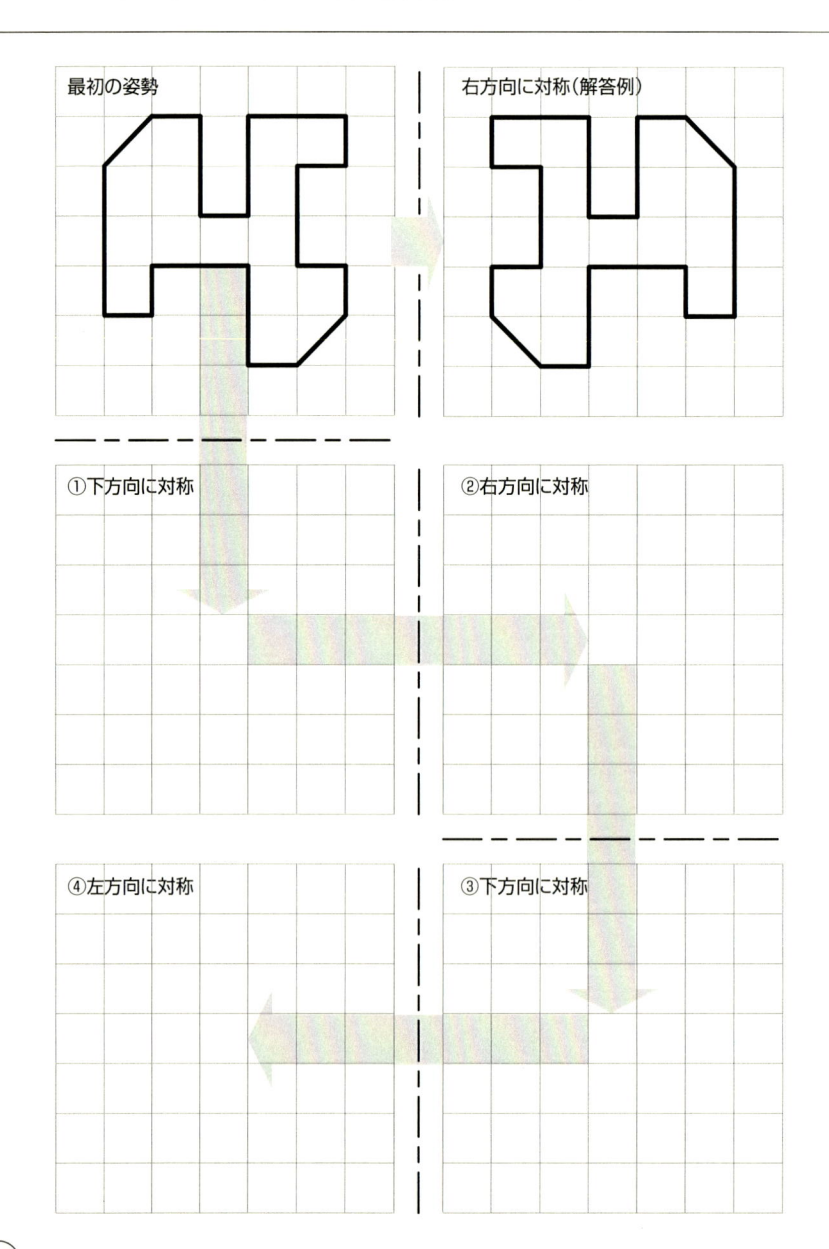

最初の姿勢　　　　　　　　　　　　右方向に対称（解答例）

①下方向に対称　　　　　　　　　　②右方向に対称

④左方向に対称　　　　　　　　　　③下方向に対称

34

先輩エンジニアがアドバイスする　解答のページ

【演習2-1】

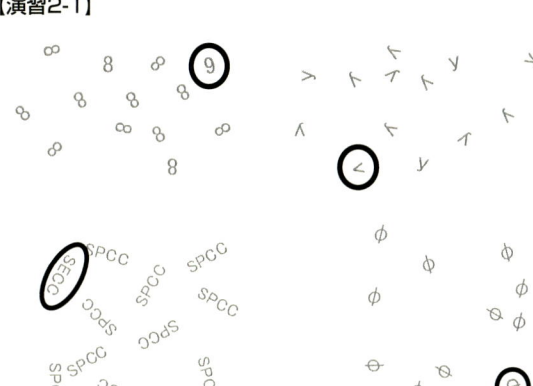

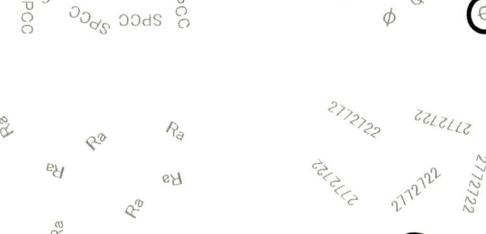

「検査はもちろんのこと、設計でも、わずかな違いを見つけ出す能力が、製品の品質や信頼性につながるんやで!」

【演習2-2】

右回り　180°
左回り　180°

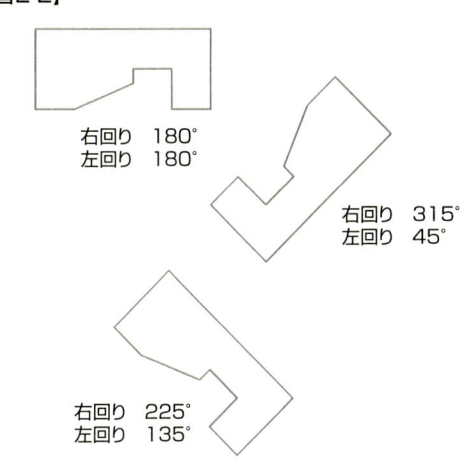

右回り　315°
左回り　45°

右回り　225°
左回り　135°

「右回りと左回りは、足すと360°になるから、わかりやすい方を答えて、引き算するテクニックもありやで!」

第2章　機構センス モチアゲの基本〜姿勢の変化や軌跡を読む!〜

【演習2-3】

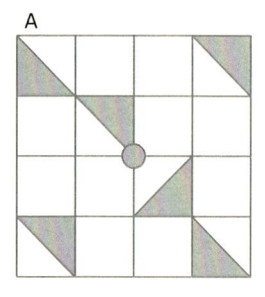

A B

C D

向きが違っている

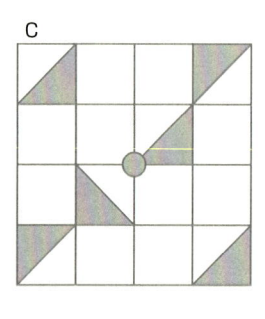

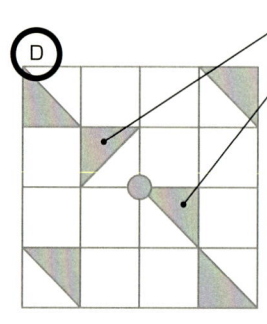

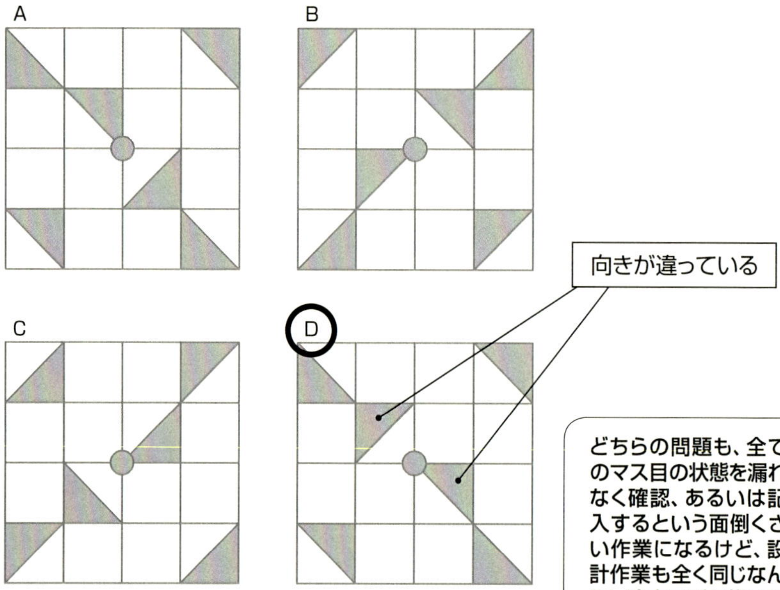

どちらの問題も、全てのマス目の状態を漏れなく確認、あるいは記入するという面倒くさい作業になるけど、設計作業も全く同じなんや！途中で手を抜いたら、不具合として自分に帰ってくるねんで！

【演習2-4】

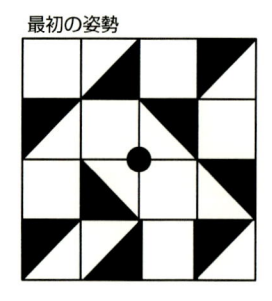

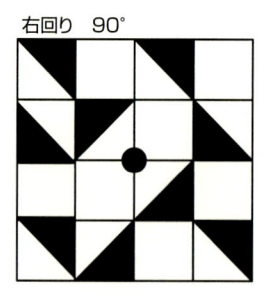

最初の姿勢   右回り　90°

左回り　90°   左回り　180°

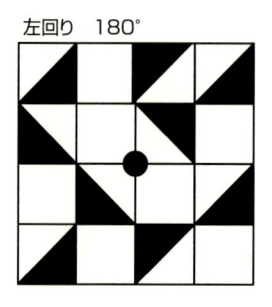

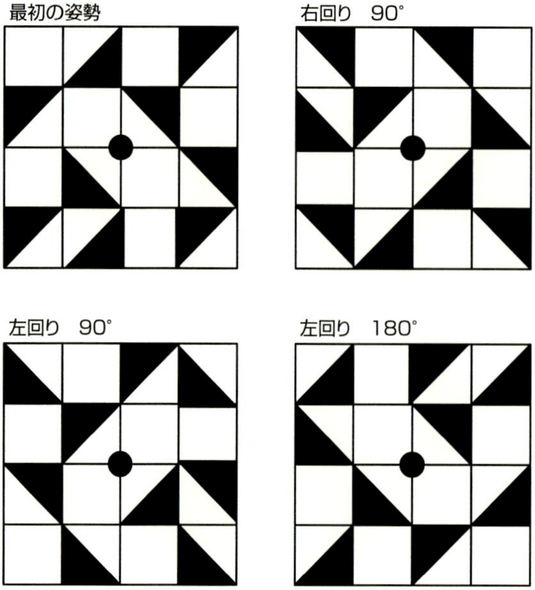

【演習2-5】

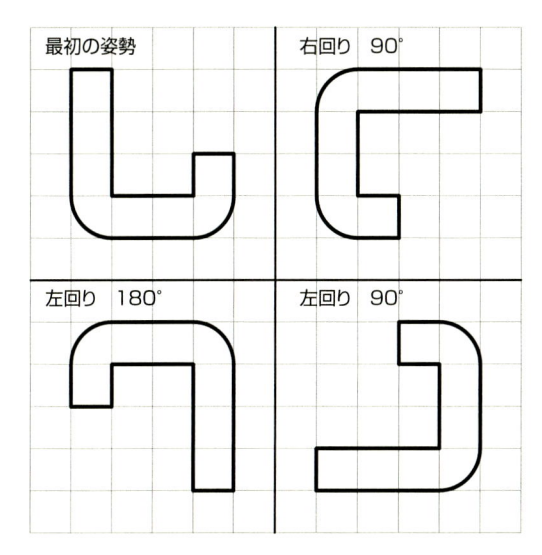

最初の姿勢	右回り 90°
左回り 180°	左回り 90°

> 回転形状をイメージして描くとともに、マス目の中に収めるというスペース感覚も必要になるんや!

【演習2-6】

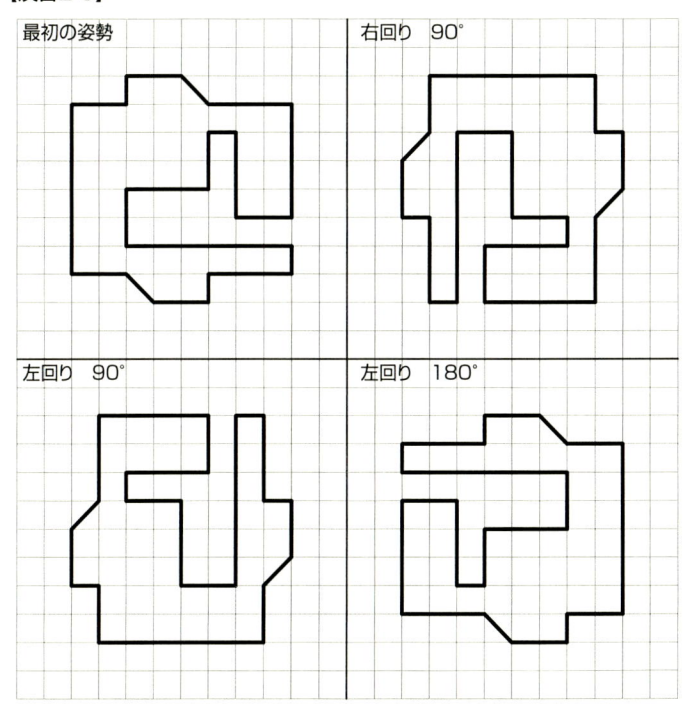

最初の姿勢	右回り 90°
左回り 90°	左回り 180°

第2章 機構センス モチアゲの基本〜姿勢の変化や軌跡を読む!〜

【演習2-7】

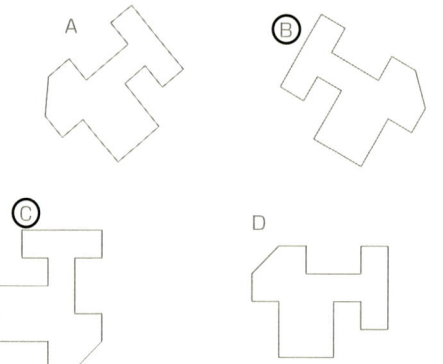

A   B

C   D

E

> 効率よく考える手段の1つとして、元図を回転した後に対称形状になっているかを判断することもできるんやで!

【演習2-8】

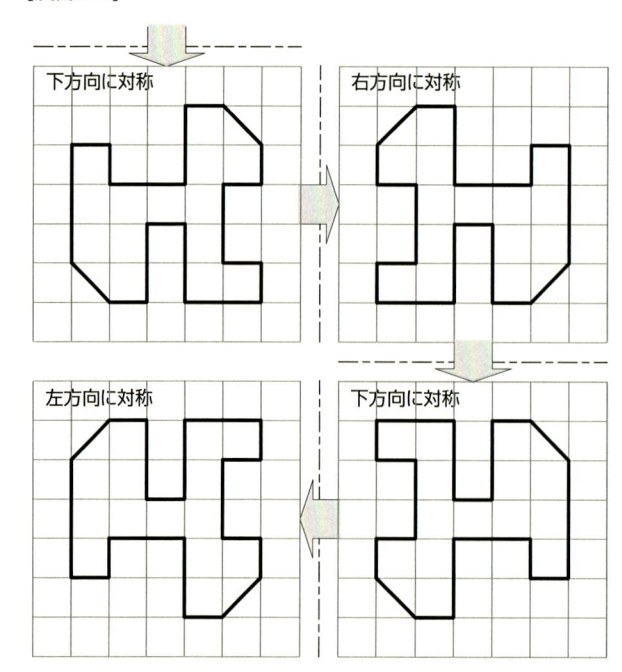

下方向に対称	右方向に対称
左方向に対称	下方向に対称

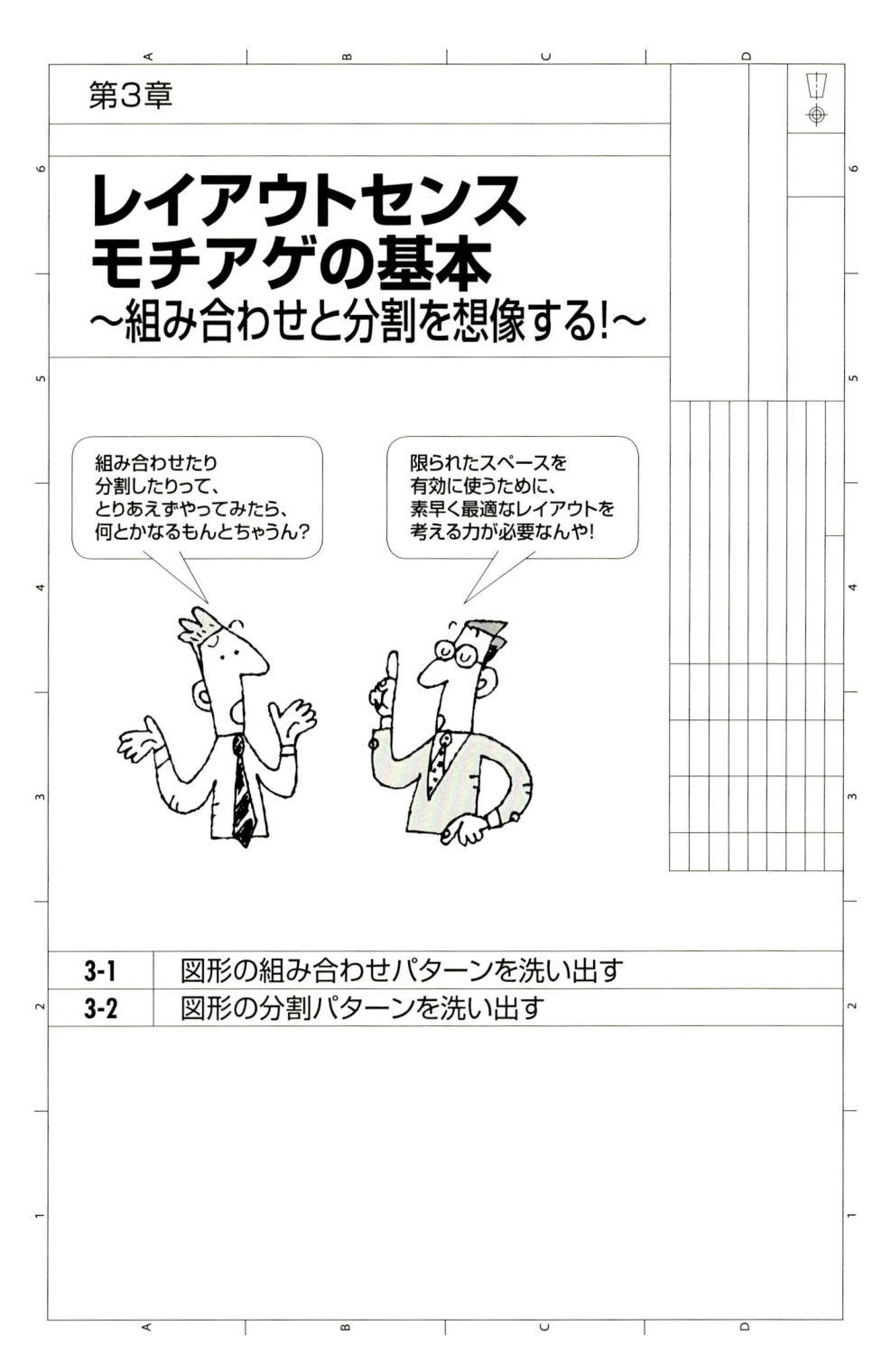

第3章

レイアウトセンス
モチアゲの基本
～組み合わせと分割を想像する！～

> 組み合わせたり分割したりって、とりあえずやってみたら、何とかなるもんとちゃうん？

> 限られたスペースを有効に使うために、素早く最適なレイアウトを考える力が必要なんや！

3-1	図形の組み合わせパターンを洗い出す
3-2	図形の分割パターンを洗い出す

| 第3章 | 1 | 図形の組み合わせパターンを洗い出す |

複数の図形を組み合わせることで様々な形状を作ることができます。逆に、限られたスペースに複数の形状を収めなければいけない場合もあります。ここでは、**図形の組み合わせ**を考えてみましょう。

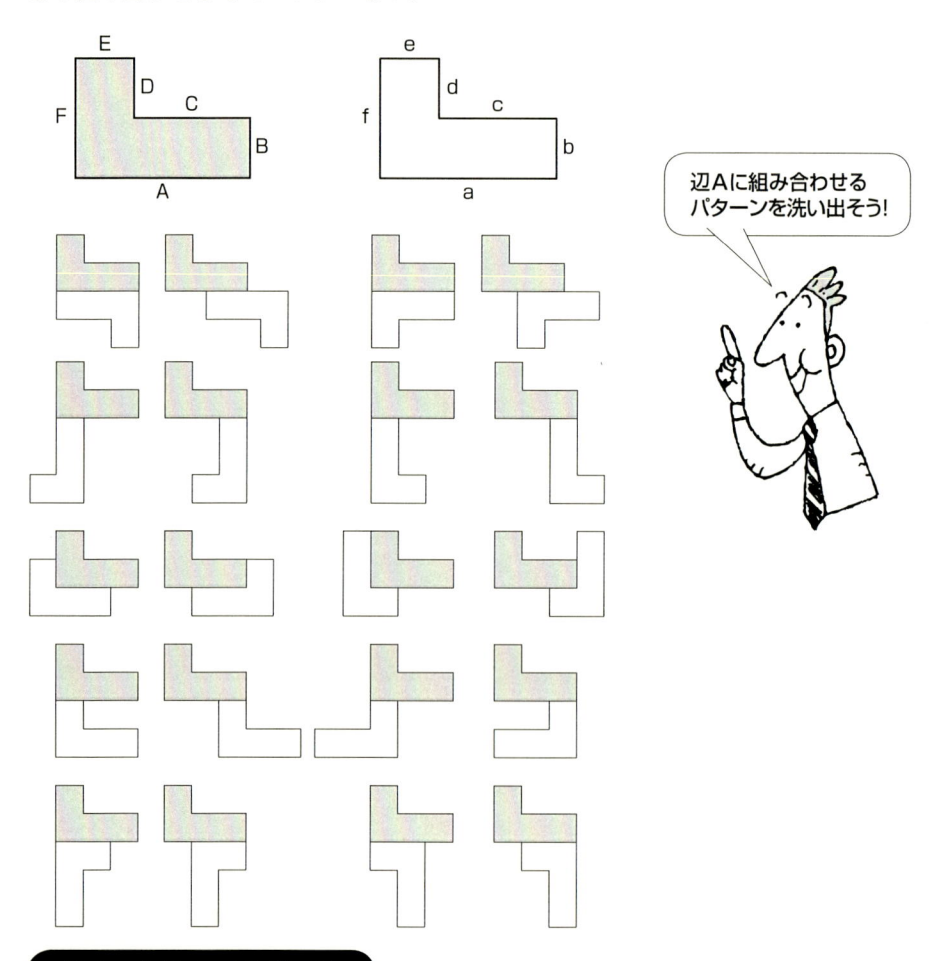

辺Aに組み合わせるパターンを洗い出そう!

(*'ェ'*)ノ 勘どころ

上記の組み合わせ例のように、2つの図形を組み合わせるとき、各辺に名称（AB…ab…）をつけ、それぞれを順に漏れなく接するように組み合わせ、かつ移動や回転を使えば、様々な新規の図形が実現できます。

【演習3-1】　　　　　　　　　　　　　　　　　　　　　　　　LEVEL 0

課題 例題を参考に、図形①と図形②を組み合わせること。
問題 マス目の上から図形をなぞり、指定された枠内に収めること。2つの図形は、回転あるいは裏返しにして使ってもよい。

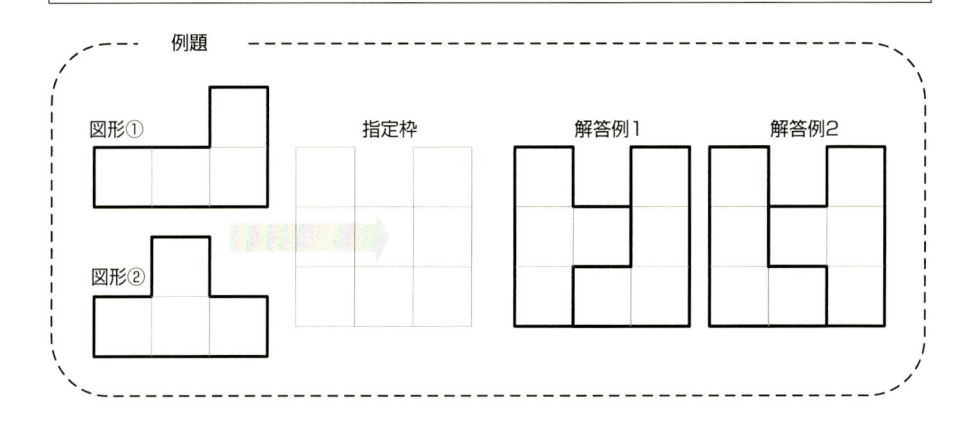

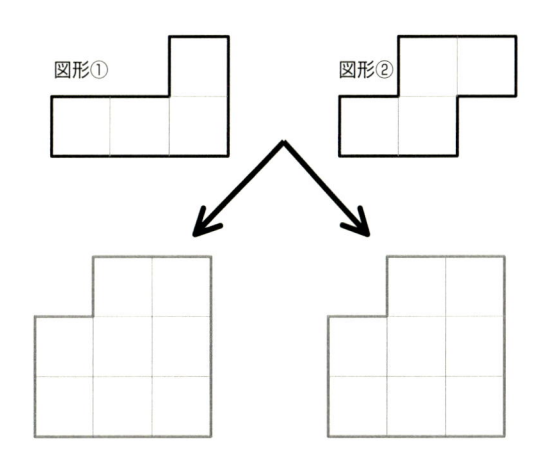

例題

図形①　　　　指定枠　　　　解答例1　　　　解答例2

図形②

図形①　　　　図形②

φ(@°▽°@)　メモメモ

ジグソーパズル

一般的に四角形の絵や写真を、凹凸形状に切り取ったピースに分け、それらをバラバラにして再び組み合わせるパズルです。ジグソーパズルの名前は、木の板を糸のこ（Jigsaw）で切って作ったことから由来しています。

第3章　レイアウトセンス モチアゲの基本〜組み合わせと分割を想像する！〜

【演習3-2】　　　　　　　　　　　　　　　　　　　　**LEVEL 1**

課題　図形①〜③を組み合わせること。
問題　マス目の上から図形をなぞり、指定された枠内に収めること。3つの図形は、回転あるいは裏返しにして使ってもよい。

図形①　　　　図形②　　　　図形③

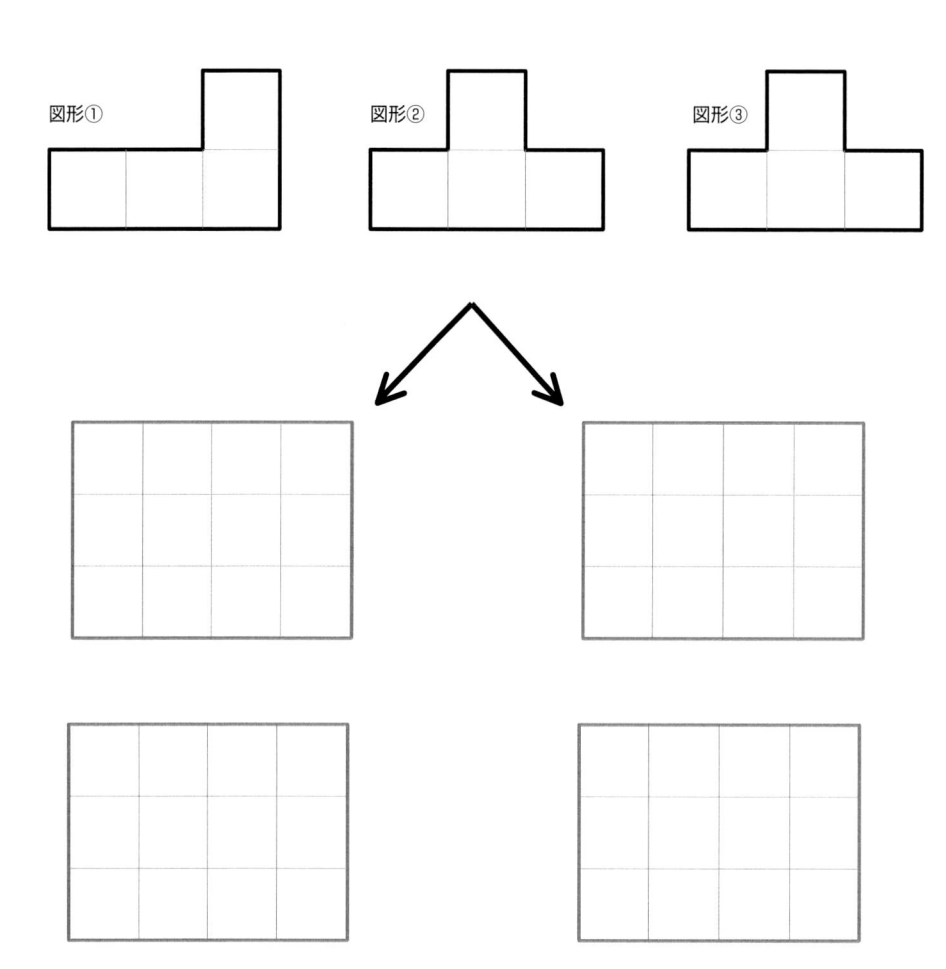

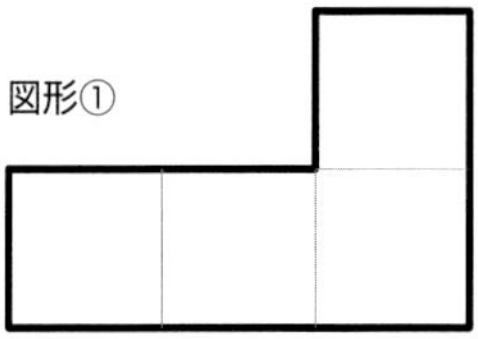

【演習3-3】　　　　　　　　　　　　　　　　　　　　　　LEVEL 2

課題　図形①〜③を組み合わせること。
問題　マス目の上から図形をなぞり、指定された枠内に収めること。3つの図形は、回転あるいは裏返しにして使ってもよい。

図形①　　　　　　図形②　　　　　　図形③

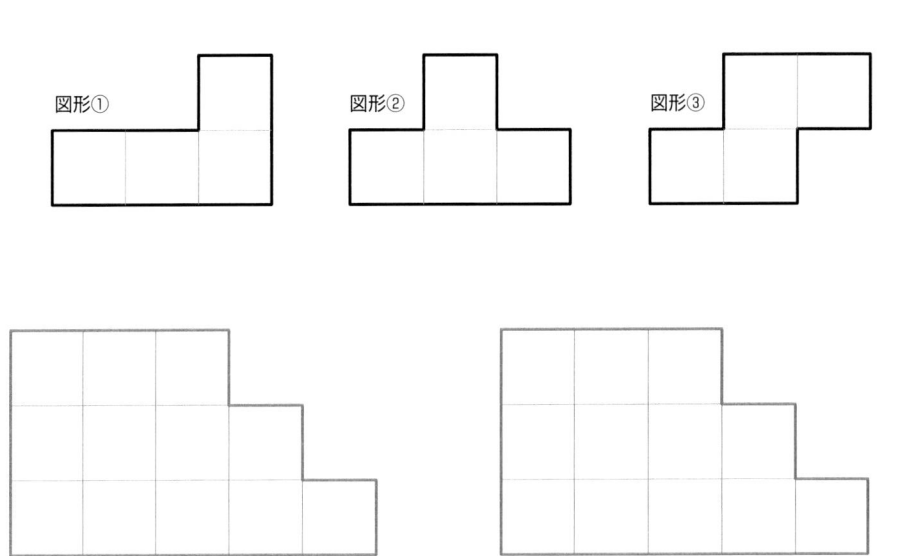

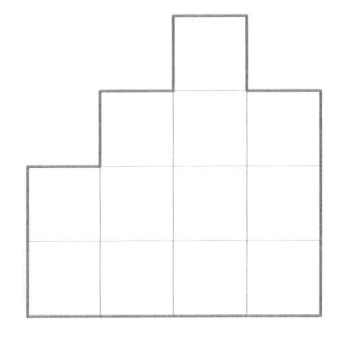

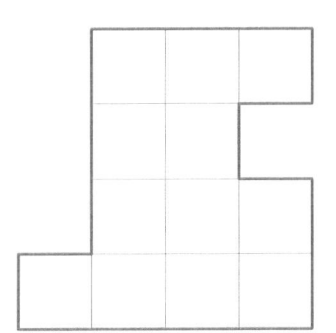

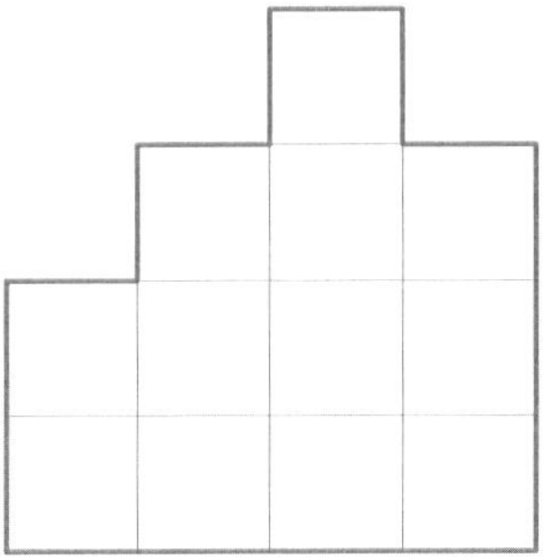

第3章　レイアウトセンス モチアゲの基本〜組み合わせと分割を想像する!〜

【演習3-4】　　　　　　　　　　　　　　　　　　　　　　　　　　**LEVEL 2**

課題 同様に、図形①〜⑤を組み合わせること。
問題 マス目の上から図形をなぞり、指定された枠内に収めること。5つの図形は、回転あるいは裏返しにして使ってもよい。ただし、ハッチング部（網掛け部）に図形を配置しないこと。

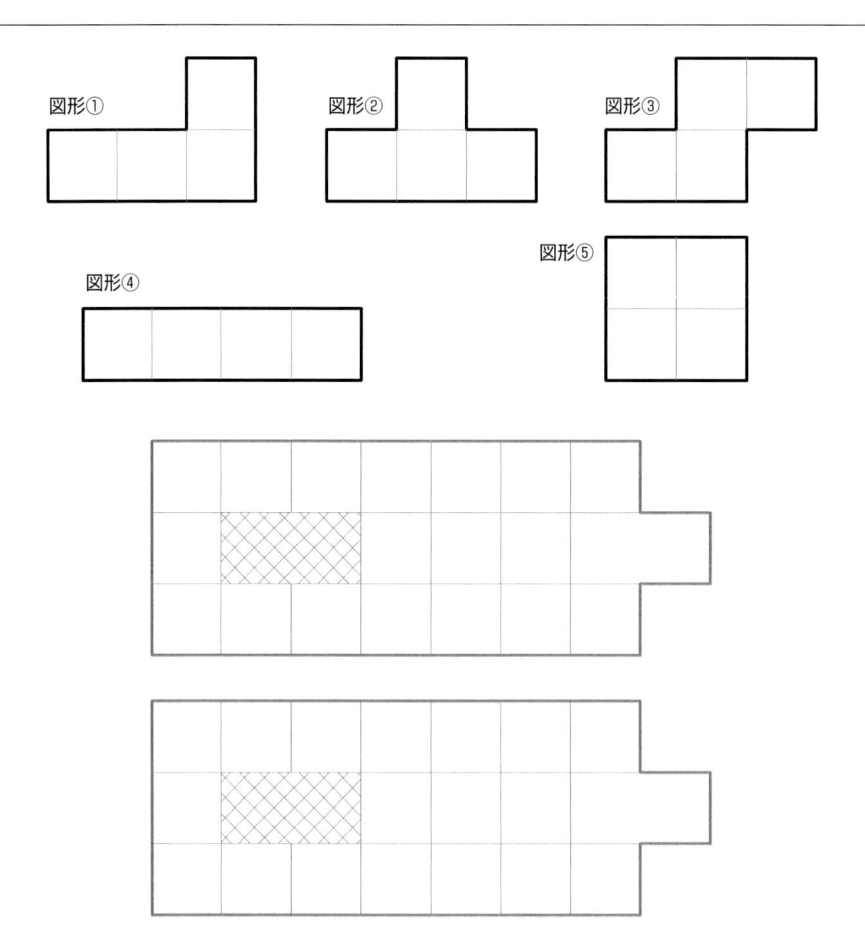

図形①　　　　　　図形②　　　　　　図形③

図形④　　　　　　　　　　　図形⑤

φ(@°▽°@)　メモメモ

ハッチング

ハッチングとは、複数の細かい平行線を描き込むことをいいます。上記の図例のように異なる方向のハッチングを重ねて描くことをクロスハッチングといいます。

【演習3-5】　　　　　　　　　　　　　　　　　　LEVEL 3

課題　同様に、図形①〜⑩を組み合わせること。
問題　マス目の上から図形をなぞり、指定された枠内に収めること。10個の図形は、回転あるいは裏返しにして使ってもよい。ただし、解答数は解答欄以上に存在する。

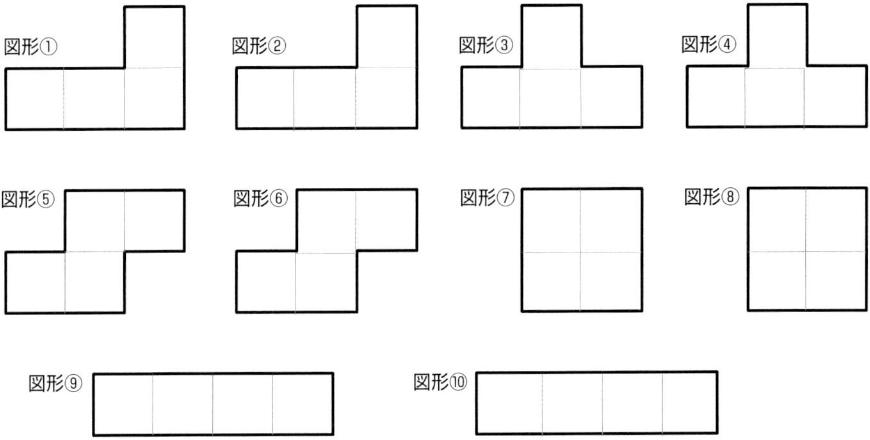

図形①　図形②　図形③　図形④

図形⑤　図形⑥　図形⑦　図形⑧

図形⑨　図形⑩

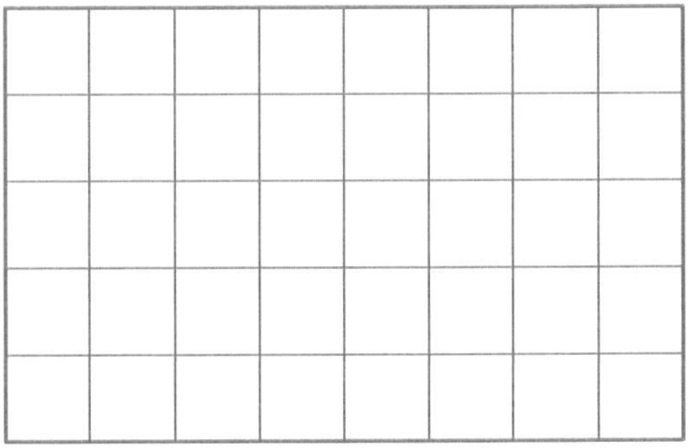

解答欄は次ページにも続く…

(*'ェ'*)ノ　勘どころ

頭の中で考えることが難しい場合、無理に考えても時間が過ぎるばかりです。アイデアを出す場合は時間との勝負になりますので、恥ずかしがらずに紙を切り抜いて、実際に並べ替えることも立派な手段の1つです。さあ、紙を切り抜いてレイアウトしてみましょう。

第3章　レイアウトセンス モチアゲの基本〜組み合わせと分割を想像する！〜

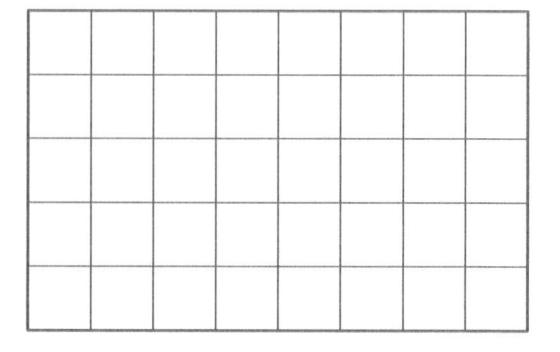

【演習3-6】　　　　　　　　　　　　　　　　　　　LEVEL 1

課題　解答例を参考に、三角定規を組み合わせること。
問題　それぞれ指定された角度になるよう、2枚の三角定規を組み合わせた図を解答欄に記入すること。解答は解答欄以上に存在する。

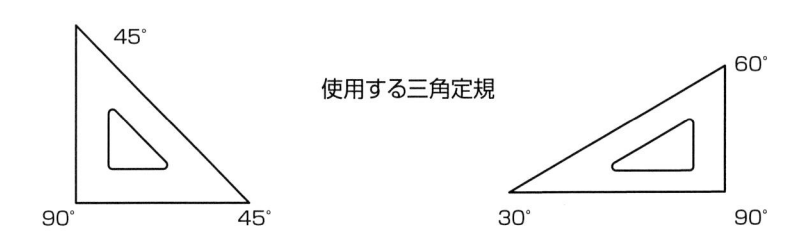

使用する三角定規

① 75°を作る　解答例と違う組合わせで、三角定規を並べてください。

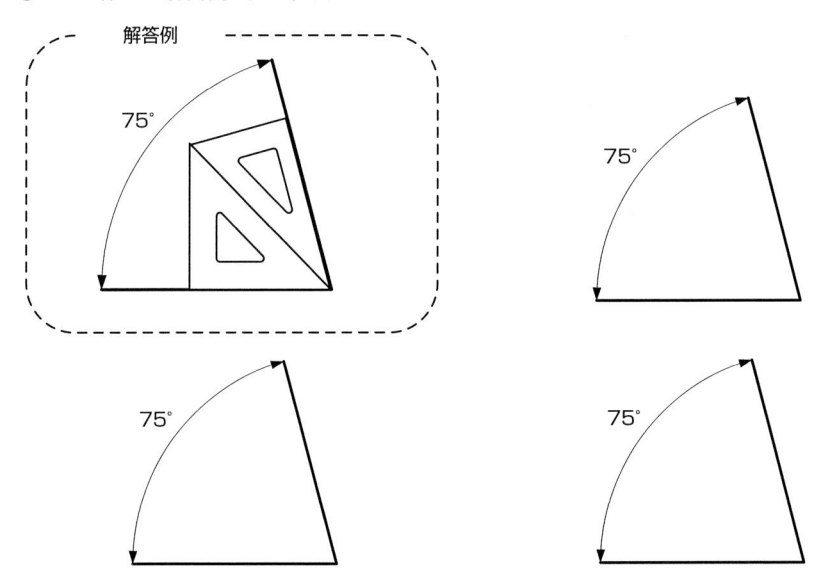

解答例

(*'ェ'*)ノ　勘どころ

要素を組み合わせる場合、思いつきで組み合わせるのではなく、一方を固定し、他方を回転あるいは裏返しにして異なるパターンを考え、次に違う要素を回転あるいは裏返しにして他の組合せのパターンを考えるというように、全ての組み合わせパターンを検証すれば漏れがなくなります。

第3章　レイアウトセンス モチアゲの基本〜組み合わせと分割を想像する!〜

②135°を作る

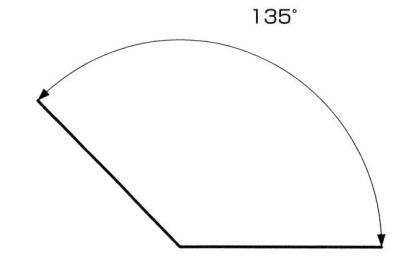

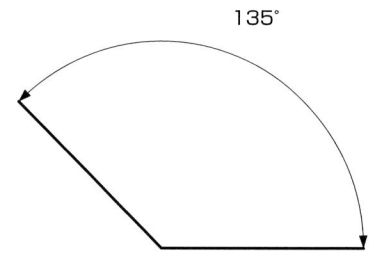

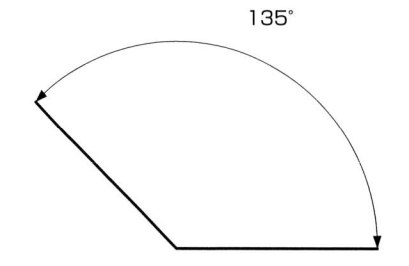

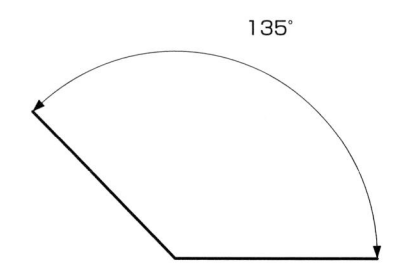

135°　　　　　　　　　135°

135°　　　　　　　　　135°

③120°を作る

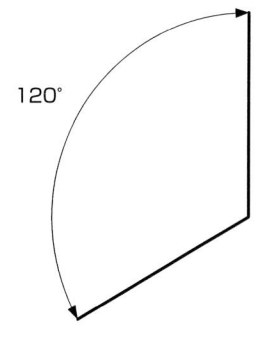

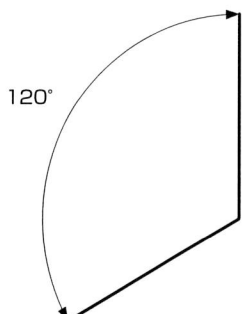

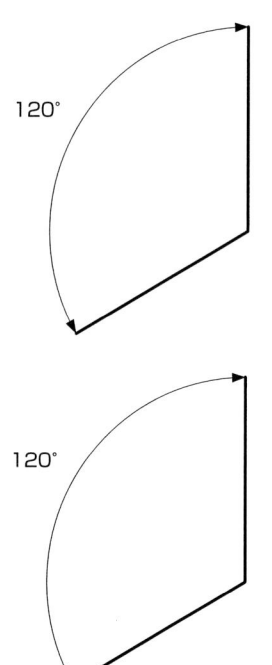

120°　　　　　　　　　120°

120°　　　　　　　　　120°

■D(￣ー￣*)コーヒーブレイク

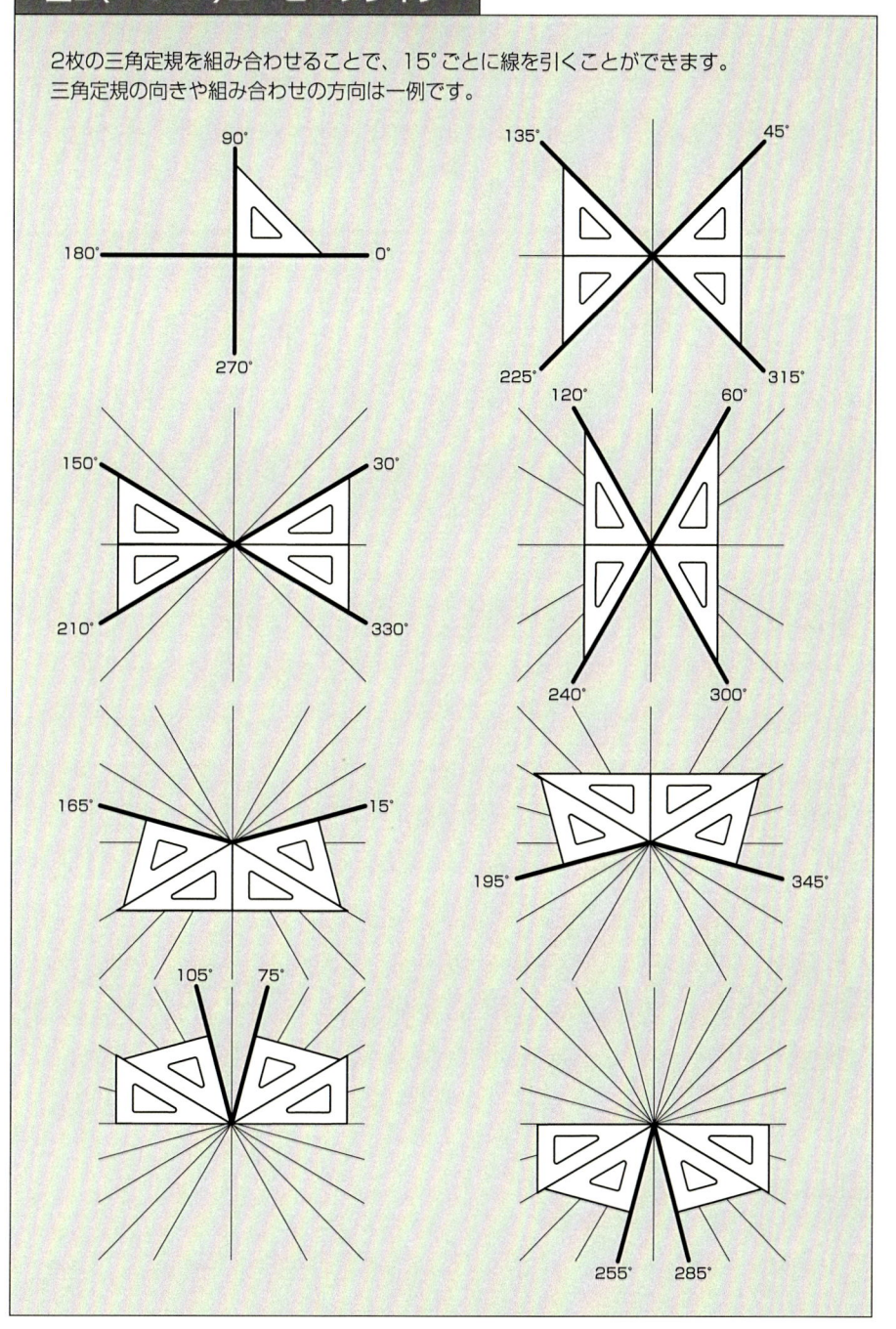

2枚の三角定規を組み合わせることで、15°ごとに線を引くことができます。
三角定規の向きや組み合わせの方向は一例です。

第3章　レイアウトセンス モチアゲの基本〜組み合わせと分割を想像する!〜

| 第3章 | 2 | # 図形の分割パターンを洗い出す |

組み合わせとは逆に、1つの図形を分割することで様々な形状を作ることができます。ここでは、**指定形状に分割した図形**を考えてみましょう。

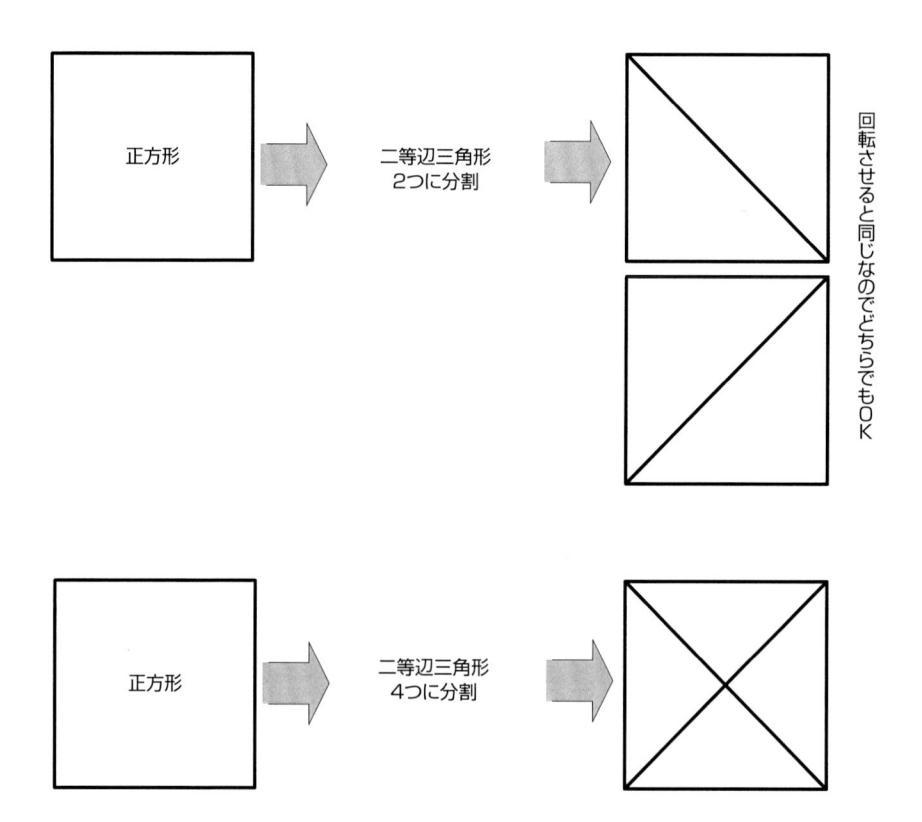

正方形 → 二等辺三角形 2つに分割 → （回転させると同じなのでどちらでもOK）

正方形 → 二等辺三角形 4つに分割 →

(*'ェ'*)ノ 勘どころ

分割した形状をイメージすることは、部品加工前の形状と加工後の形状をイメージすることに通じています。形の変化を意識して考える練習をしてください。

■D(￣ー￣*)コーヒーブレイク

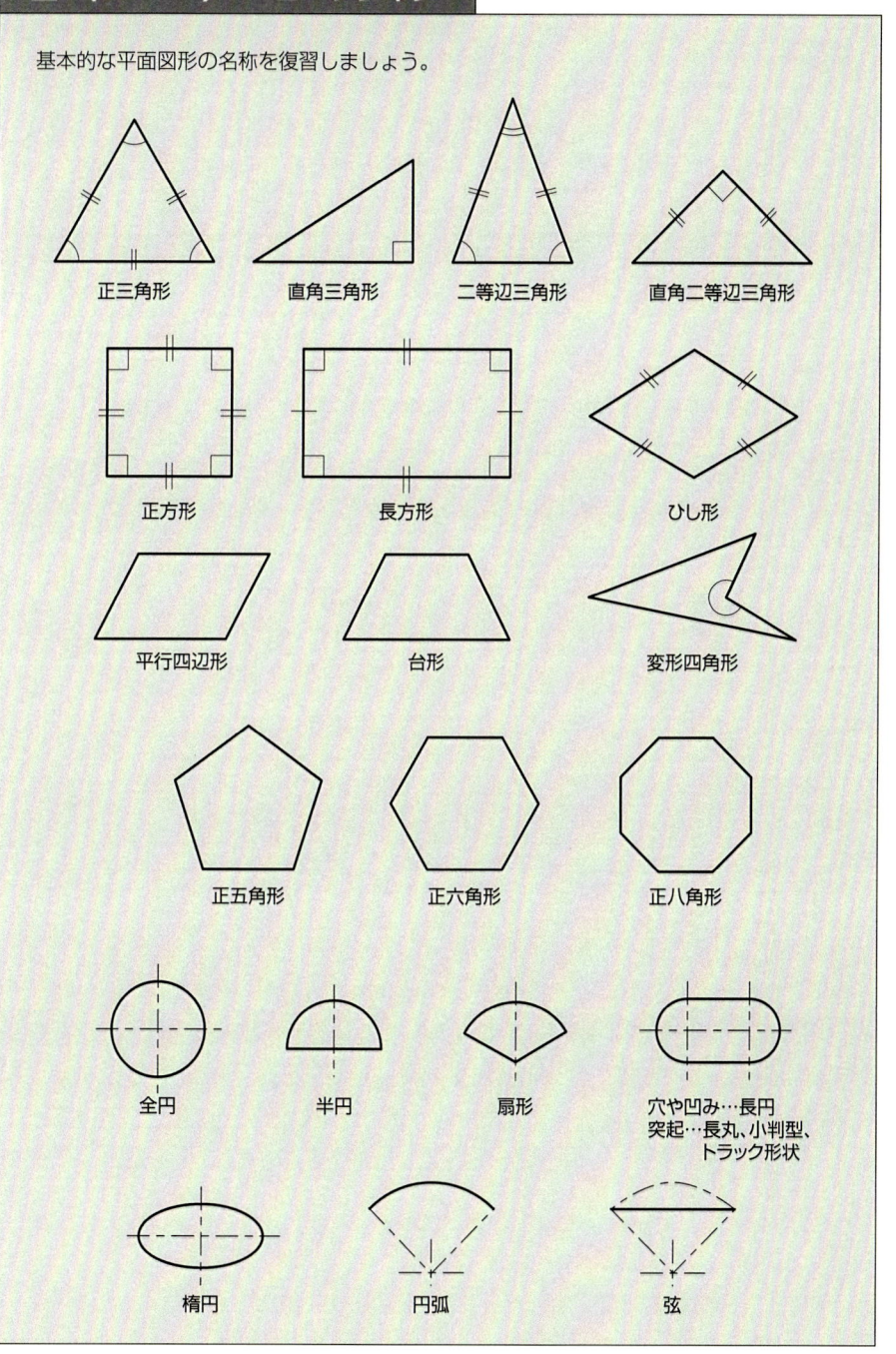

基本的な平面図形の名称を復習しましょう。

正三角形	直角三角形	二等辺三角形	直角二等辺三角形
正方形	長方形	ひし形	
平行四辺形	台形	変形四角形	
正五角形	正六角形	正八角形	
全円	半円	扇形	穴や凹み…長円 突起…長丸、小判型、トラック形状
楕円	円弧	弦	

【演習3-7】　　　　　　　　　　　　　　　　　　　　　　　　　LEVEL 1

課題　指示された図形と個数になるよう分割すること。
問題　右側の解答図形に直線を使って分割線を記入すること。ただし、辺の途中から線を出したり、同じ領域を重複して使用したりしてはいけない。作成する複数の図形は、合同・相似である必要はない。

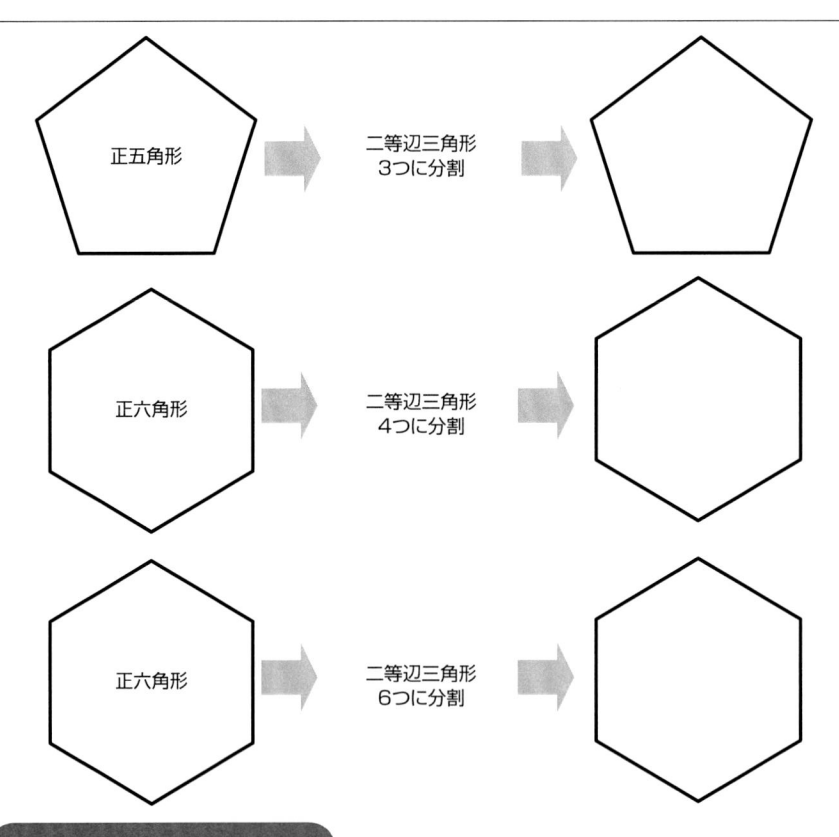

正五角形　→　二等辺三角形　3つに分割　→

正六角形　→　二等辺三角形　4つに分割　→

正六角形　→　二等辺三角形　6つに分割　→

φ(@°▽°@)　メモメモ

合同
二つの図形を重ね合わせたとき、ぴったりと一致する図形を合同といいます。図形Aと図形Bが互いに合同であるとき、記号≡を用いてA≡Bと書きます。

相似
形を変えずに一定の割合で拡大、縮小した図形を、元の図形に対して相似といいます。図形Aと図形Bが互いに相似であるとき、記号∽を用いてA∽Bと書きます。

■D(￣ー￣*)コーヒーブレイク

コンパスを使うと長さを等分に分割する、角度の中間位置を求める、幾何形状を作成する、等距離の位置に図形を複写することができます。

①直線を二等分に分割する方法

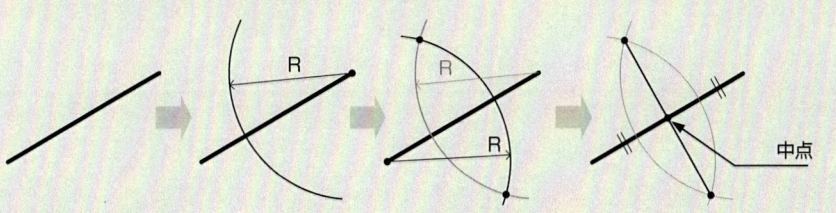

中点

②角度を二分する方法

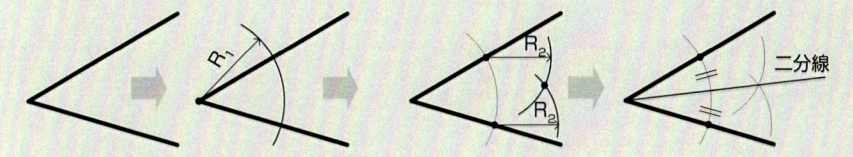

二分線

③1本の直線から正三角形を作成する方法

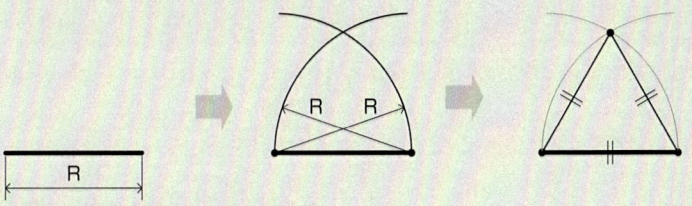

④1本の直線から正六角形を作成する方法

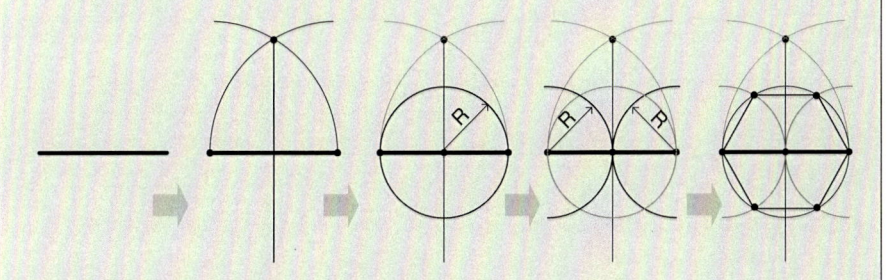

⑤1本の線から等距離の位置に同じ線を複写する方法

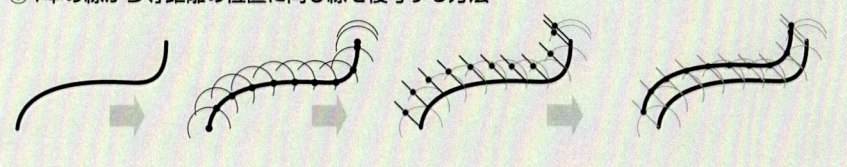

第3章　レイアウトセンス モチアゲの基本〜組み合わせと分割を想像する!〜

【演習3-8】 LEVEL 2

課題 1つの図形を、2つの合同図形になるよう分割すること。

問題 解答図形に直線を使って分割線を記入すること。ただし、直線は折り曲げて使用可とする。辺の途中から線を出したり、図形からはみ出したりしてはいけない。対称図形は合同ではないので注意すること。解答数は解答欄以上に存在する。

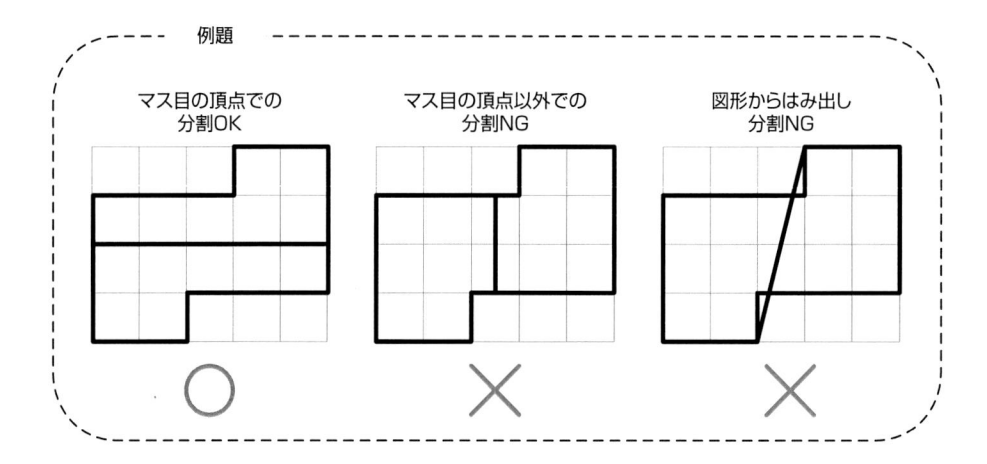

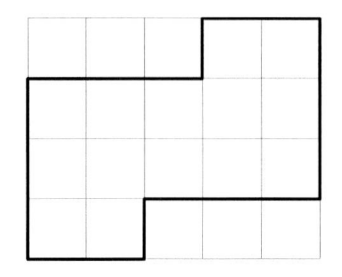

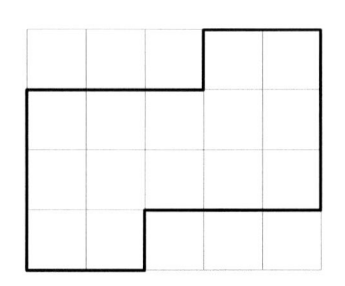

例題

マス目の頂点での
分割OK

マス目の頂点以外での
分割NG

図形からはみ出し
分割NG

○ × ×

解答欄は次ページにも続く…

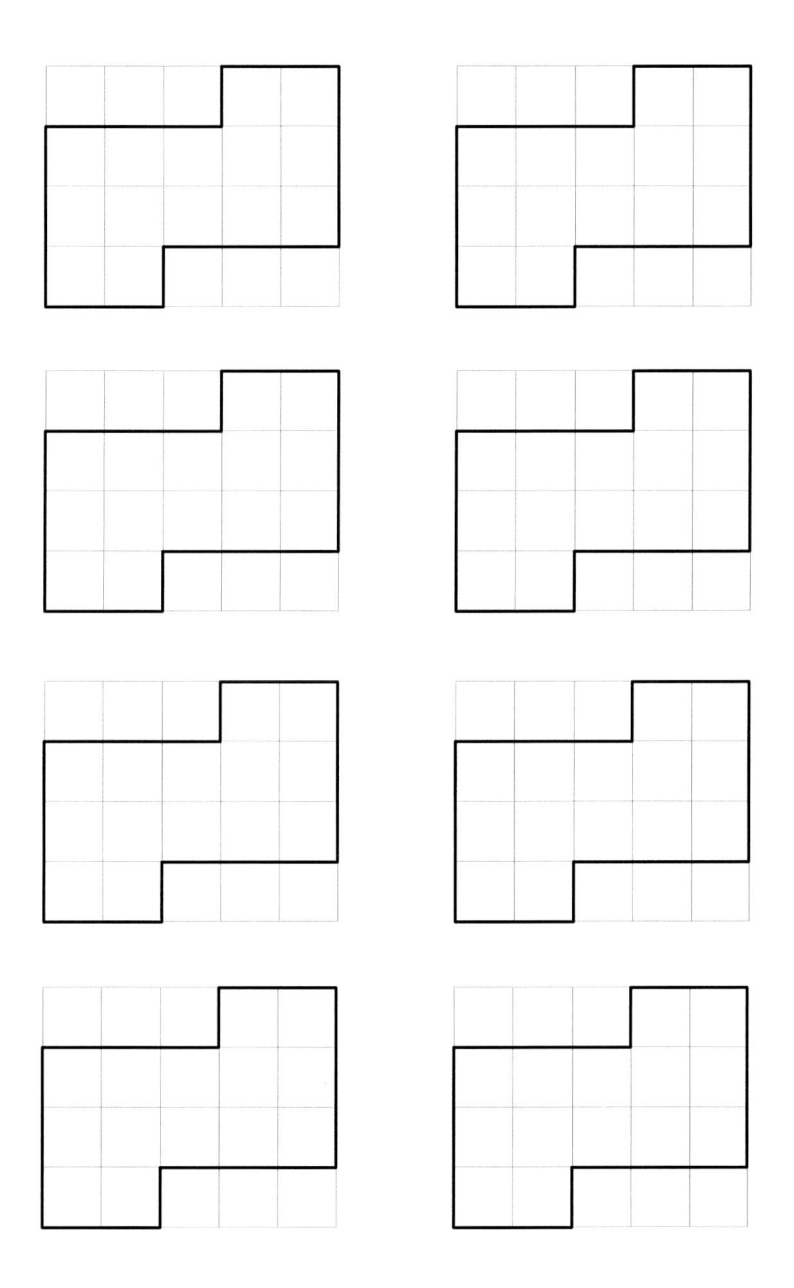

第3章　レイアウトセンス モチアゲの基本〜組み合わせと分割を想像する!〜

【演習3-9】　LEVEL 2

課題 1つの図形を、合同図形として指定された数に分割すること。
問題 解答図形に直線を使って分割線を記入すること。ただし、辺の途中から線を出したり、図形からはみ出したりしてはいけない。また、対称図形は合同ではないので注意すること。

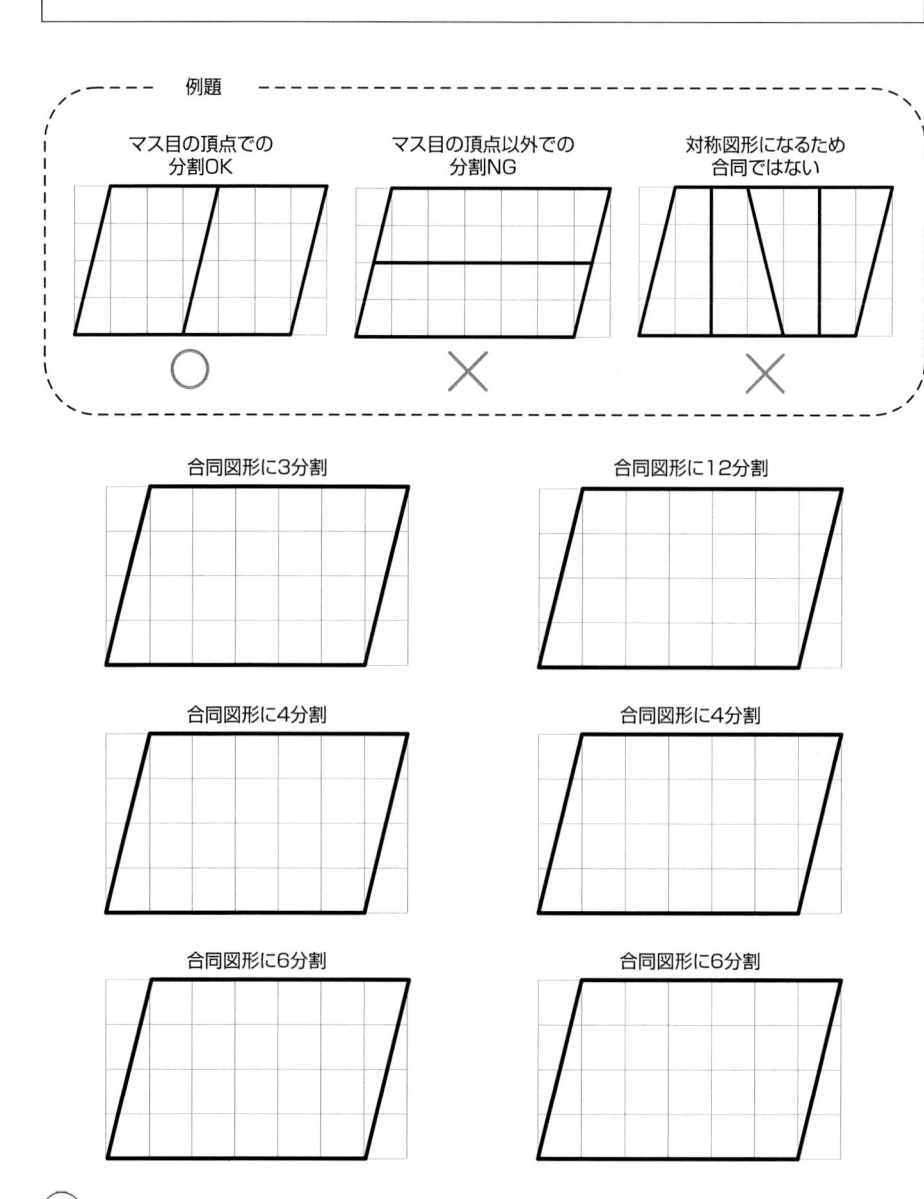

例題

マス目の頂点での分割OK　〇

マス目の頂点以外での分割NG　×

対称図形になるため合同ではない　×

合同図形に3分割

合同図形に12分割

合同図形に4分割

合同図形に4分割

合同図形に6分割

合同図形に6分割

先輩エンジニアがアドバイスする 解答のページ

【演習3-1】

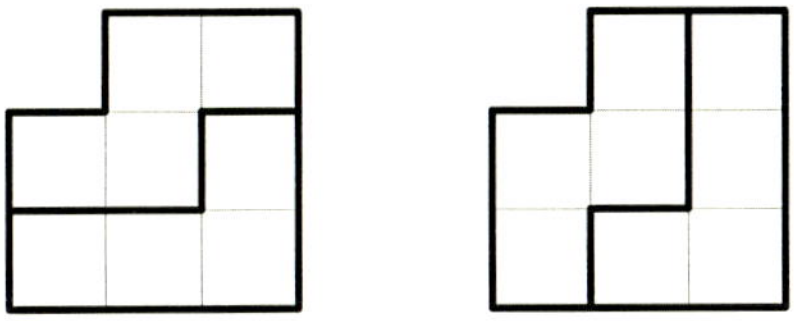

【演習3-2】

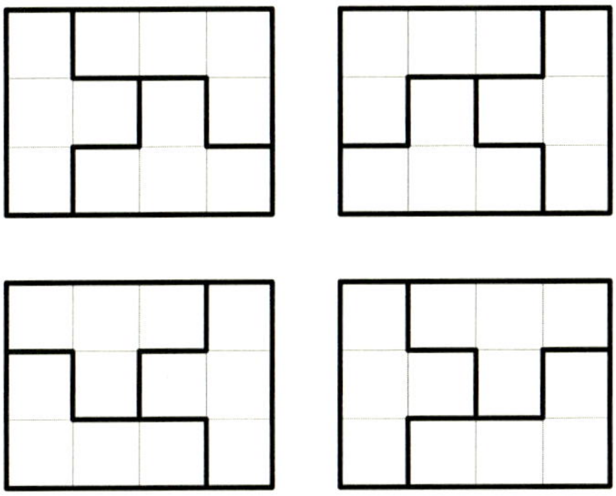

【演習3-3】

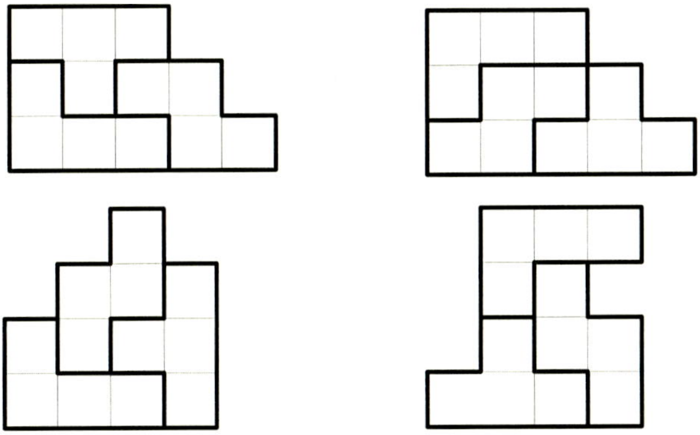

【演習3-4】

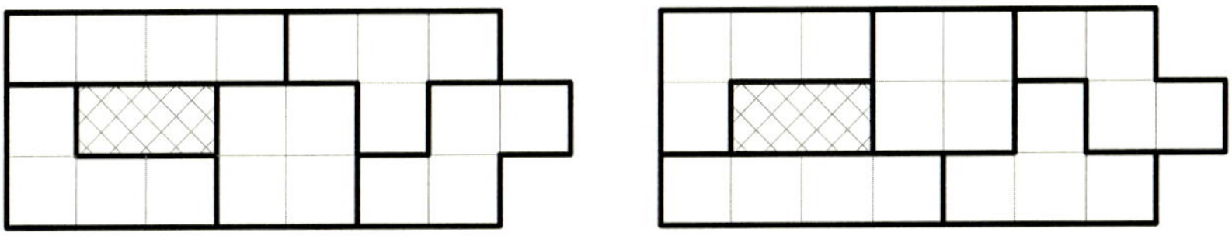

解答例を見ればわかるように、回転や反転させたレイアウトばっかりやろ？
設計でレイアウトするときも同じように考えると、最適なレイアウトを発見することができるんや！

第3章 レイアウトセンス モチアゲの基本 〜組み合わせと分割を想像する！〜

【演習3-5】

※その他解答例は多数あります。

この問題は、頭の中でパーツを並べて完成させるにはかなり難しい課題や。設計でも、無駄な時間を使うくらいなら、恥ずかしがらずにボール紙などで現物を作って並べてみることもありや！

【演習3-6】

①75°

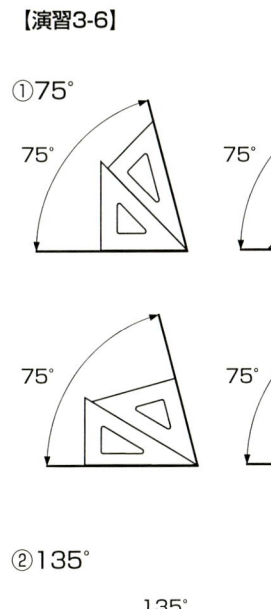

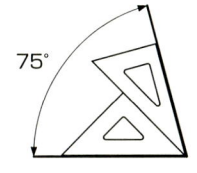

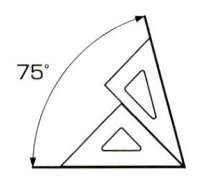

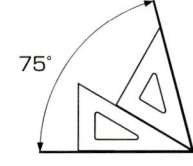

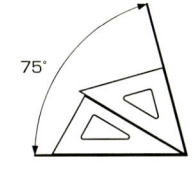

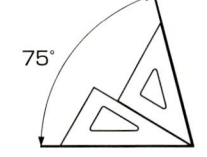

75° 75° 75°

75° 75° 75° 75°

②135°

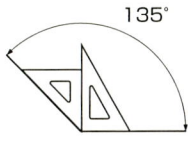

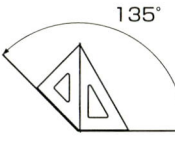

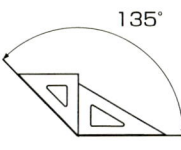

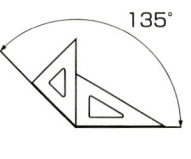

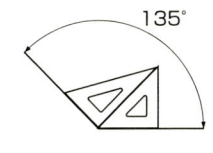

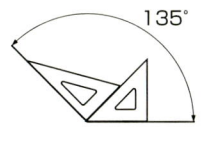

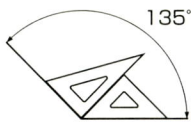

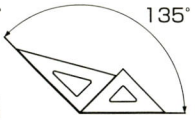

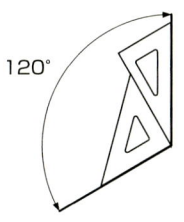

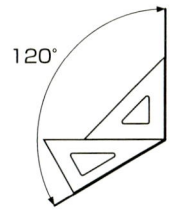

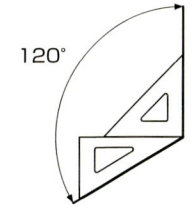

135° 135° 135° 135°

135° 135° 135° 135°

③120°

120° 120° 120° 120°

第3章　レイアウトセンス モチアゲの基本〜組み合わせと分割を想像する!〜

【演習3-7】

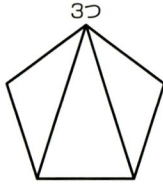

二等辺三角形 3つ　　二等辺三角形 4つ　　二等辺三角形 6つ　　二等辺三角形 6つ

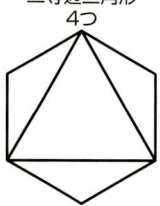

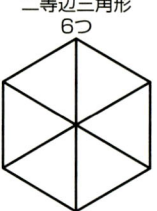

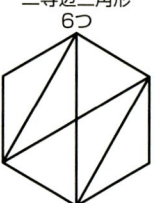

【演習3-8】

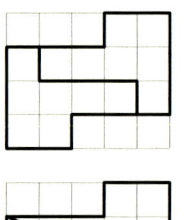

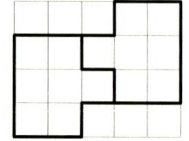

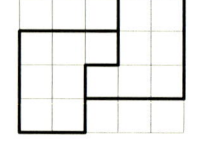

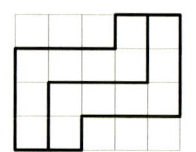

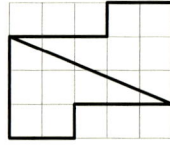

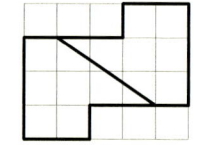

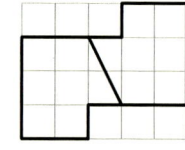

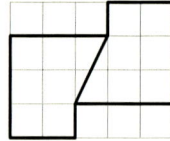

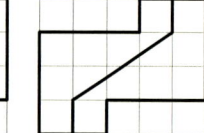

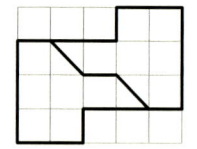

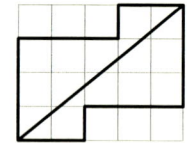

> 頂点から順に線を引き出して分割線を考えていけば、いろんな形状に分割できることがわかったやろ？

【演習3-9】

合同の3分割

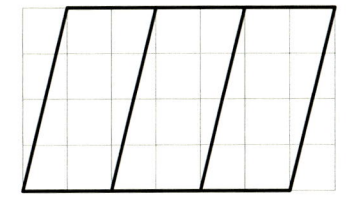

合同の12分割

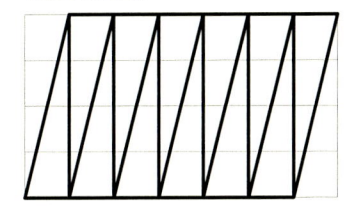

合同の4分割

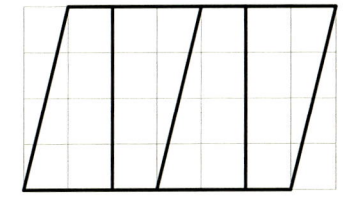

合同の4分割

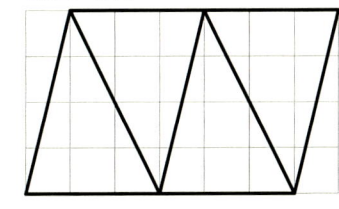

合同の6分割

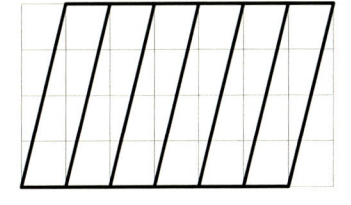

合同の6分割

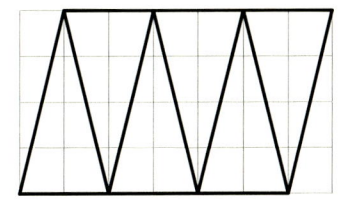

設計作業は、時間との戦いや！
設計センスは、求められた形状を
いかに早く成立させるかが
ポイントや！

第4章

形状認識センス モチアゲの基本
～投影図のルールを知る！～

図面では、立体を平面の図形で表せっていうけど、どうやって表したらええのかわからへん！

立体をある方向から見たときに見える図を「投影図」というんや。世界的な共通ルールがあるから、これを知らんと図面なんか描かれへんで！

4-1	立体と投影図の関係を知る
4-2	傾斜や曲面の落とし穴を知る
4-3	後ろに隠れた形状の表し方を知る

| 第4章 | 1 | 立体と投影図の関係を知る |

投影図とは、立体形状を様々な方向から見た図を平面図形として表したものです。**投影図の見方、描き方**を知りましょう。

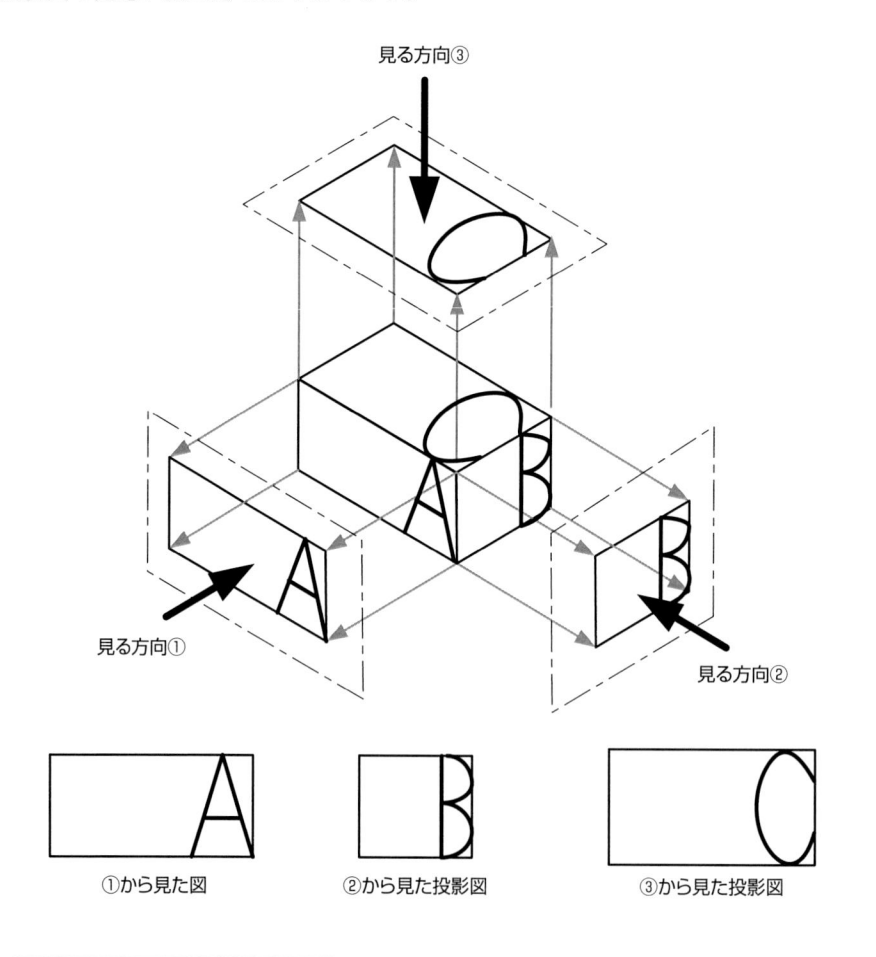

見る方向③

見る方向①

見る方向②

①から見た図

②から見た投影図

③から見た投影図

(*'ェ'*)ノ 勘どころ

立体形状を平面上で表すために投影図が必要となります。一般的には、面の正面から見た図を投影図として使用します。
本章では、ある一方向からのみ見える投影図を理解し、描く練習を行います。
次の第5章で、これらの投影図を組み合わせて立体を表現するテクニックを知ります。

投影図を考えるときに注意すべき点があります。

それは、図面を描く人あるいは読む人の視点を固定することです。

例えば、トラックを横から見た図を正面と決めたとしましょう。この正面を見る視点を固定したまま、その他の投影図は物体を上下左右に回転させて見える形状で表します。(製図では、矢示法と呼ぶ投影図のテクニックです。)

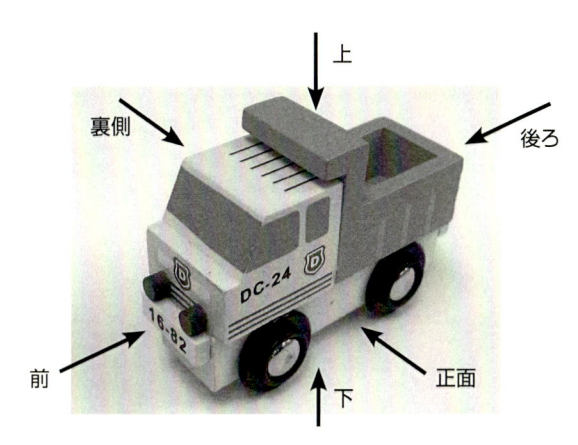

横から見た状態を正面(基準とする面)と決める

正面から見た図で
視点を固定する

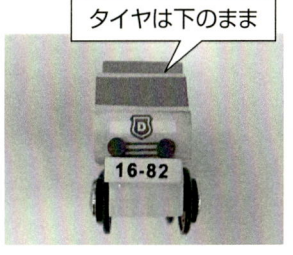

前が見えるよう
横向きに90°回転する

裏側が見えるよう
横向きに180°回転する

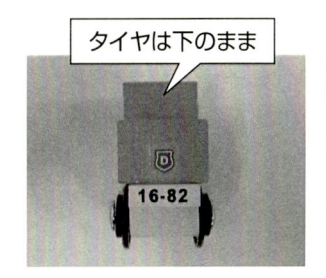

後ろが見えるよう
横向きに90°回転する

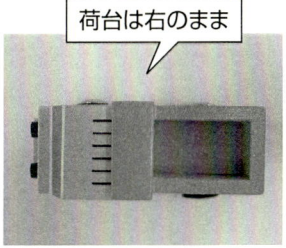

上が見えるよう
縦向きに90°回転する

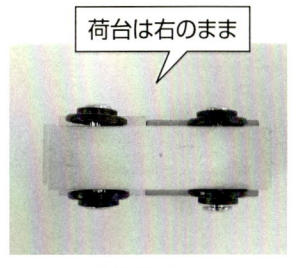

下が見えるよう
縦向きに90°回転する

第4章 形状認識センス モチアゲの基本〜投影図のルールを知る!〜 65

【演習4-1】　　　　　　　　　　　　　　　　　　　　　　　　　　LEVEL 0

課題 解答例を参考にして、④～⑥の方向から見える投影図を選択すること。
問題 投影方向の数字を解答枠に記入すること。ただし、サイコロは表の数と裏の数を足すと7になることは自明の理である。

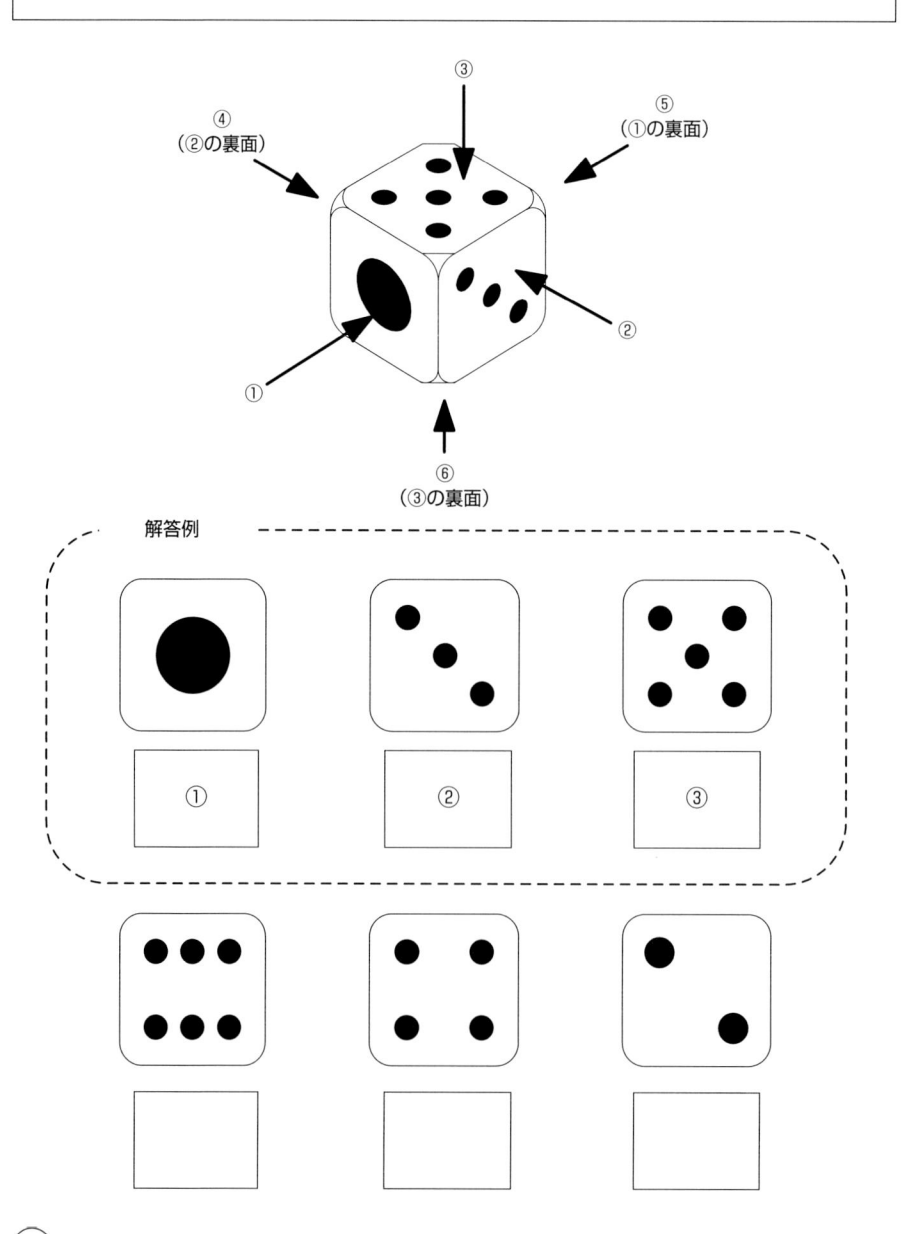

③

④（②の裏面）　　⑤（①の裏面）

②

①

⑥（③の裏面）

解答例

① ② ③

立体形状の表面に凹凸がある場合、凹凸によって形状に変化がでるため、投影図はいくつかの分割した面の集合体になります。

次に、**奥行きを持った投影図**を考えましょう。

まったく違った形状でも、ある一方向から見た投影図が同じ例を紹介します。

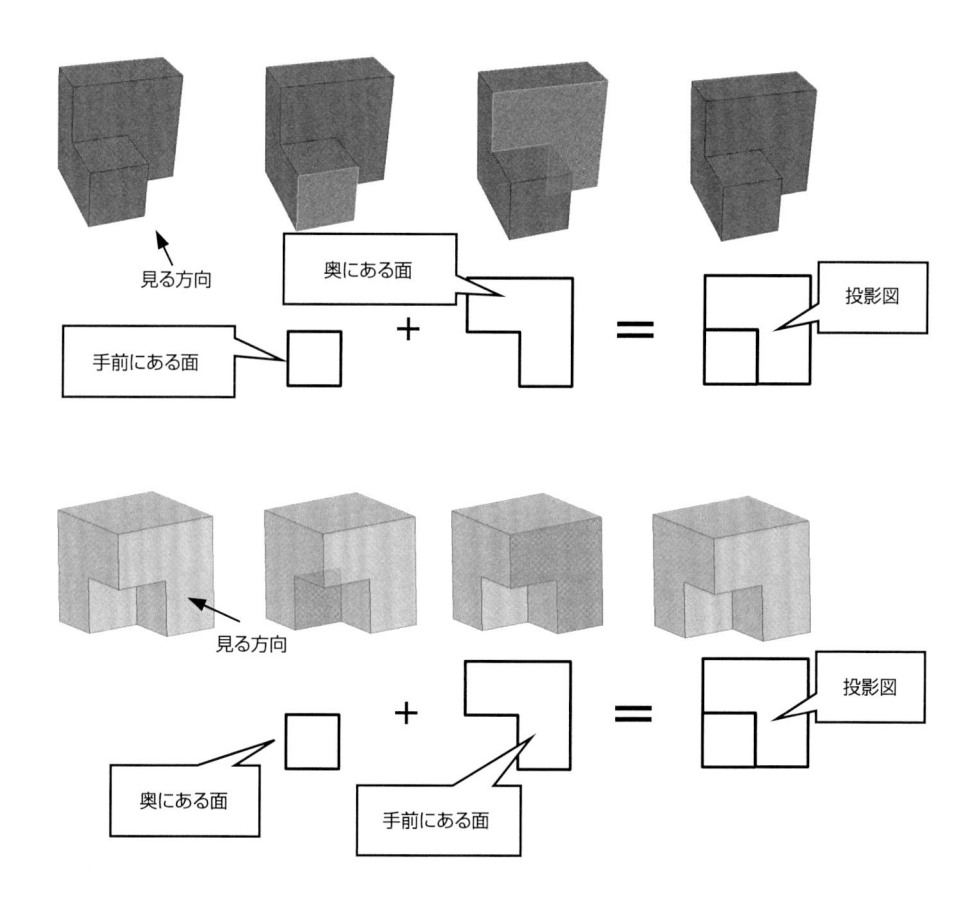

(*'ｪ'*)ノ 勘どころ

立体形状の多くは段差がある複雑な形状をしています。奥行き方向の段差がある場合、上図のように全く違う形状でも投影図が同じになる場合があります。そのため、ある一方向の投影図だけで形状を判断することはできないのです。

第4章 形状認識センス モチアゲの基本〜投影図のルールを知る!〜

【演習4-2】 LEVEL 0

課題 立体形状を矢印の方向から見たときの投影図を完成させること。

問題 解答欄には、外形の輪郭線だけが記入してあるので、足りない線を記入すること。各部位の大きさの比率は目測によって判断し、解答欄のマス目の線を有効に利用すること。

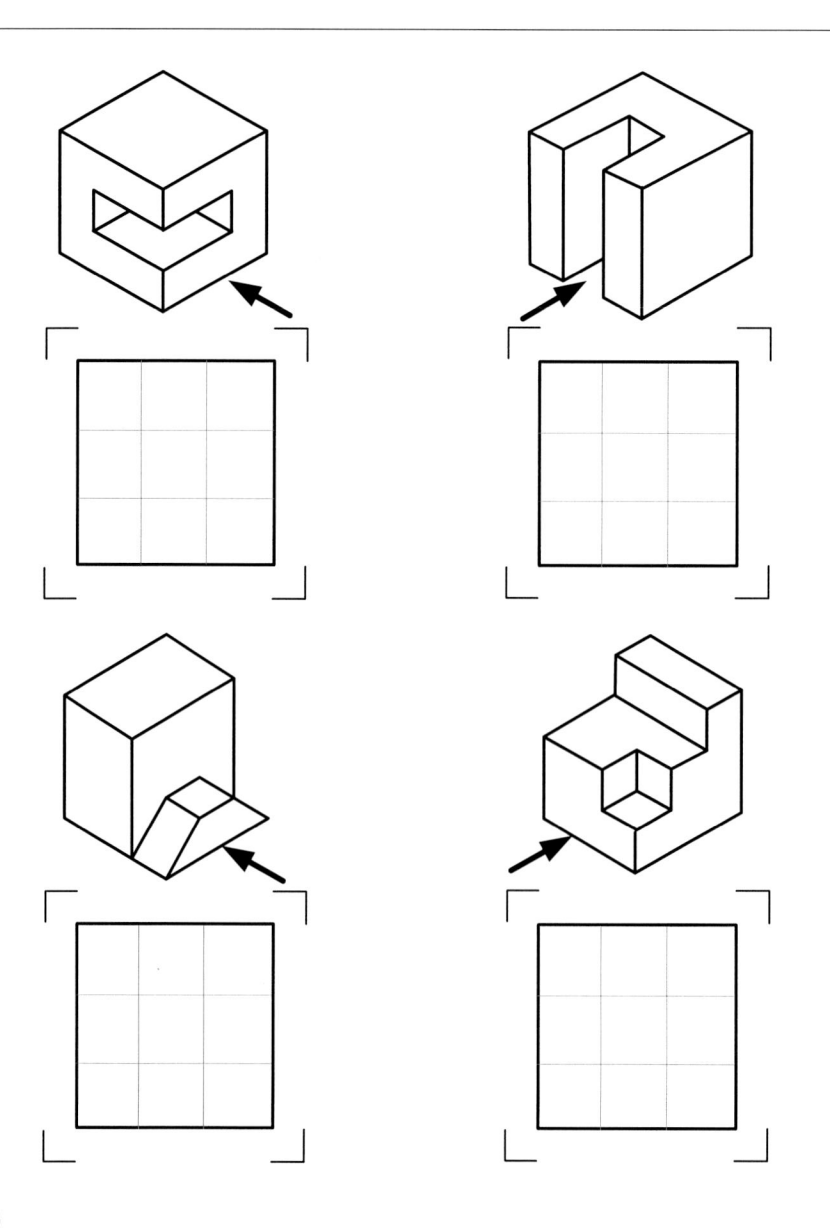

【演習4-3】　　　　　　　　　　　　　　　　　　　　　　　**LEVEL 1**

- **課題** 解答例を参考にして、立体形状を正面の裏側である矢印の方向から見たときの投影図を完成させること。
- **問題** 解答欄に投影図を記入すること。矢は正面の裏側から指しているため、解答欄には180°横向きに回転した投影図を描くこと。

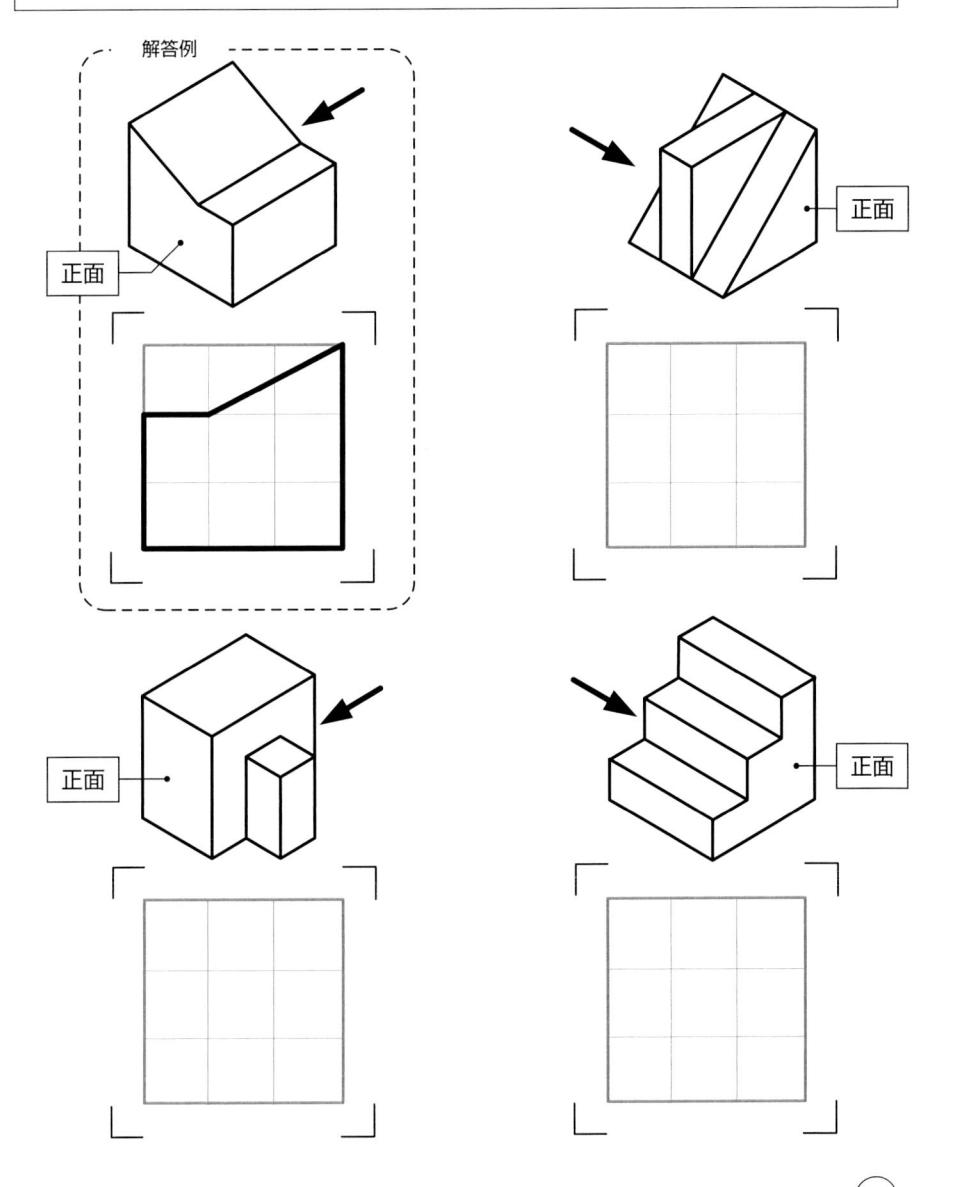

【演習4-4】　LEVEL 2

課題 立体形状を①～④の方向から見たときの投影図を完成させること。

問題 解答欄には、外形の輪郭線だけが記入してあるので、足りない線を記入すること。各部位の大きさの比率は目測によって判断し、解答欄のマス目の線を有効に利用すること。

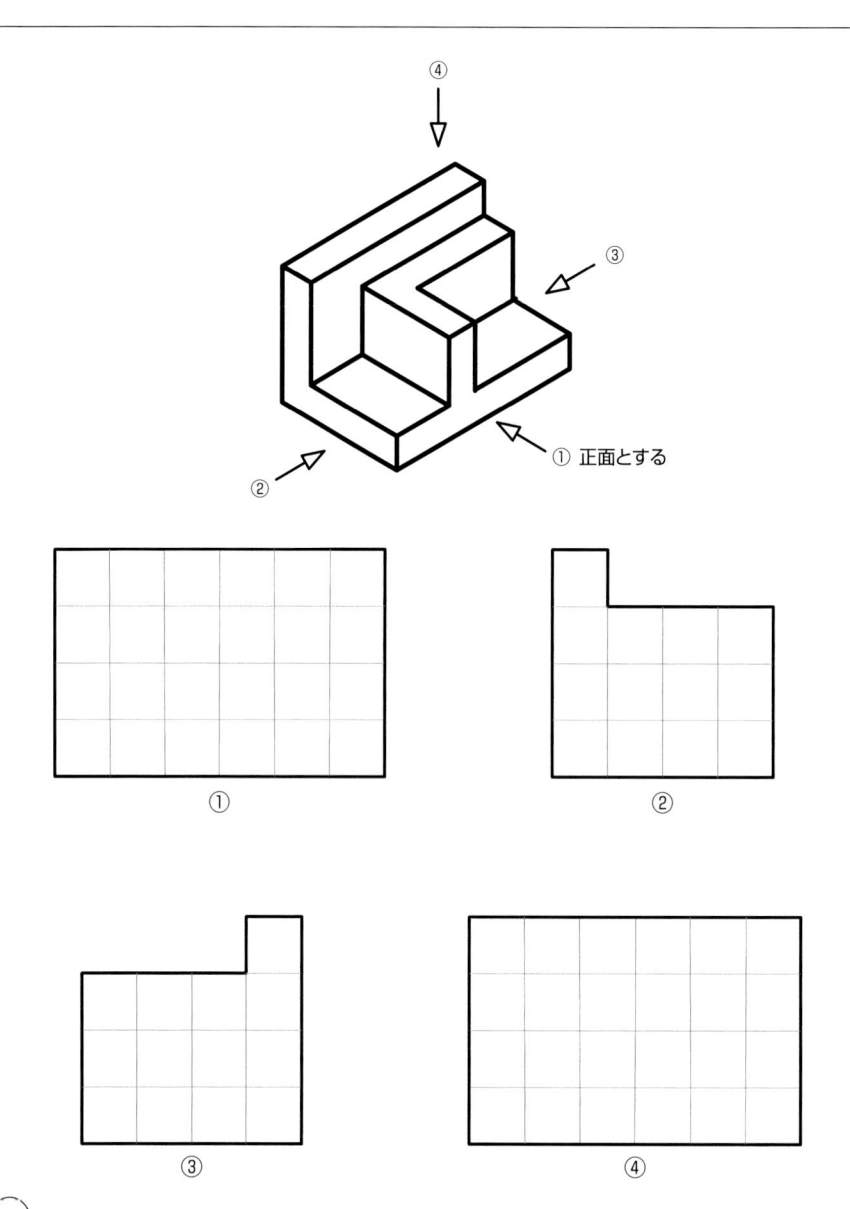

① 正面とする

| 第4章 | 2 | 傾斜や曲面の落とし穴を知る |

投影図から立体形状をイメージするときに混乱を招くのが傾斜面と曲面です。次に、**傾斜面や曲面をもつ投影図**も考えましょう。

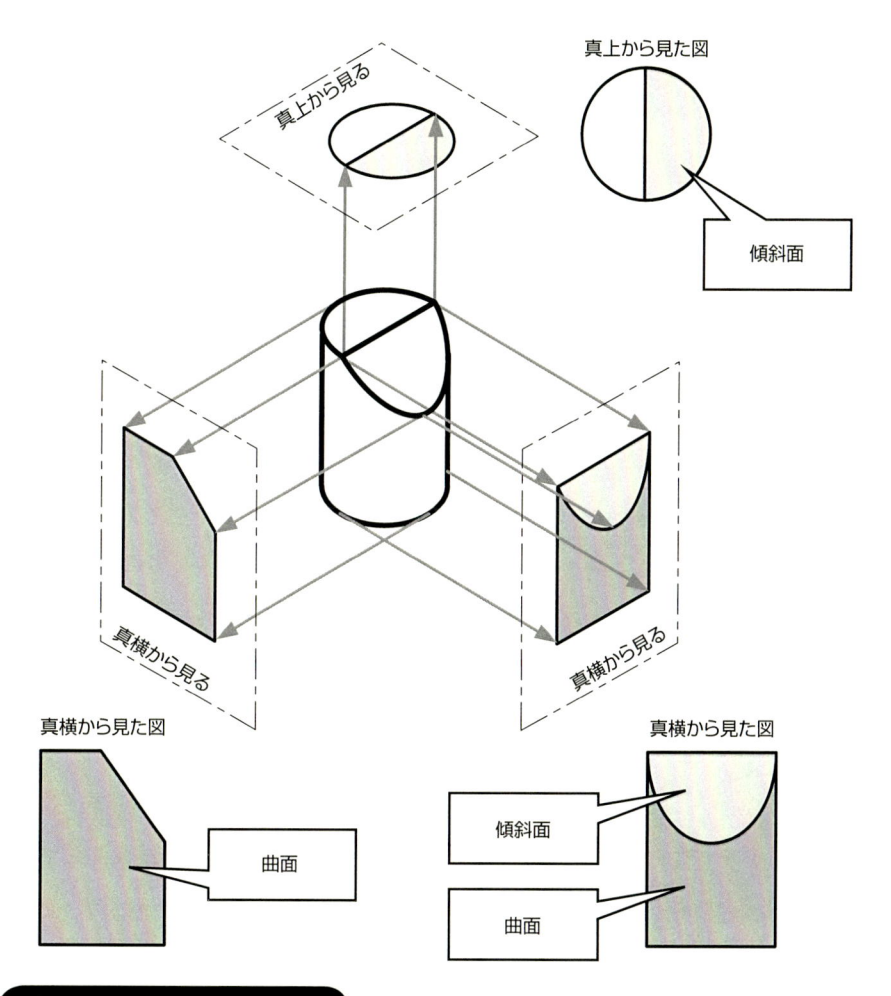

真上から見る
真上から見た図
傾斜面
真横から見る
真横から見る
真横から見た図
曲面
真横から見た図
傾斜面
曲面

(*'ｪ'*)ノ 勘どころ

投影図で最初に混乱するのが傾斜面と曲面です。立体図では傾斜面も曲面もすぐにイメージできますが、投影図では平らな面との違いがわかりません。そのため、異なる方向の投影図から総合的に形状を把握する必要があるのです。

【演習4-5】　　　　　　　　　　　　　　　　　　　LEVEL 0

課題　立体形状をAとBの方向から見たときの投影図を選択すること。
問題　正しい投影図の番号に丸印をつけること。

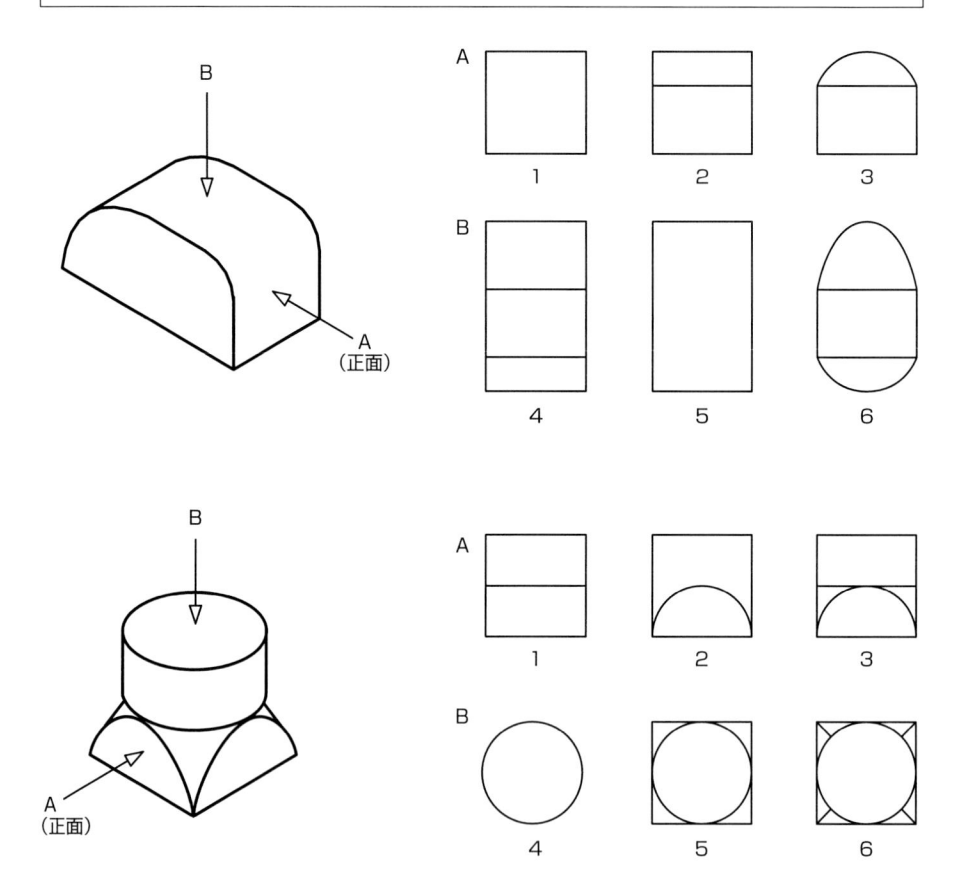

(*'ェ'*)ノ　勘どころ

稜線（りょうせん）

面が変化する部分にある稜線において、R形状によって変化する部分は図の見やすさを優先し、投影図に描く場合と省略する場合があります。
Rの大きさの数値に目安はなく、描き手の感覚によって判断しましょう。

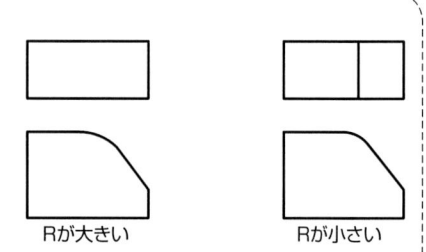

Rが大きい　　　Rが小さい

【演習4-5】　　　　　　　　　　　　　　　　　　　　　　　　　　**LEVEL 0**

課題 解答例を参考にして、矢印の方向から見た投影図を描くこと。
問題 解答枠の中にポンチ絵（フリーハンドのスケッチ図）を記入すること。

解答例

ポンチ絵

第4章　形状認識センス モチアゲの基本〜投影図のルールを知る!〜

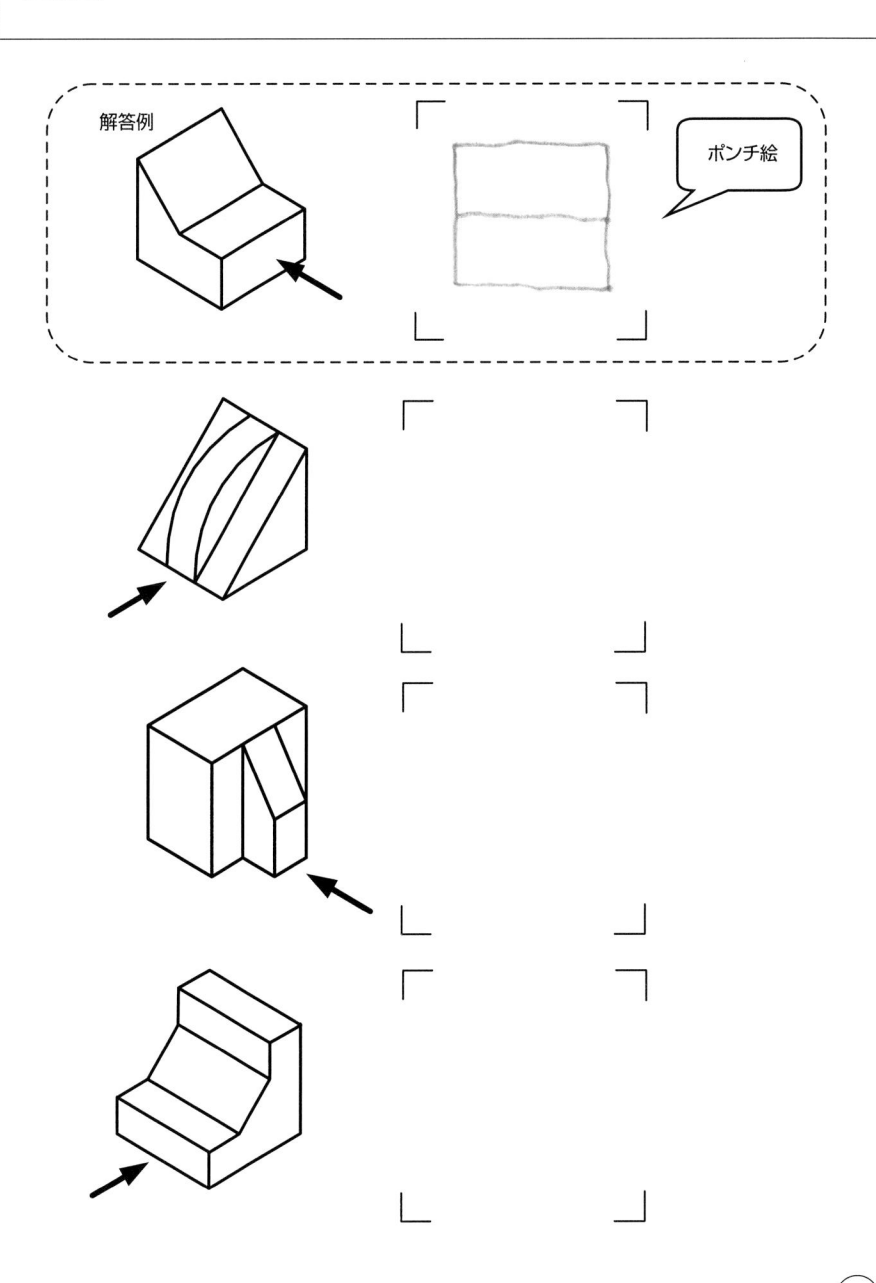

| 第4章 | 3 | 後ろに隠れた形状の表し方を知る |

投影図は基本的に外形形状を表すものですが、その後ろに隠れた形状を表す場合は、破線（はせん）を使います。この破線をかくれ線といいます。

次は、**隠れた形状を表す投影図**を考えてみましょう。

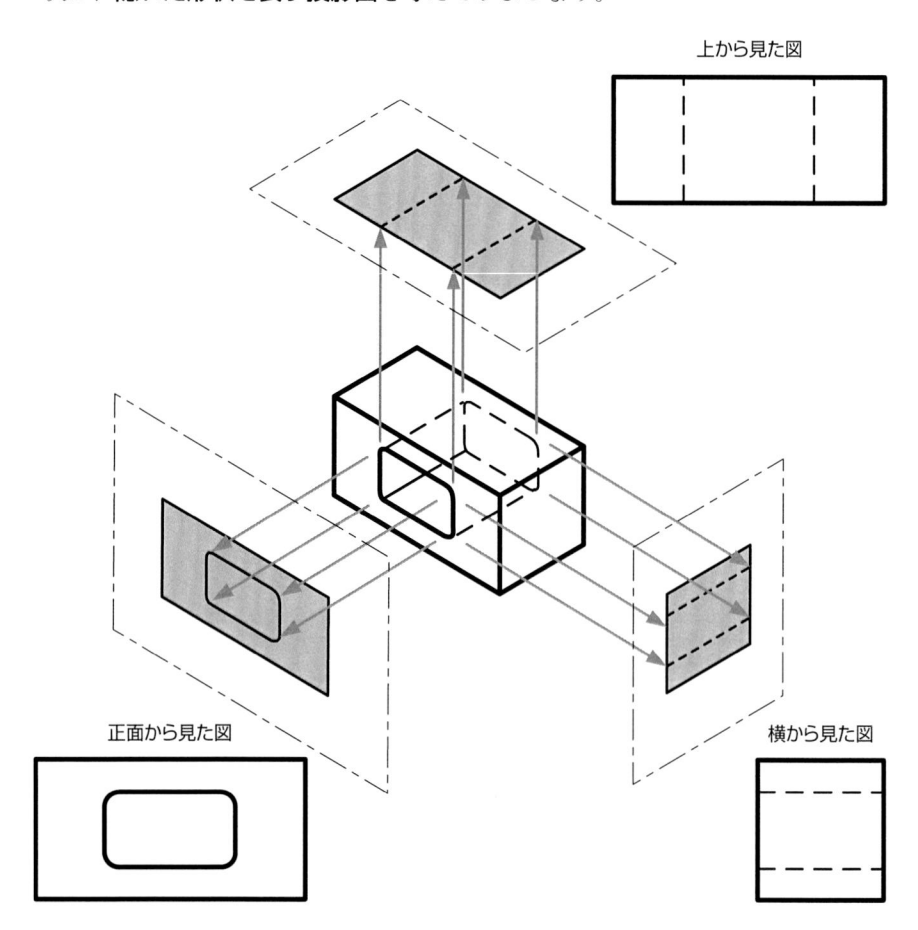

上から見た図

正面から見た図

横から見た図

(*'ェ'*)ノ 勘どころ

表面の奥にある隠れた部分は、理解しやすくなるよう透視をするつもりでその奥にある形状をかくれ線で描きます。ただし、むやみやたらにかくれ線を描くと形状が理解し難くなり、逆効果になる場合もありますから注意しましょう。

■D(￣ー￣*)コーヒーブレイク

線の種類

　線とは、細く長い糸のような筋のことです。製図では真っ直ぐな線（直線）や曲がった線（曲線）などを組み合わせて図形を表します。

- 実線（じっせん）　————————————
- 破線（はせん）　　— — — — — — — —
- 一点鎖線（いってんさせん）　— - — - — - — -
- 二点鎖線（にてんさせん）　— - - — - - — - -

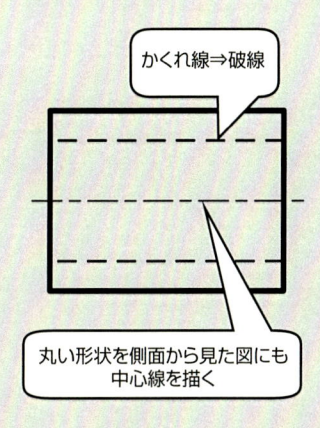

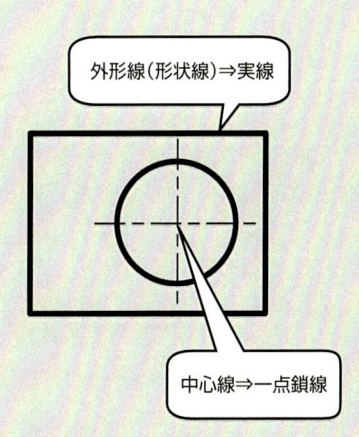

かくれ線⇒破線

丸い形状を側面から見た図にも中心線を描く

外形線（形状線）⇒実線

中心線⇒一点鎖線

破線と点線の違い

　製図の世界では、破線と点線は区別されます。
　破線は、「一定間隔で短い線の要素が規則的に繰り返される線」に対し、点線は「ごく短い線の要素をわずかな間隔で並べた線」と定義されます。

・・・・・・・・・・・・・・・・・・・・・・・・・・・
点線のイメージ

重なった線の優先度

　2種類以上の線が同じ場所で重なる場合、下記の優先順に従い、優先の高い線が見えるように描きます。
　　優先①　実線（形状線）
　　優先②　破線（かくれ線）
　　優先③　一点鎖線（中心線）

【演習4-7】　　　　　　　　　　　　　　　　　　　　　　　　　　　　　　　　LEVEL 0

課題　投影図の見える方向を選択すること。
問題　矢印後ろの解答枠に、投影図の番号を記入すること。

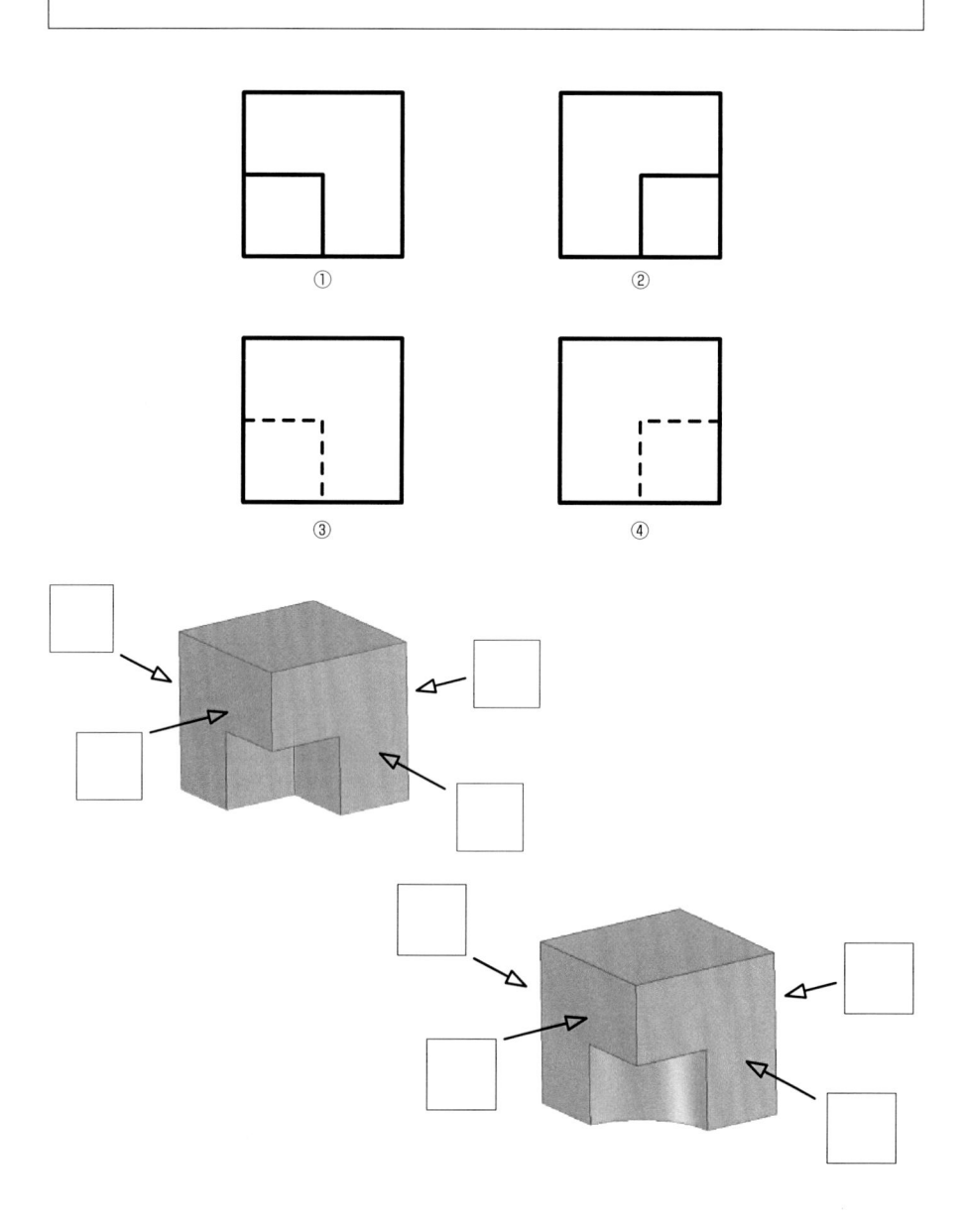

① ② ③ ④

【演習4-8】　　　　　　　　　　　　　　　　　　　　　　　　　　**LEVEL 1**

■**課題**　解答例を参考にして、正面の裏側である矢印の方向から見たときの投影図を描くこと。

□**問題**　解答枠の中にポンチ絵（フリーハンドのスケッチ図）を記入すること。かくれ線も記入すること。

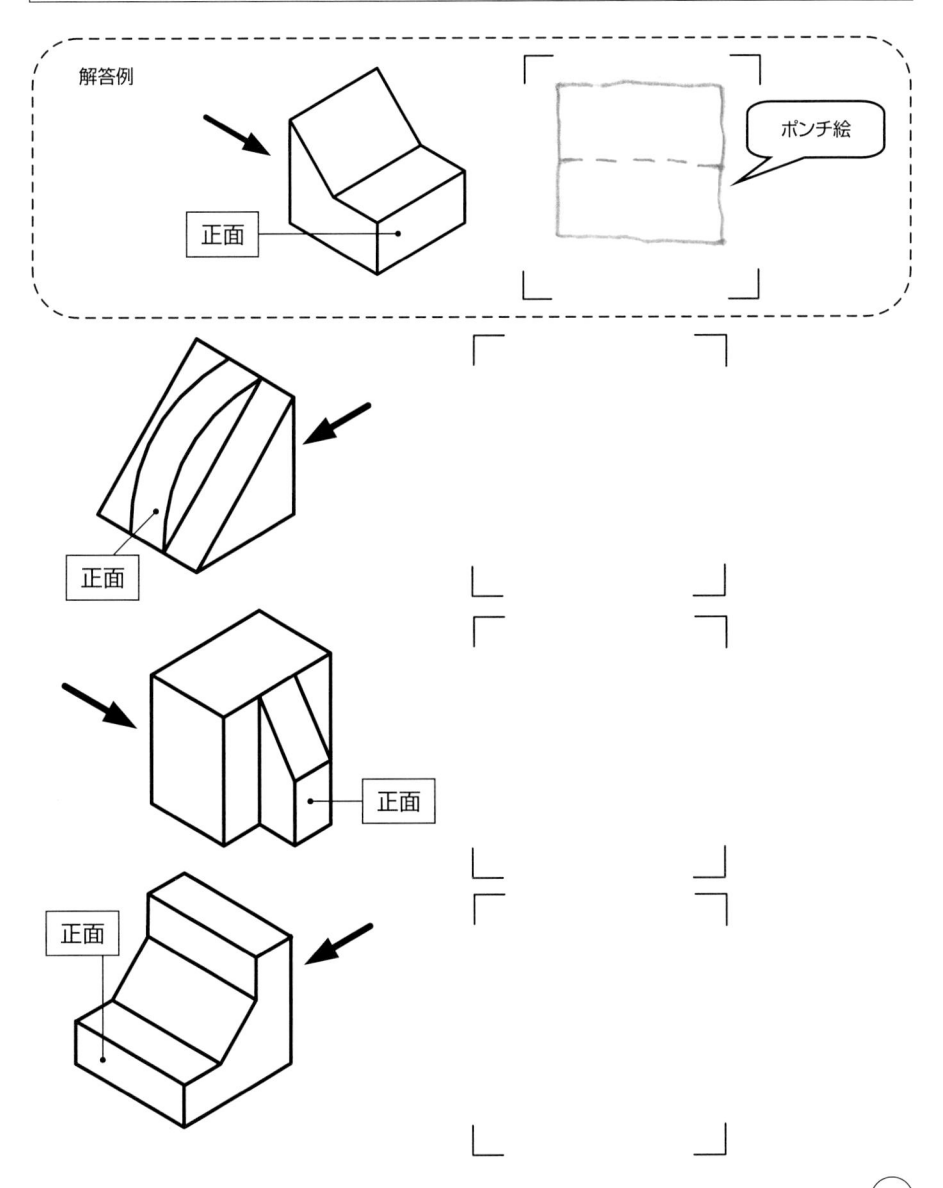

解答例

ポンチ絵

正面

【演習4-9】　LEVEL 1

課題 解答例を参考にして、矢印の方向から見た投影図を描くこと。

問題 ②〜④の方向から見た投影図を解答欄に記入すること。大きさは解答例と立体図から判断し、かくれ線も記入すること。

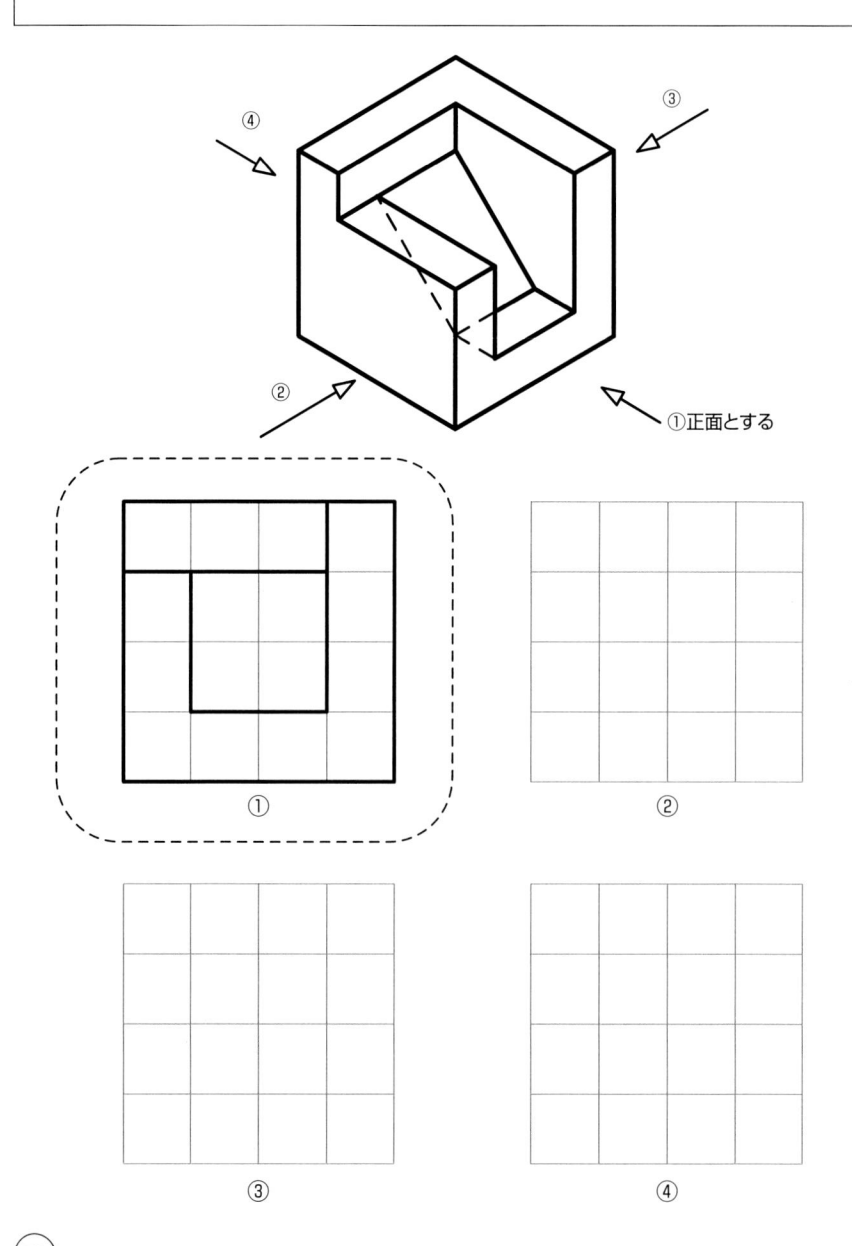

【演習4-10】　　　　　　　　　　　　　　　　　　　　LEVEL 2

課題　①と②の方向から見た投影図を完成させること。
問題　解答欄には外形図のみが描かれているので、かくれ線（破線）を記入すること。各部位の大きさは、目測によって判断すること。

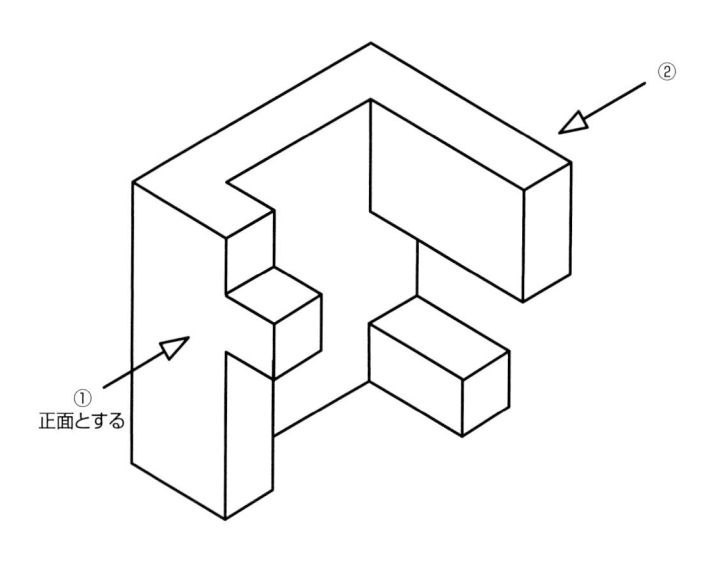

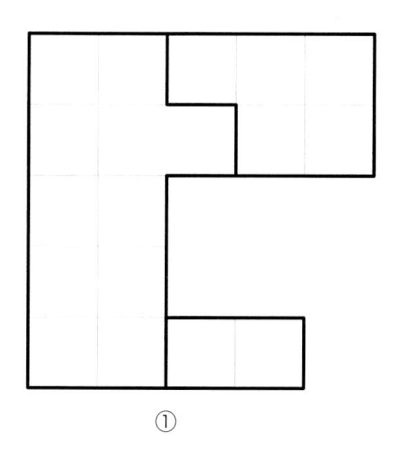

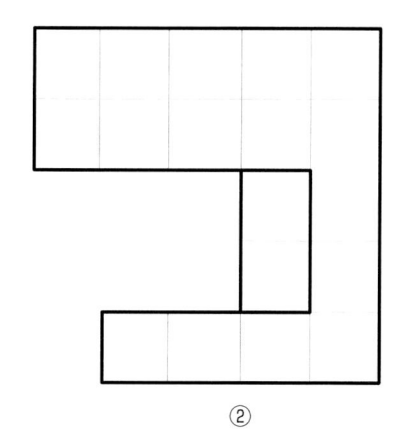

①　正面とする

②

第4章　形状認識センス モチアゲの基本〜投影図のルールを知る！〜

先輩エンジニアがアドバイスする　解答のページ

【演習4-1】

⑤　④　⑥

【演習4-2】

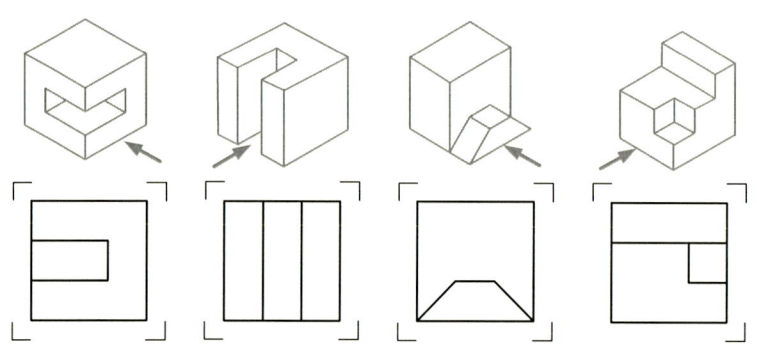

【演習4-3】

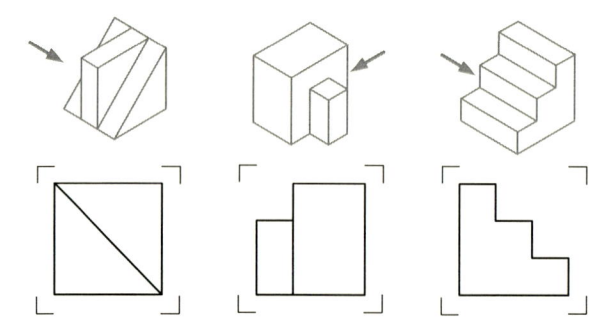

> 裏から見た投影図を、ストレスなくイメージできるようになったら、最初の関門はクリアしたと言えるで！

【演習4-4】

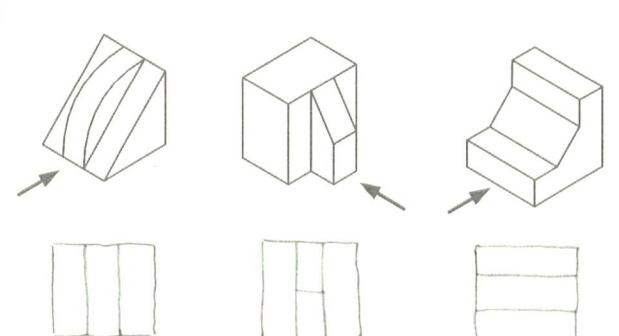

① ② ③ ④

【演習4-5】

【演習4-6】

第4章 形状認識センス モチアゲの基本～投影図のルールを知る!～

【演習4-7】

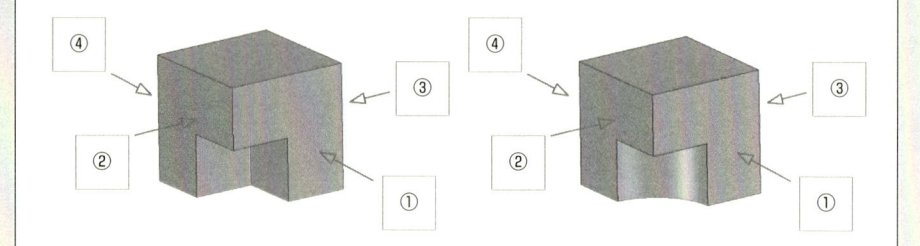

【演習4-8】

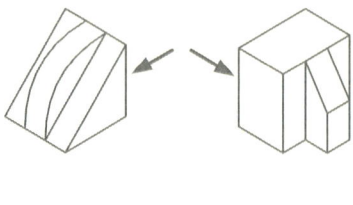

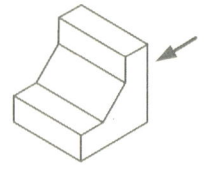

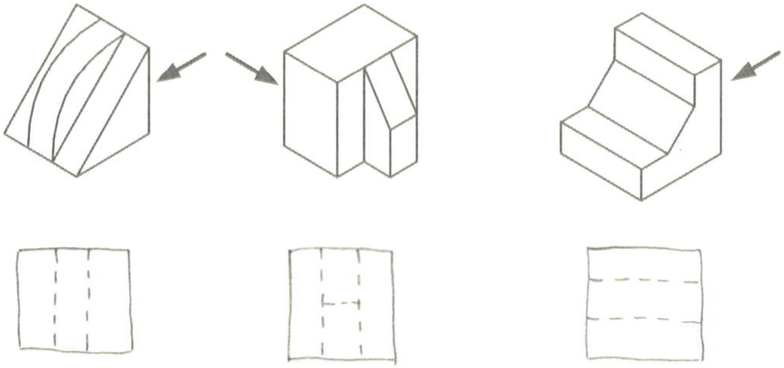

> 曲面と傾斜が複合する場合も、投影図としては、どちらも平面のように見えるから注意しよう!

【演習4-9】

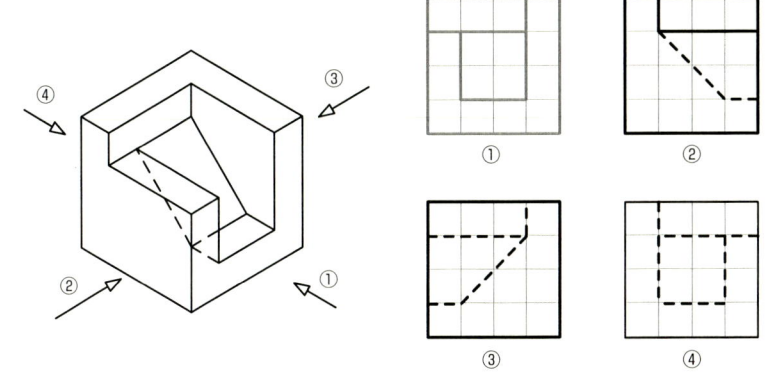

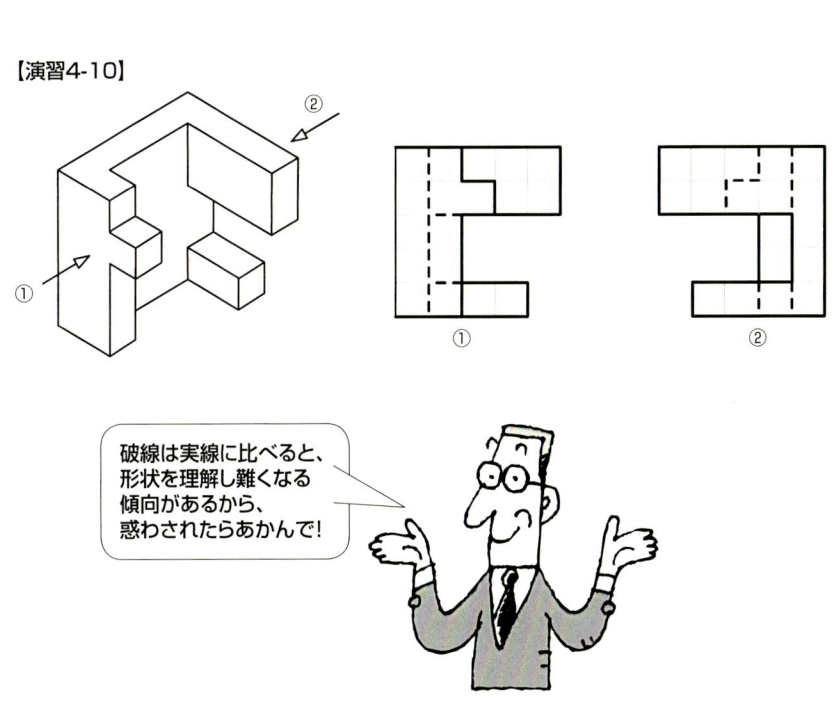

① ② ③ ④

【演習4-10】

① ②

破線は実線に比べると、形状を理解し難くなる傾向があるから、惑わされたらあかんで!

第5章

形状把握センス モチアゲの基本
～複数の投影図から形状を確定する！～

> 投影図をたくさん並べられても、どうやって形状をイメージしたらええのか、やり方がわからへん！

> 立体形状を認識するには複数の投影図から情報を整理して、形状を類推する必要があるんや！

5-1	投影法のルールについて知る
5-2	大きさを合わせて投影図を描く
5-3	大きさの比率を変えて投影図を描く
5-4	投影図から立体を想像する

| 第5章 | 1 | # 投影法の ルールについて知る |

　立体形状を図面に表す場合、日本では第三角法という投影法を使って投影図を整列させて表現します。立体形状を第三角法の投影図で表すルールを知りましょう。

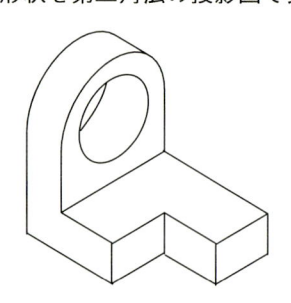

第三角法による投影図レイアウトの考え方

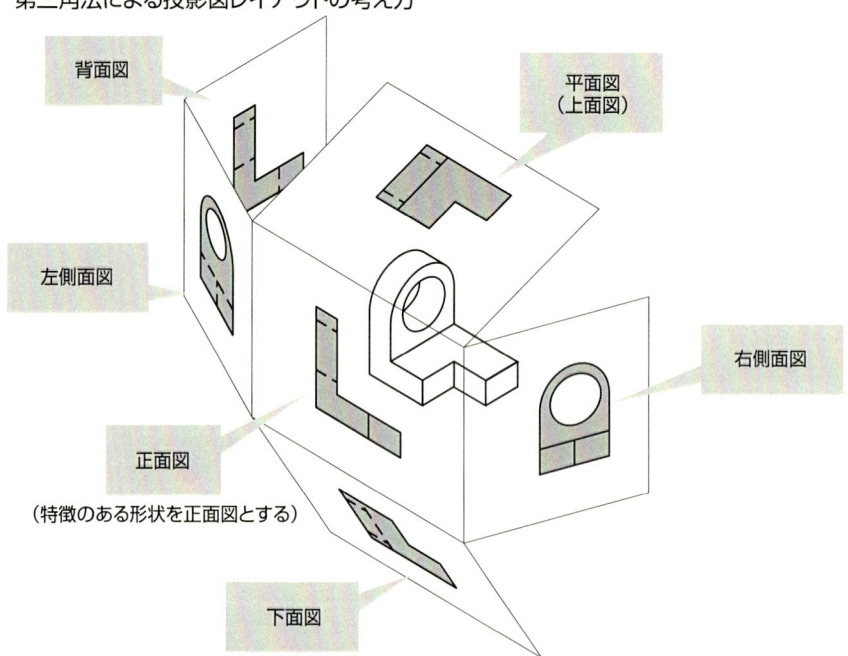

背面図
平面図（上面図）
左側面図
右側面図
正面図
（特徴のある形状を正面図とする）
下面図

(*'ｪ'*)ﾉ　勘どころ

第三角法は、透明な箱の中に部品を入れ、外から見える形状をスケッチした後、箱を展開したレイアウトと同じになります。

第三角法による投影図の描き方・表し方

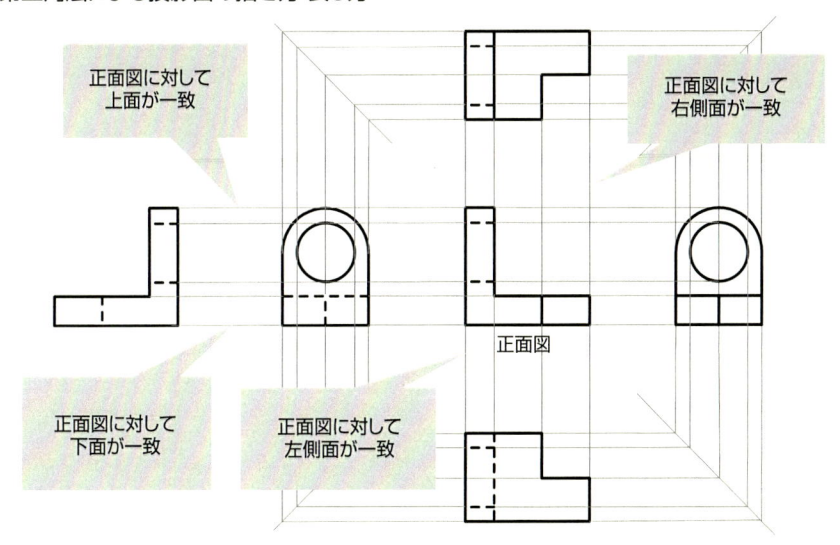

- 正面図に対して上面が一致
- 正面図に対して右側面が一致
- 正面図に対して下面が一致
- 正面図に対して左側面が一致

正面図

各投影図の名称

図面を描く人の主観で、最も特徴があると思う方向を正面図と決めればよい

平面図　背面図　左側面図　正面図　右側面図　下面図

正面図が決まれば、その他の投影図の名称は自動的に決まる

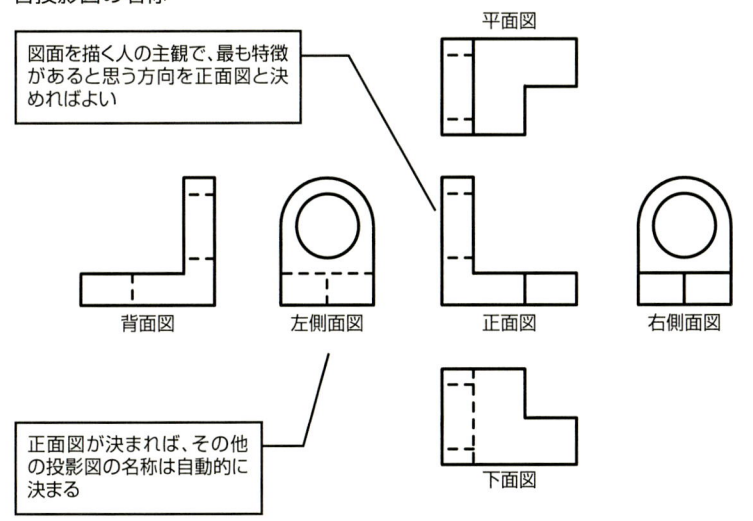

(*'ｪ'*)ノ 勘どころ

正面図の周辺に、縦の位置や横位置をきっちりと合わせて配置させることで、それぞれの形状の相関関係が理解しやすくなるのです。したがって、慣れるまでは定規を使って線が一致するものを探してみれば、より理解しやすくなります。

【演習5-1】　　　　　　　　　　　　　　　　　　　　　　　　　　　　LEVEL 1

課題　透明な8個のケースの1番と8番にボールが入っている。それぞれの投影図を完成させること。

問題　正面図、右側面図、平面図（上面図）の3つの投影図に、透けて見えるボールのイラストを記入すること。

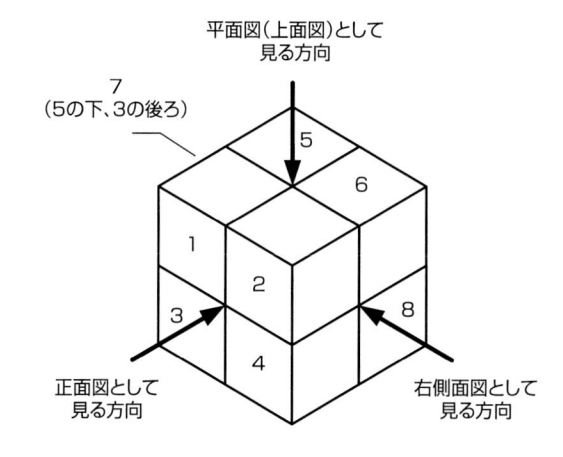

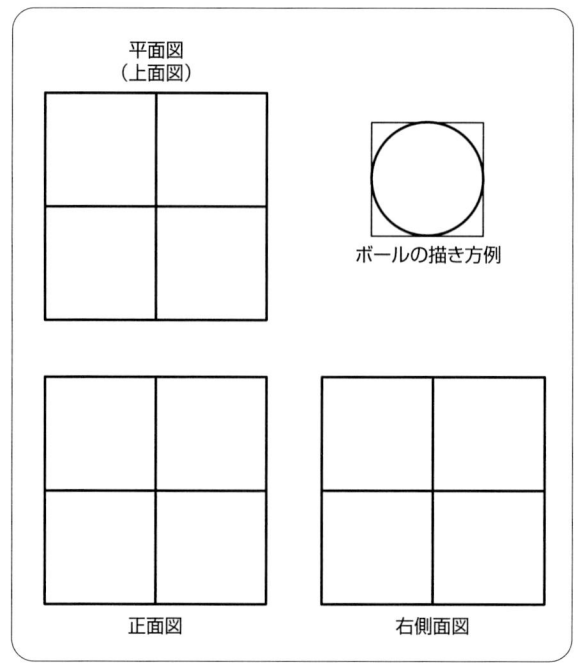

平面図（上面図）として見る方向

7
（5の下、3の後ろ）

5
6
1
2
3
8
4

正面図として見る方向

右側面図として見る方向

平面図
（上面図）

ボールの描き方例

正面図

右側面図

【演習5-2】　　　　　　　　　　　　　　　　　　　　　　　　　LEVEL 1

課題 透明な8個のケースにボールが入っている。3つの投影図の情報からボールの入っている箱を選択すること。

問題 ボールの入っている箱の番号を解答欄に記入すること。

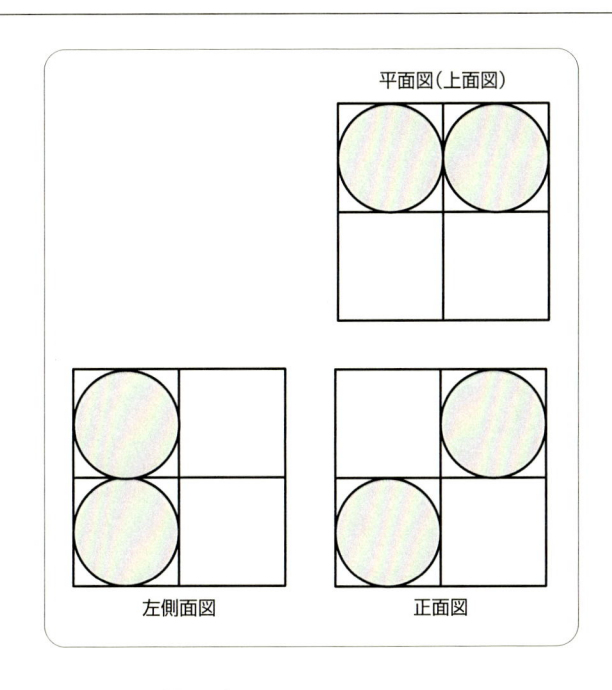

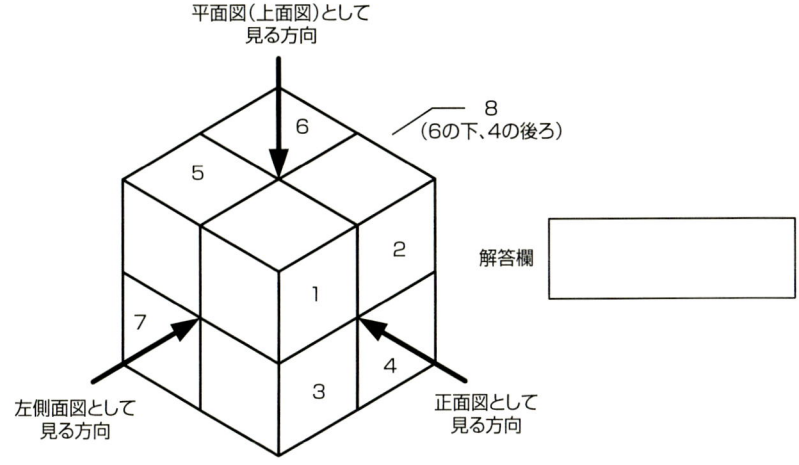

平面図(上面図)

左側面図　　　　正面図

平面図(上面図)として見る方向

8
(6の下、4の後ろ)

左側面図として見る方向　　　正面図として見る方向

解答欄

第5章　形状把握センス モチアゲの基本～複数の投影図から形状を確定する!～

【演習5-3】 LEVEL 1

課題 立体形状を表す投影図を完成させること。

問題 解答欄には、投影図の一部の線が描かれている。かくれ線も含めて足りない線を解答欄に記入すること。それぞれの投影図は、大きさが一致するよう、マス目の数で大きさを合わせること。

①　平面図（上面図）

正面図とする

正面図　　　　　　　　　右側面図

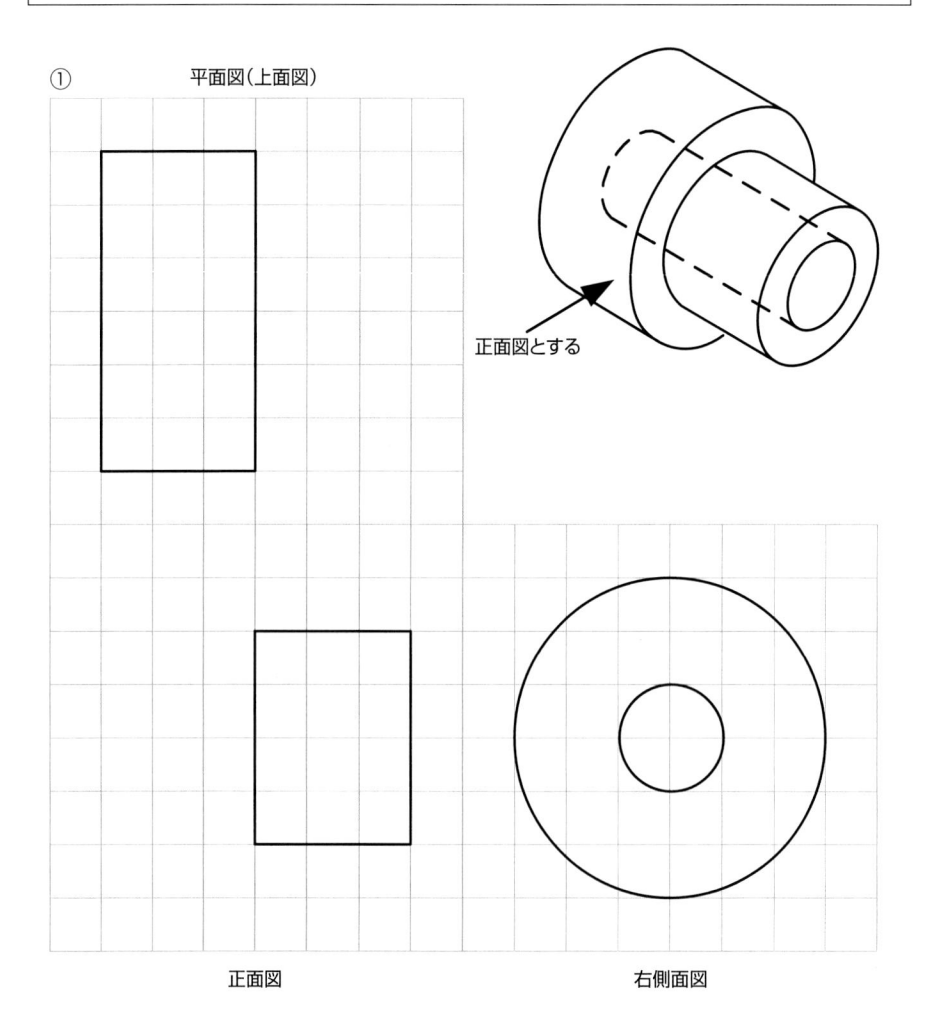

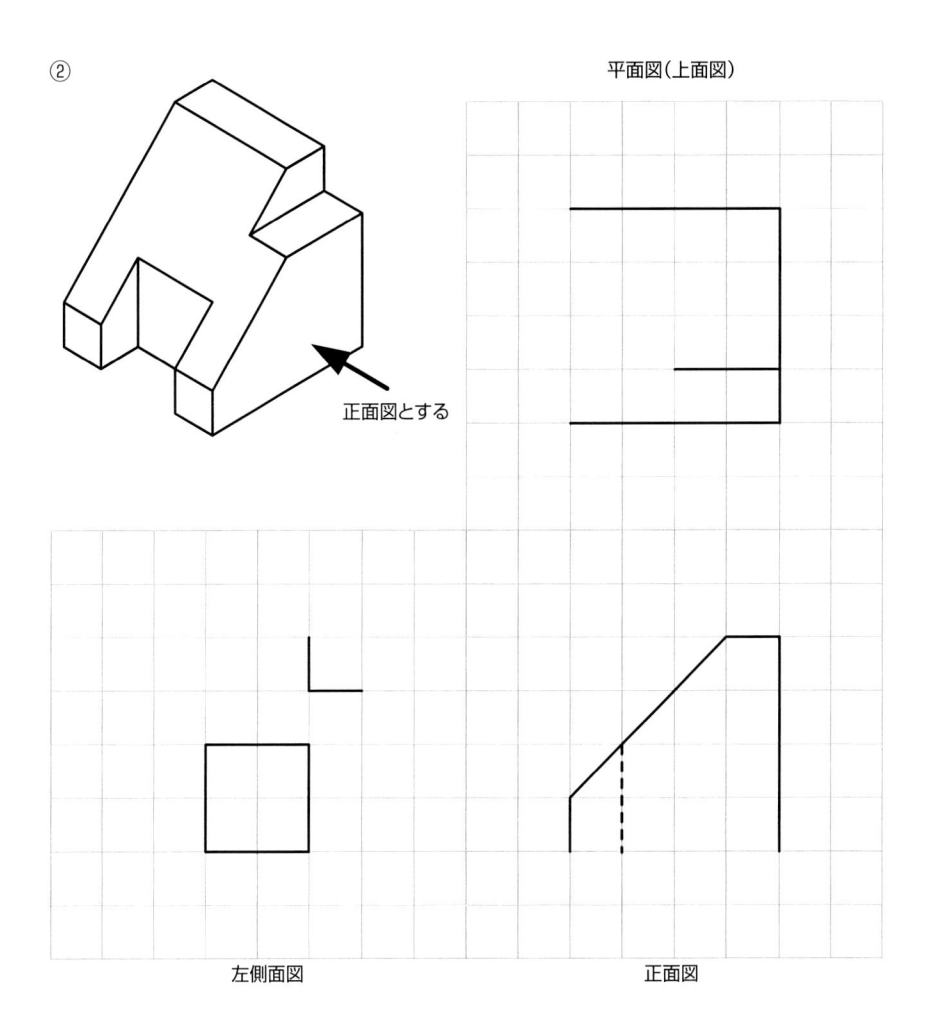

②

平面図(上面図)

正面図とする

左側面図

正面図

第5章 形状把握センス モチアゲの基本〜複数の投影図から形状を確定する!〜

【演習5-4】 LEVEL 2

課題 立体形状を表す投影図を完成させること。

問題 解答欄には、投影図の一部の線が描かれている。かくれ線も含めて足りない線を解答欄に記入すること。それぞれの投影図は、大きさが一致するよう、マス目の数で大きさを合わせること。

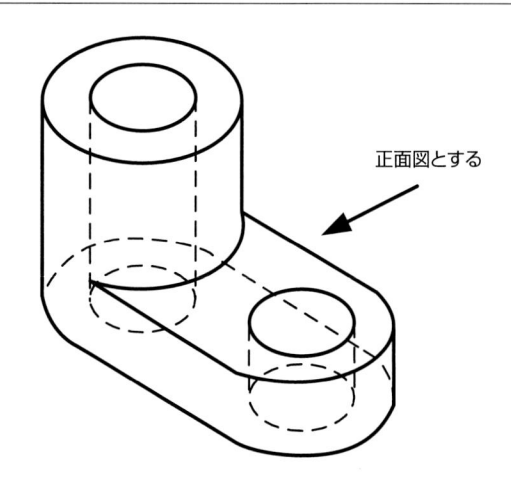

正面図とする

平面図(上面図)

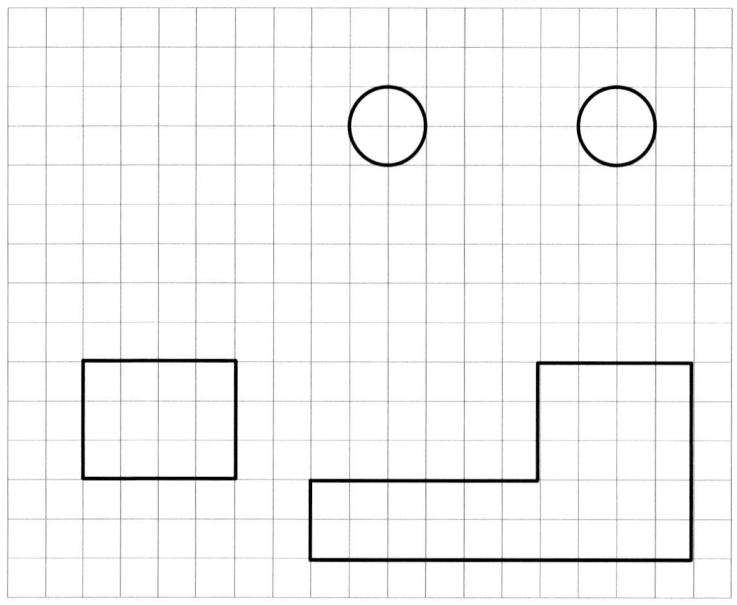

左側面図　　正面図

| 第5章 | 2 | 大きさを合わせて投影図を描く |

アイソメの方眼紙を使うと立体形状の大きさがわかります。ここでは**立体形状を大きさが一致する投影図に変換する**練習を行いましょう。

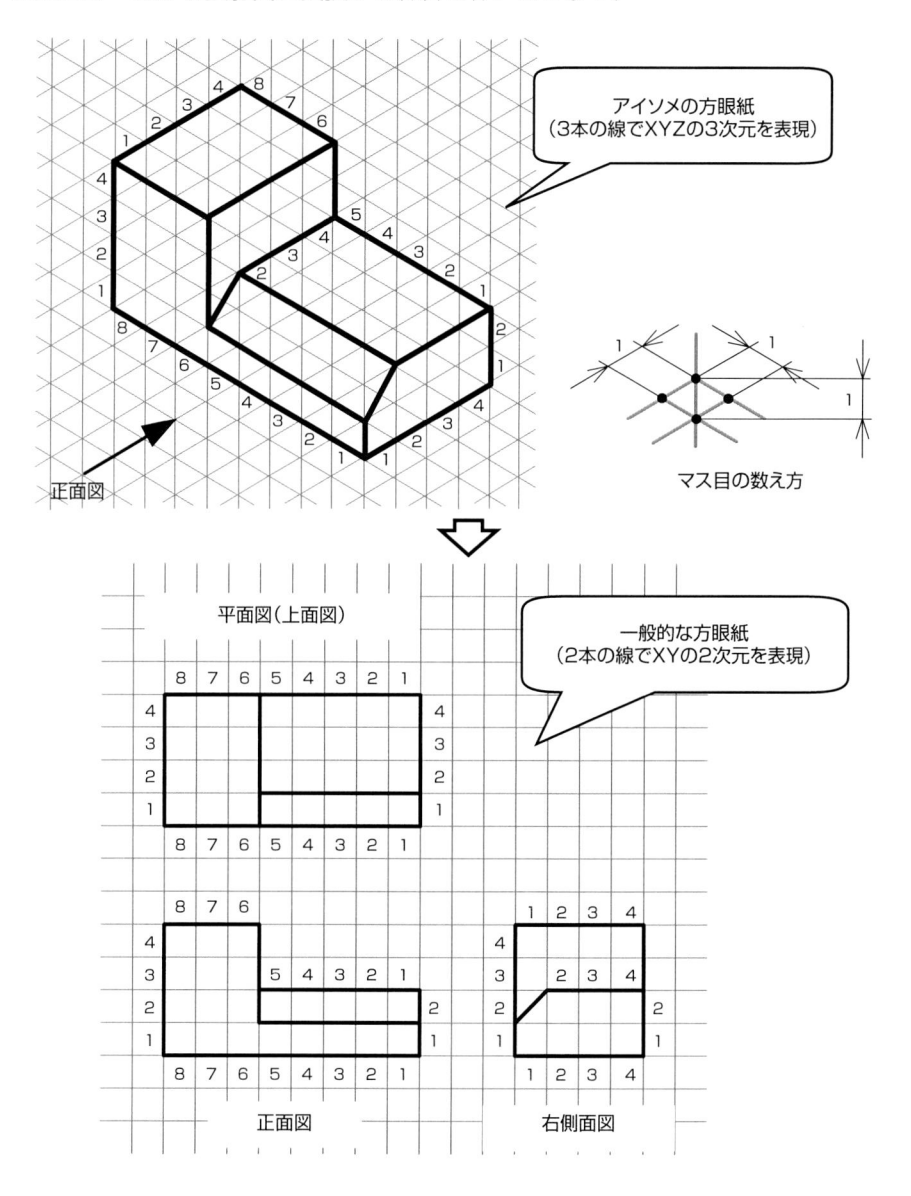

アイソメの方眼紙
（3本の線でXYZの3次元を表現）

正面図

マス目の数え方

平面図（上面図）

一般的な方眼紙
（2本の線でXYの2次元を表現）

正面図

右側面図

第5章　形状把握センス モチアゲの基本～複数の投影図から形状を確定する！～

【演習5-5】　　　　　　　　　　　　　　　　　　　　　　　　　　　　　　　LEVEL 1

課題 立体形状と大きさが一致する投影図を完成させること。
問題 立体図に指示された3つの投影図を方眼紙の解答欄に記入すること。
隠れた形状がある場合は、かくれ線も記入すること。

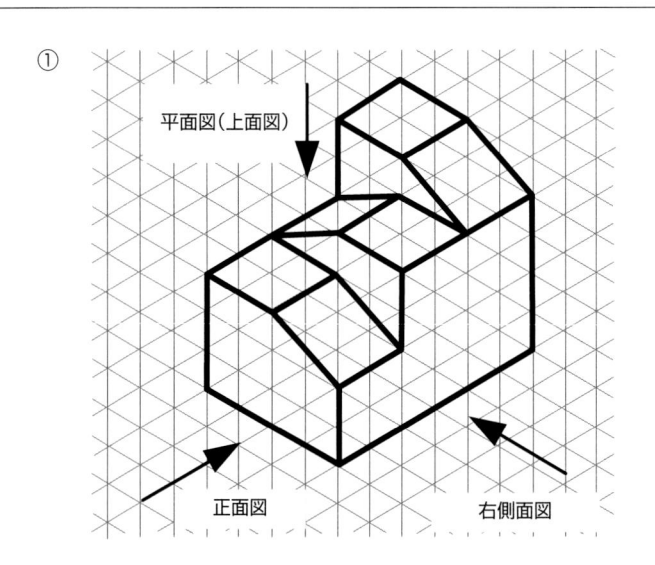

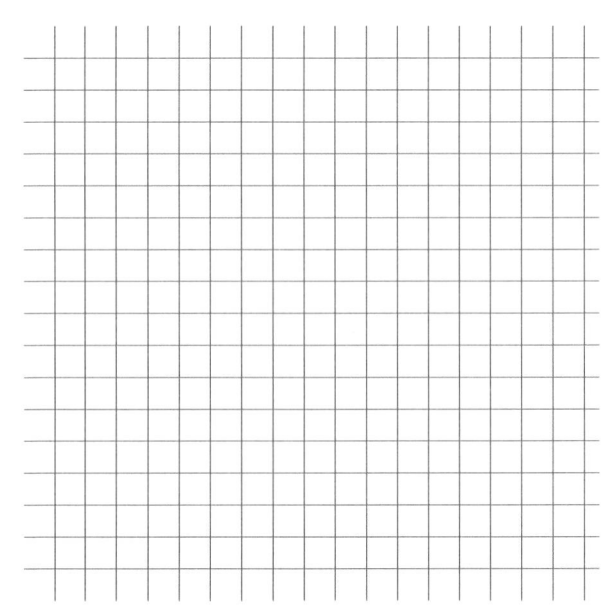

①　平面図(上面図)

正面図　　　　右側面図

② 平面図(上面図)

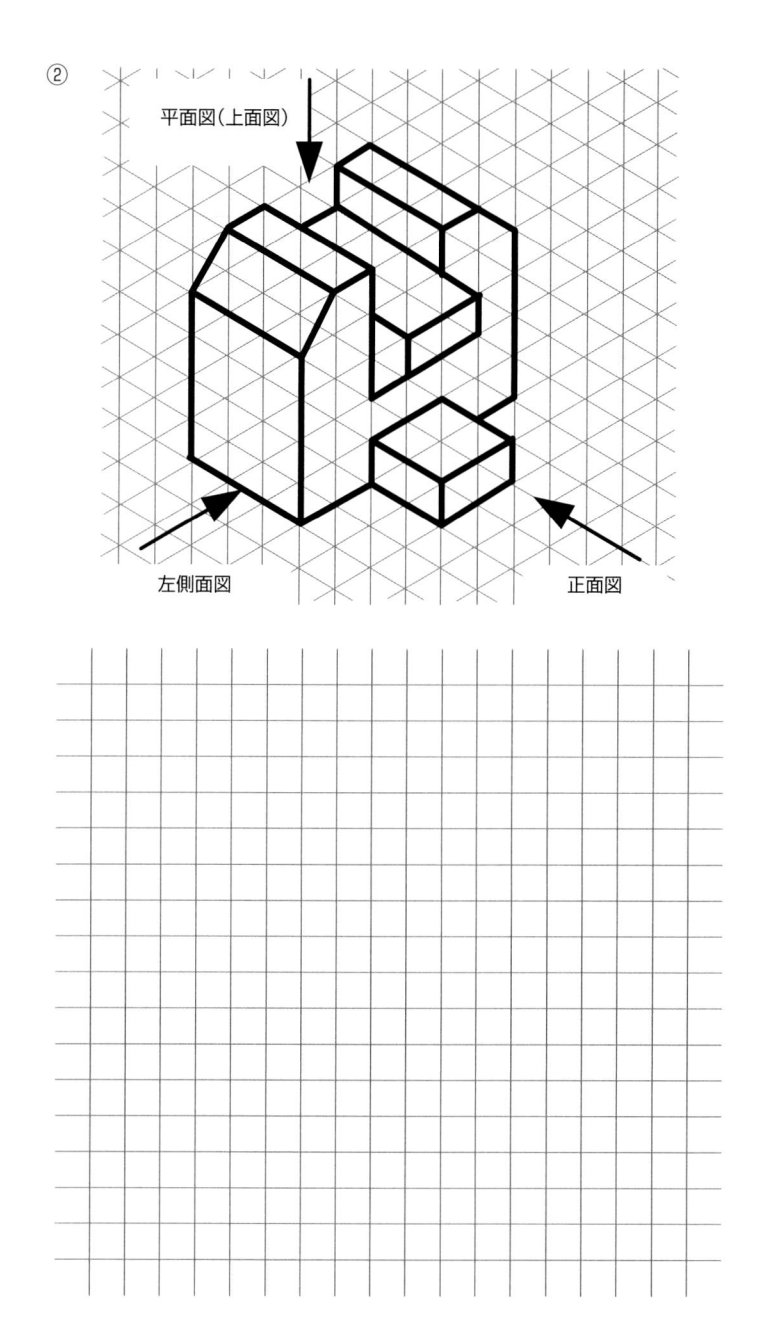

左側面図　　　　　正面図

第5章　形状把握センス モチアゲの基本〜複数の投影図から形状を確定する!〜

【演習5-6】 LEVEL 2

課題 立体形状の大きさと一致する投影図を完成させること。
問題 立体図に指示された3つの投影図を方眼紙の解答欄に記入すること。
隠れた形状がある場合は、かくれ線も記入すること。

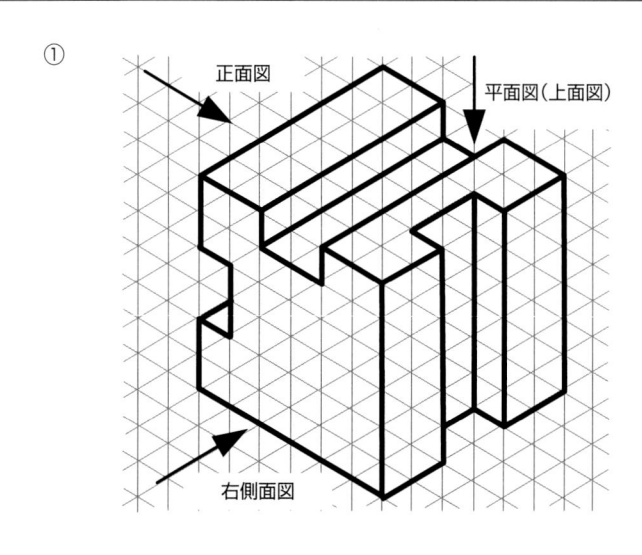

①

正面図
平面図(上面図)
右側面図

② 平面図(上面図)

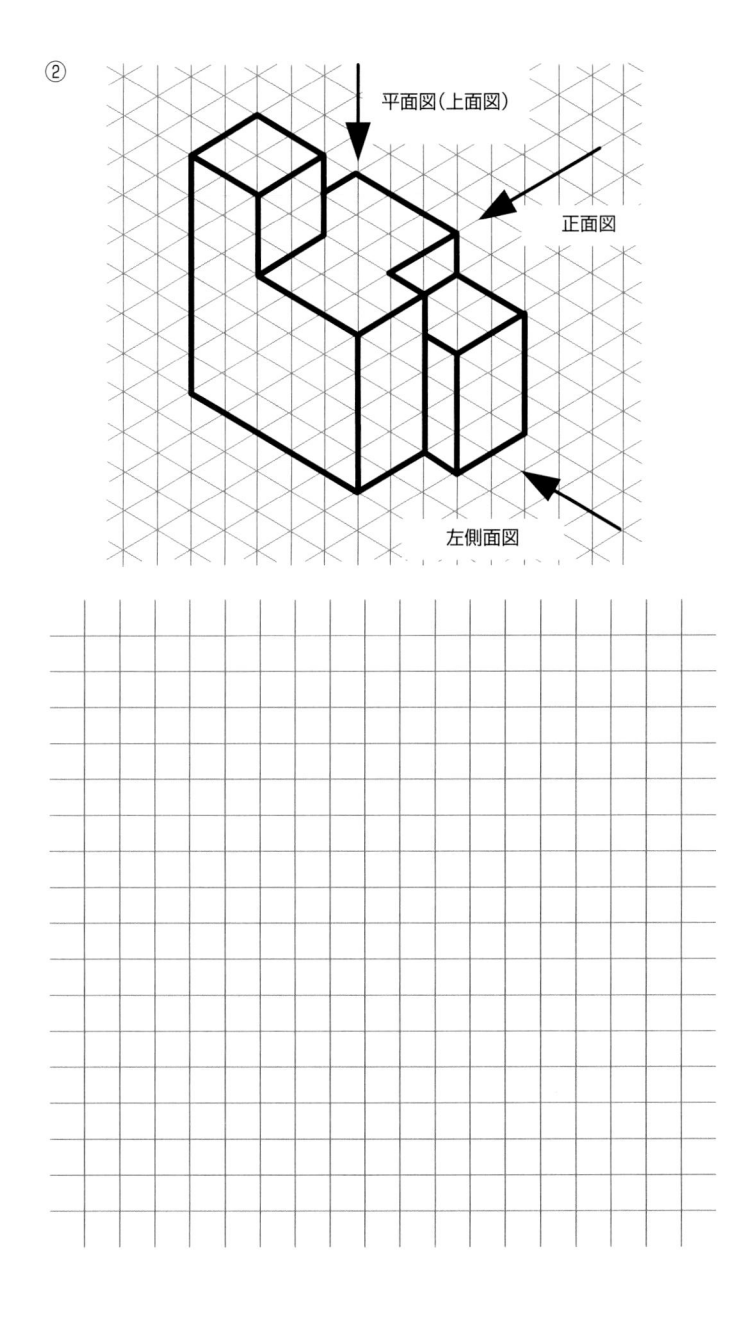

正面図

左側面図

第5章 形状把握センス モチアゲの基本～複数の投影図から形状を確定する!～

| 第5章 | 3 | 大きさの比率を変えて投影図を描く |

　部品が大きすぎると、紙の図面に入りきらない場合があります。逆に部品が小さすぎると紙の図面では小さくて投影図が理解し難くなります。次に**投影図の尺度を変える**練習を行いましょう。

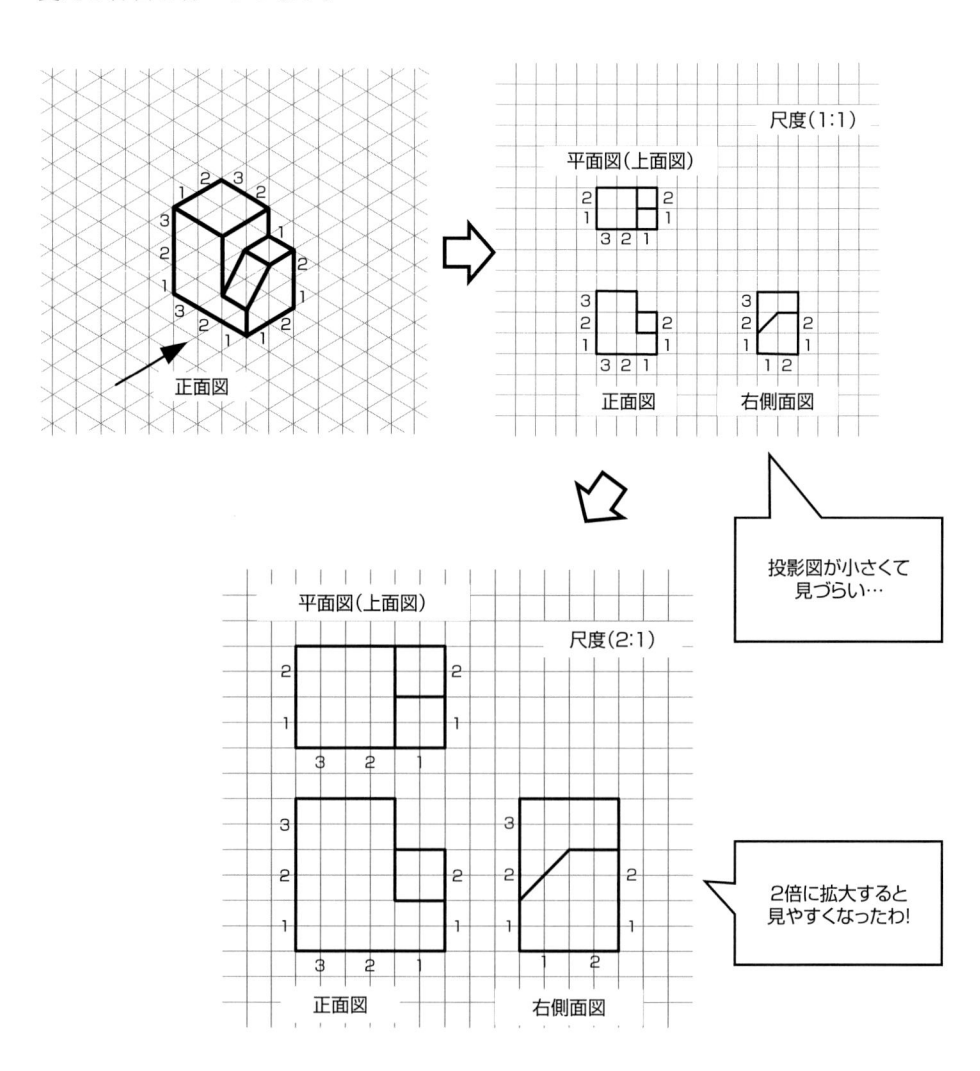

■D(￣ー￣*)コーヒーブレイク

尺度

　尺度とは、長さや大きさの判断基準となるものです。
　図面に描く図形は、部品のイメージがつかみやすいため、原寸大で描くほうがよいとされます。
　しかし、設計する部品の性質上、図面サイズに対して対象物が小さすぎたり、大きすぎたりすることがあり、サイズを変更して見やすくすることができます。
・実物と同じ尺度を「現尺」といいます。
・実物より拡大して描く尺度を「倍尺」といいます。
・実物より縮小して描く尺度を「縮尺」といいます。

　JIS製図の規格では、下記の尺度を推奨していますが、用紙の大きさにうまく合わない場合は自由に尺度を決めることができます。

種類	推奨尺度
倍尺	50：1　　20：1　　　10：1 5：1　　 2：1
現尺	1：1
縮尺	1：2　　　1：5　　　1：10 1：20　　 1：50　　 1：100 1：200　　1：500　　1：1000 1：2000　 1：5000　 1：10000

尺度の読み方

例) 5：1　⇒　現物の5倍の大きさで投影図を描くこと。5：1 ⇒ 5／1
　　1：2　⇒　現物の1/2倍の大きさで投影図を描くこと。1：2 ⇒ 1／2

【演習5-7】　LEVEL 1

課題 立体図の大きさの尺度を変更して、投影図を完成させること。
問題 尺度は1：2（1/2倍）とし、立体図に指示された3つの投影図を解答欄の方眼紙に記入すること。

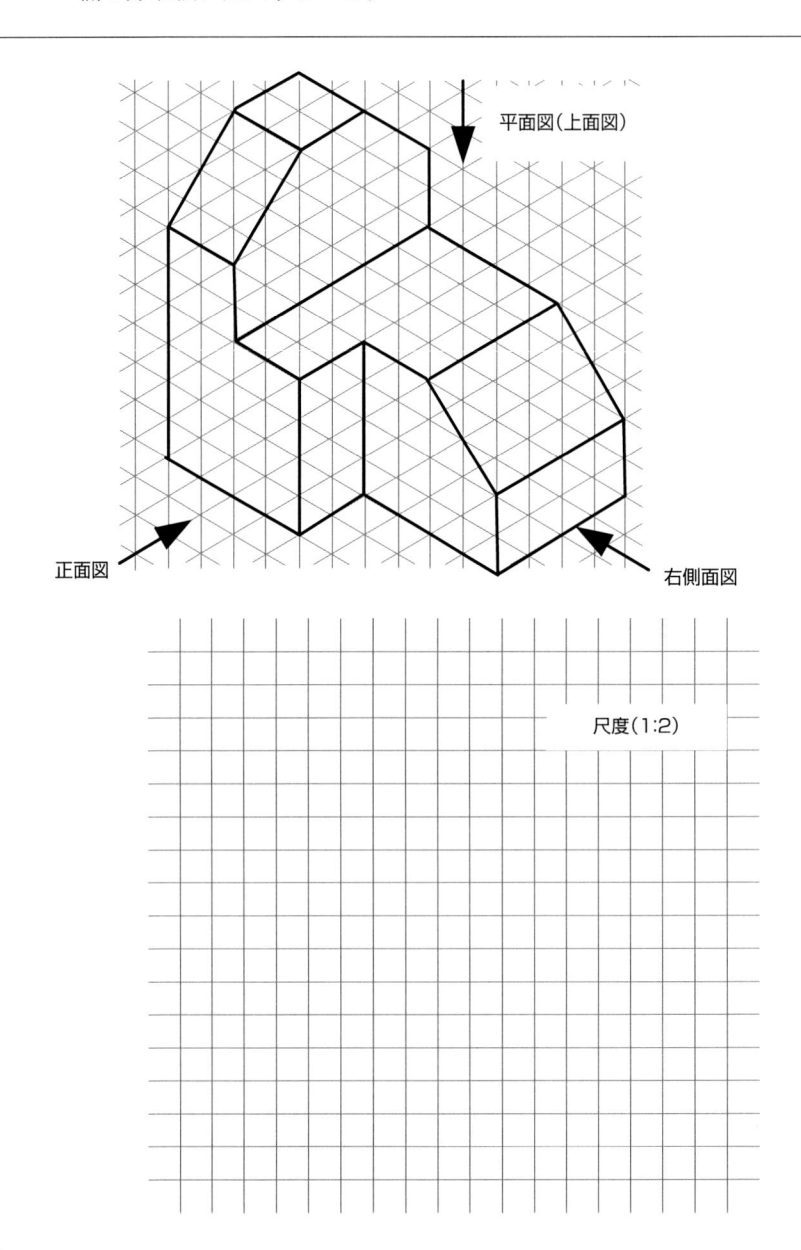

平面図（上面図）

正面図　　　右側面図

尺度（1：2）

| 第5章 | 4 | 投影図から立体を想像する |

　立体図から複数の投影図を描くことができれば、次はその逆も考えることができるはずです。実線とかくれ線が意味する形状を考えて、**投影図から立体図を想像する**練習をしましょう。

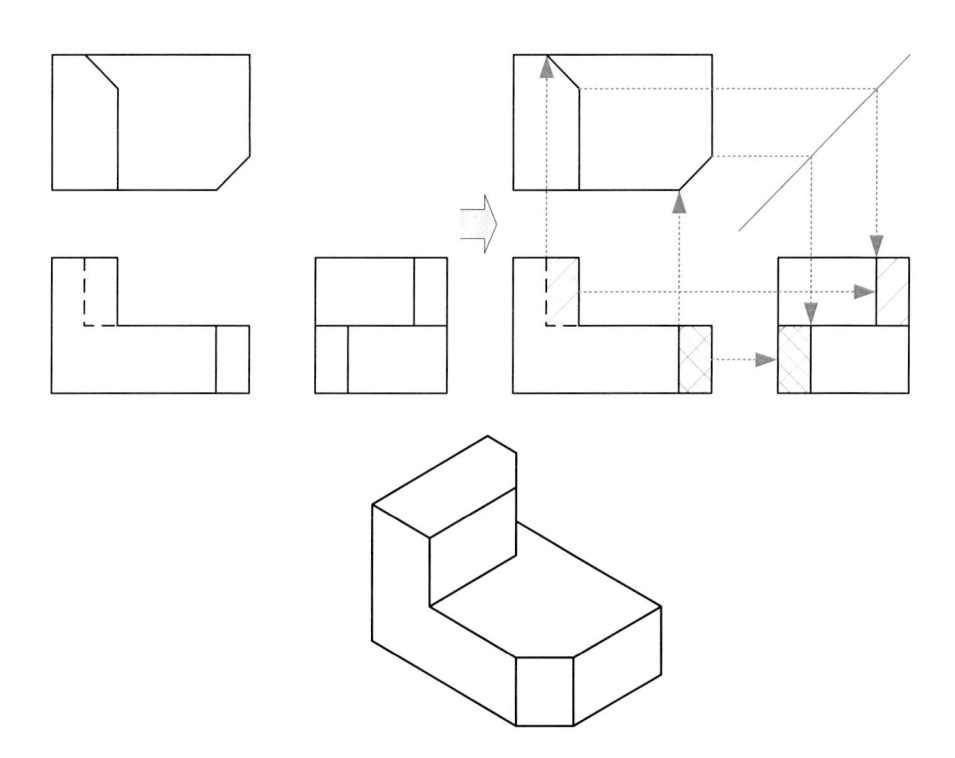

(*'ェ'*)ノ　勘どころ

複数の投影図から立体形状をイメージするとき、それぞれの投影図に目が泳いでしまっては形状を理解することはできません。
次のような手順でイメージを膨らませていきます。
①一番特徴があるなという投影図を探し、正面図と決める。
②その投影図に存在する線から、その他の投影図に一致する線や点を見つける。（探すのが難しい場合は定規を使って一致する線を見つけましょう）
③複数の投影図を見比べながら、総合的に形状を判断する。
④かくれ線（破線）の場合は、奥に隠れている線という意識を持つ。

第5章　形状把握センス モチアゲの基本～複数の投影図から形状を確定する!～

【演習5-8】　　　　　　　　　　　　　　　　　　　　　　　　　　**LEVEL 1**

課題 投影図が表す立体形状を選択すること。
問題 正しい投影図の番号に丸印をつけること。

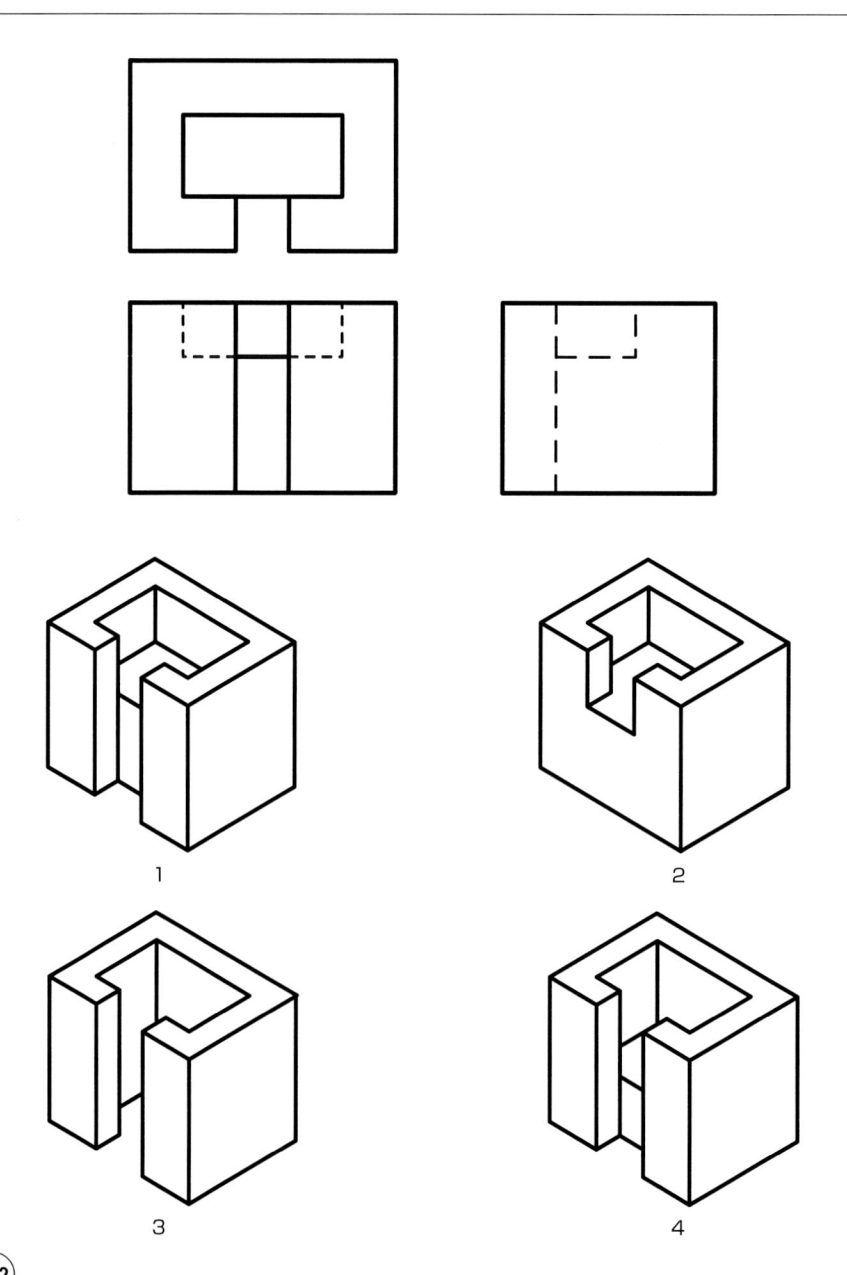

1

2

3

4

【演習5-9】 LEVEL 2

課題 投影図が表す立体形状を選択すること。
問題 正しい投影図の番号に丸印をつけること。

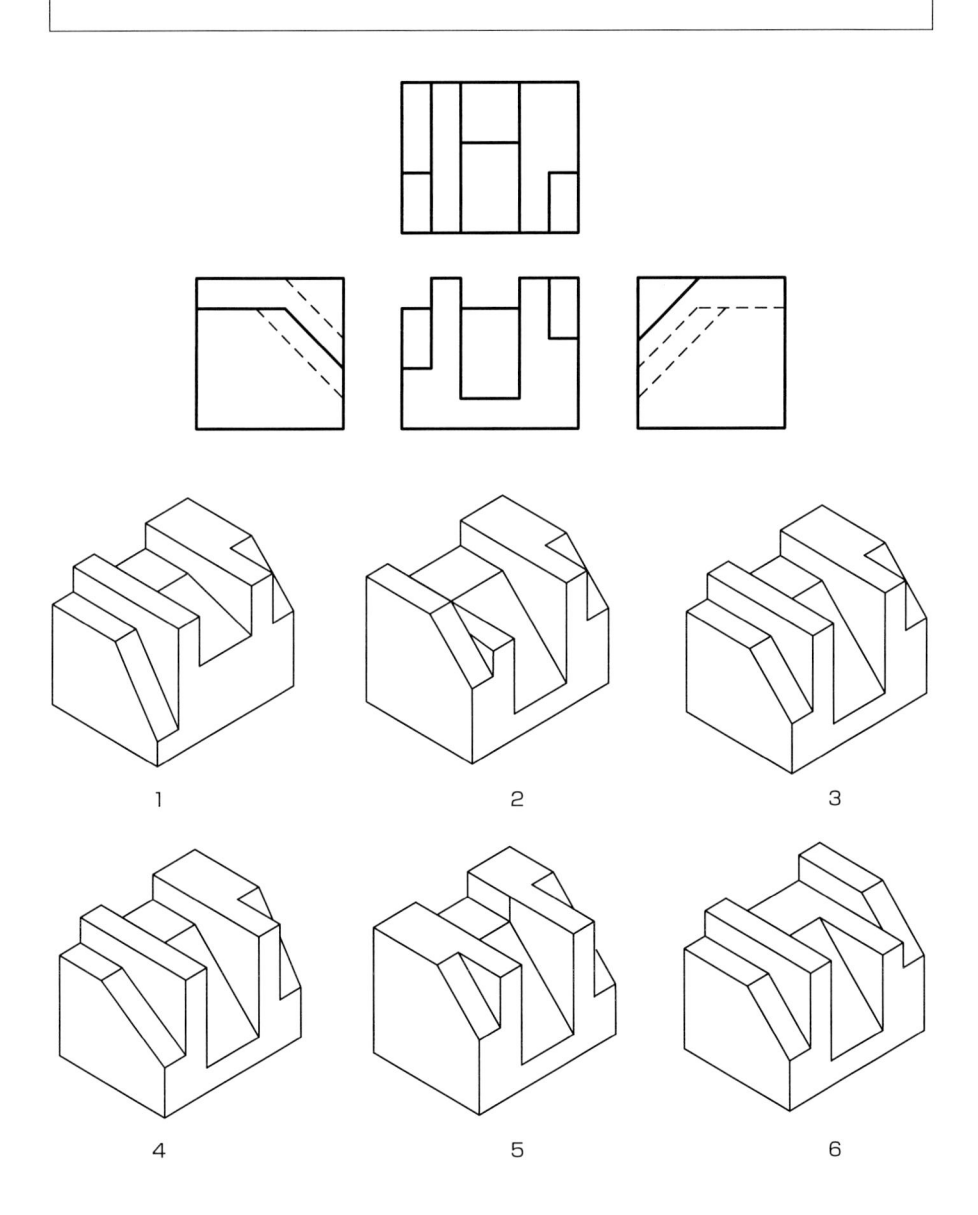

1
2
3
4
5
6

第5章　形状把握センス モチアゲの基本〜複数の投影図から形状を確定する!〜　103

【演習5-10】　　　　　　　　　　　　　　　　　　　　　　　　LEVEL 3

課題 レイアウトが悪く理解しづらい投影図が表す立体形状を選択すること。
問題 正しい投影図の番号に丸印をつけること。

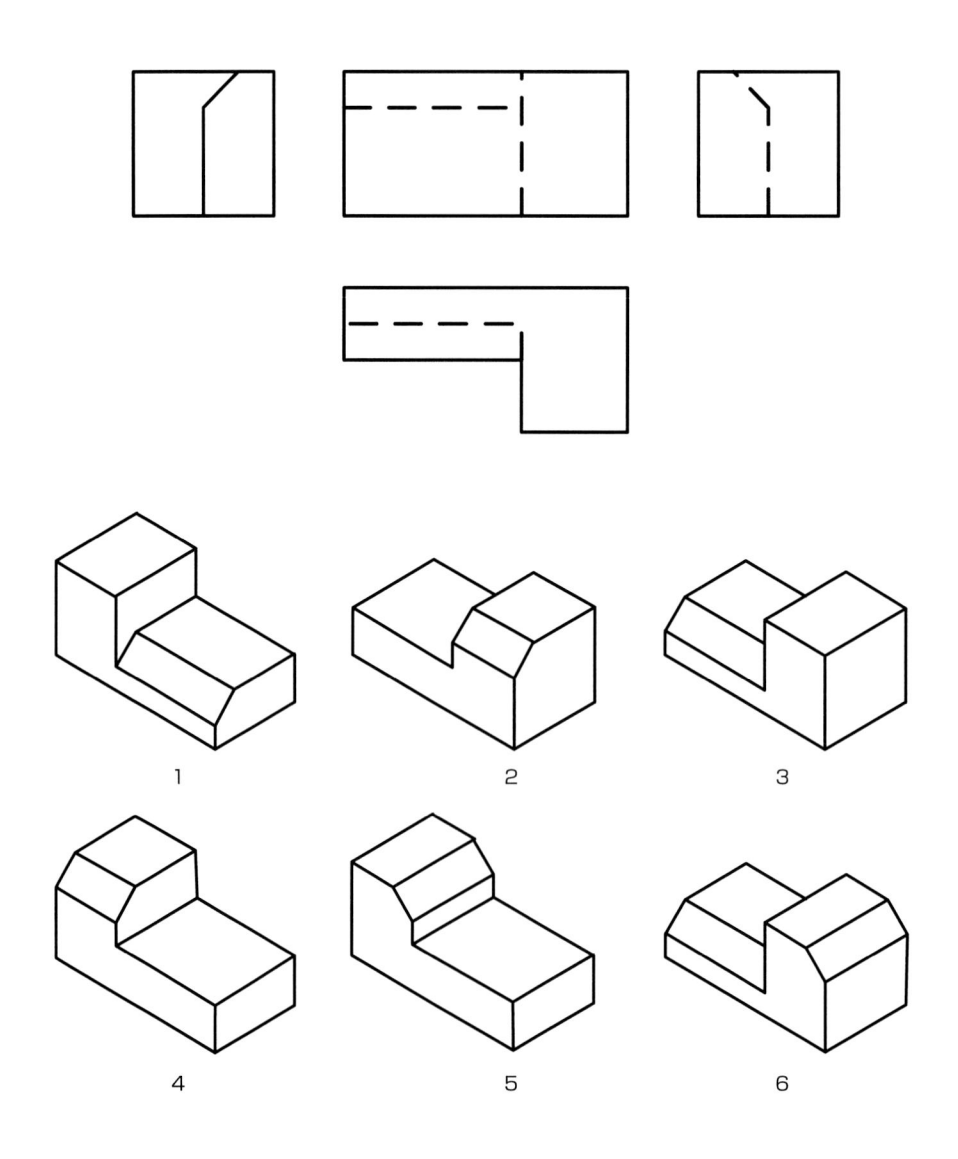

1
2
3
4
5
6

【演習5-11】　　　　　　　　　　　　　　　　　　　　　　　　　　　　　LEVEL 4

課題 レイアウトが悪く理解しづらい投影図が表す立体形状を選択すること。
問題 正しい投影図の番号に丸印をつけること。

1
2
3
4
5
6

第5章　形状把握センス モチアゲの基本～複数の投影図から形状を確定する！～

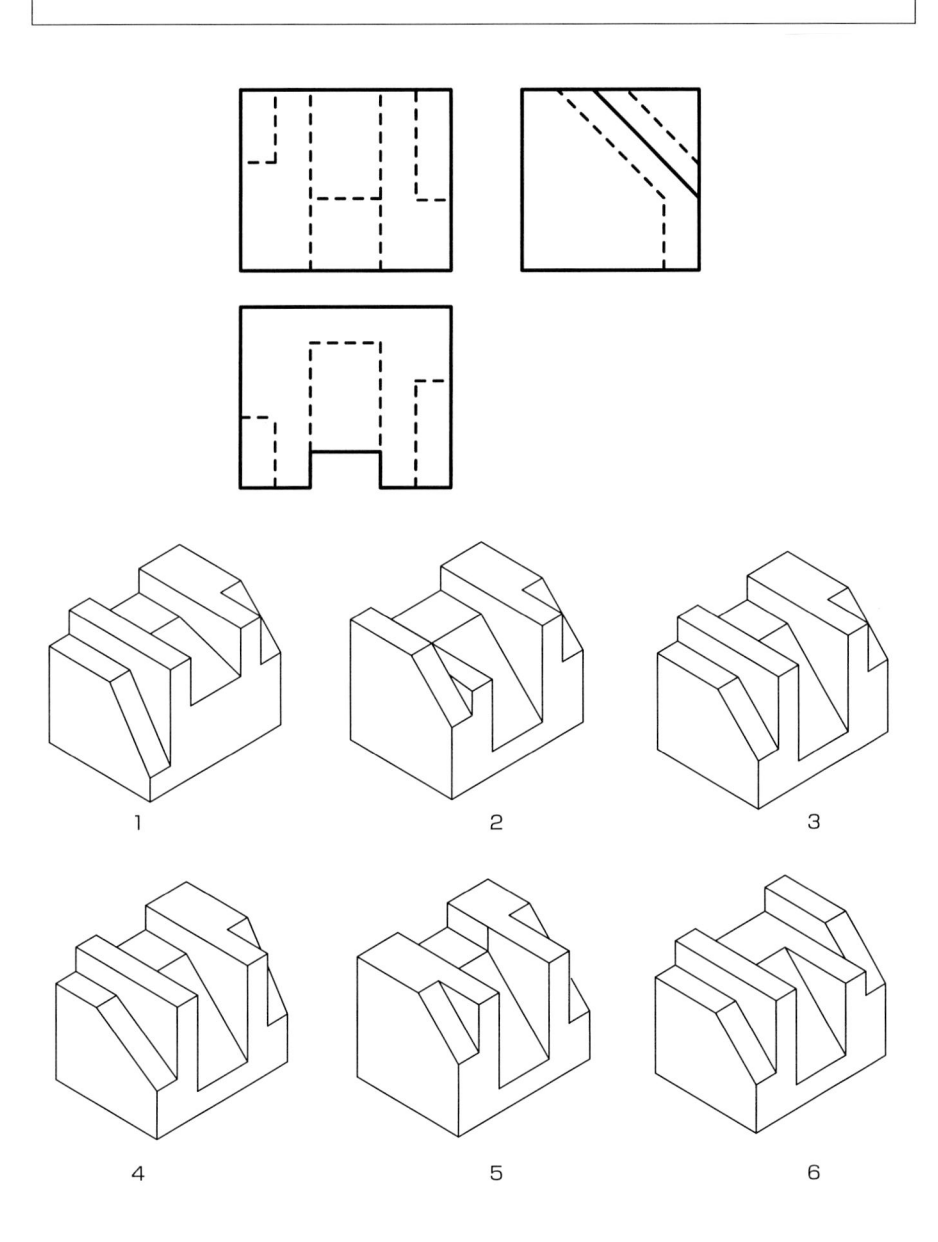

先輩エンジニアがアドバイスする　解答のページ

【演習5-1】

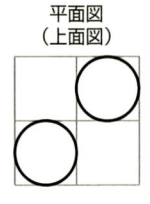

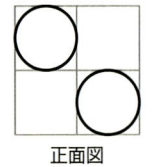

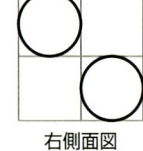

平面図（上面図）

正面図　　右側面図

ボールの配置問題は、空間認識力の基本になるから、頭の中でイメージできるようにしとかなアカンで！

【演習5-2】

解答欄　6と7

【演習5-3】

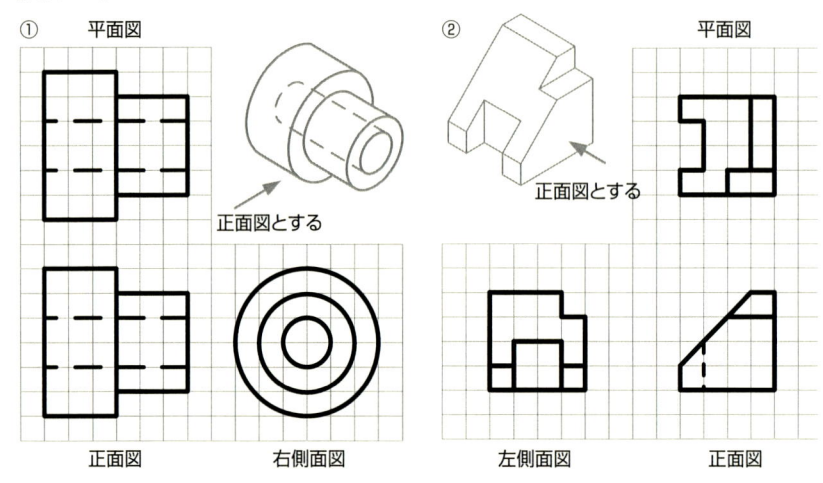

① 平面図　正面図とする　正面図　右側面図

② 平面図　正面図とする　左側面図　正面図

【演習5-4】

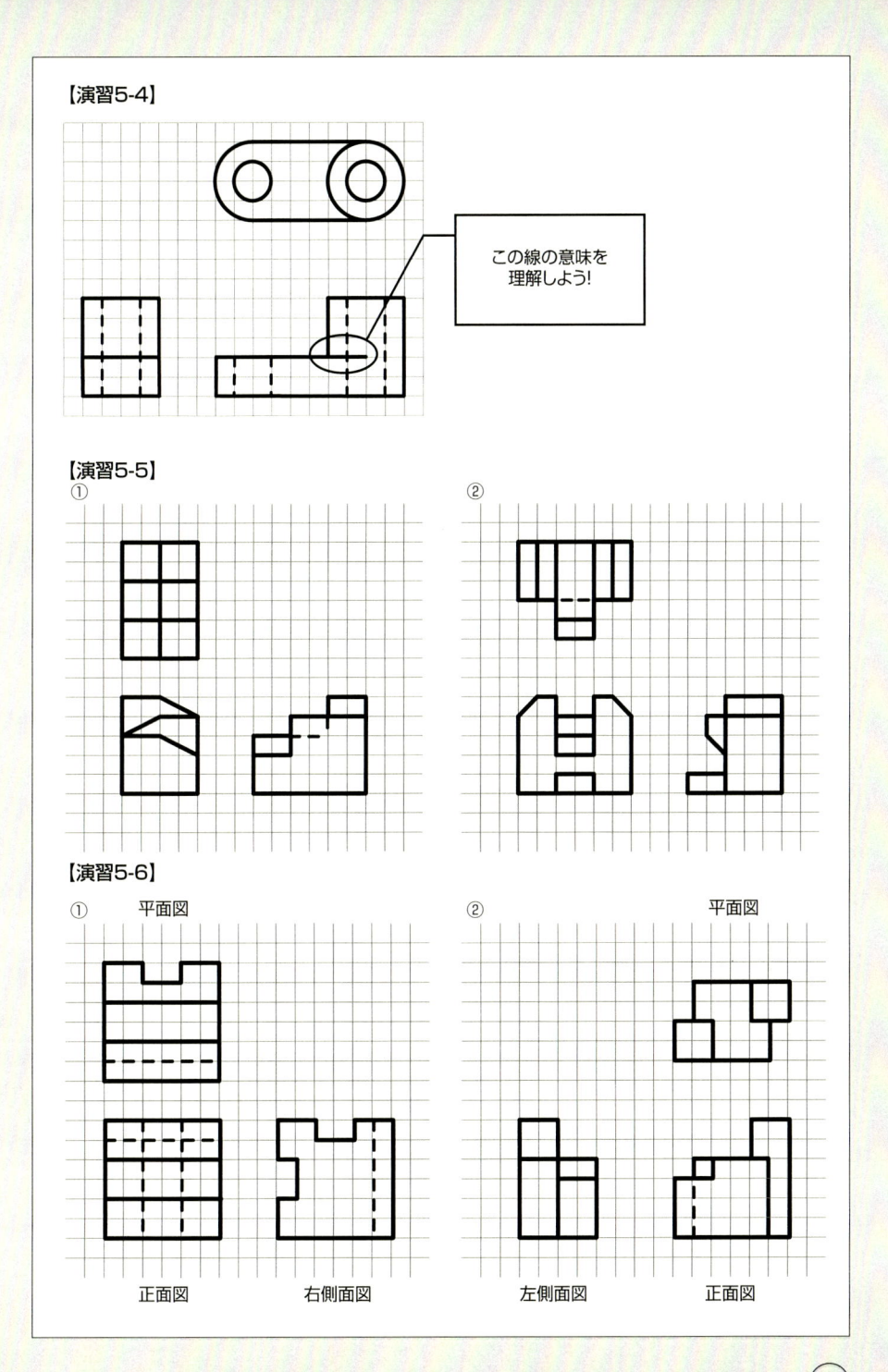

この線の意味を理解しよう!

【演習5-5】
① ②

【演習5-6】
① 平面図　　　　　　　　　② 平面図

正面図　　右側面図　　　　　左側面図　　正面図

第5章　形状把握センス モチアゲの基本〜複数の投影図から形状を確定する!〜

【演習5-7】

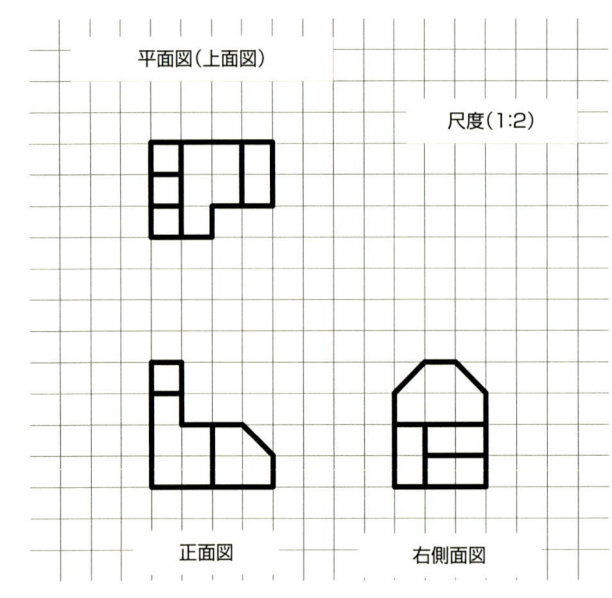

平面図（上面図）

尺度（1:2）

正面図　　　　　右側面図

尺度を変更して、実物よりも大きく描いたり小さく描いたりすることもサイズセンスアップにつながるんや！

【演習5-8】

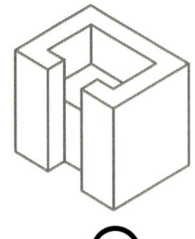

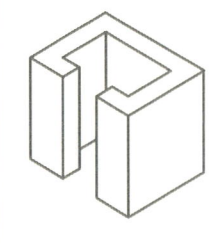

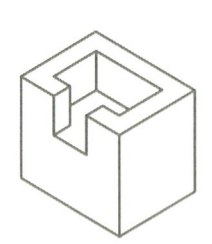

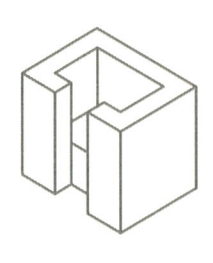

① 2

3 4

形状の違い、深さの違いが見つけられたかな？

【演習5-9】

1　2　③

4　5　6

【演習5-10】

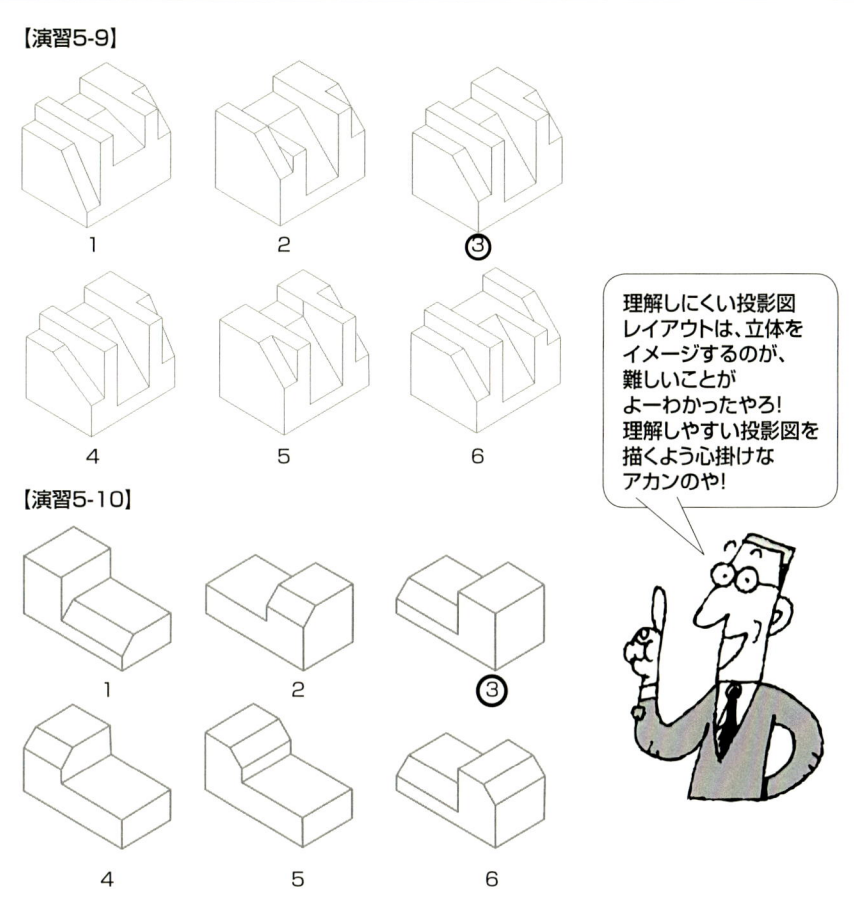

1　2　③

4　5　6

> 理解しにくい投影図レイアウトは、立体をイメージするのが、難しいことが、よーわかったやろ！理解しやすい投影図を描くよう心掛けなアカンのや！

　課題に示された投影図は、図面として決して間違いではないのですが、レイアウトが悪いため、どんな形状なのか理解することが大変難しいと思います。
　そこで、見やすい投影図に変更するための考え方を説明します。
　吹き出しの番号順に読み、理解しましょう。

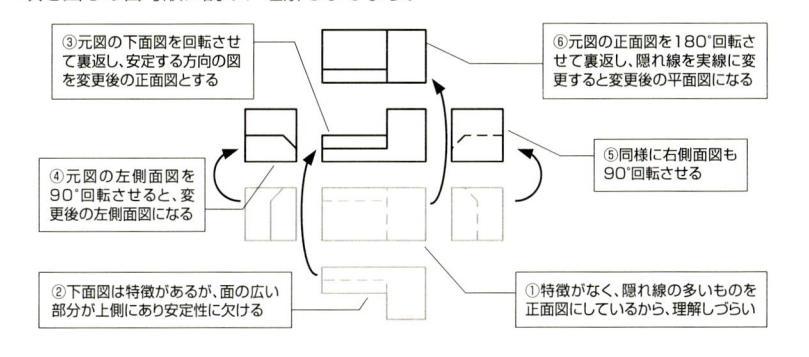

③元図の下面図を回転させて裏返し、安定する方向の図を変更後の正面図とする

⑥元図の正面図を180°回転させて裏返し、隠れ線を実線に変更すると変更後の平面になる

④元図の左側面図を90°回転させると、変更後の左側面図になる

⑤同様に右側面図も90°回転させる

②下面図は特徴があるが、面の広い部分が上側にあり安定性に欠ける

①特徴がなく、隠れ線の多いものを正面図にしているから、理解しづらい

第5章　形状把握センス モチアゲの基本〜複数の投影図から形状を確定する！〜　109

【演習5-11】

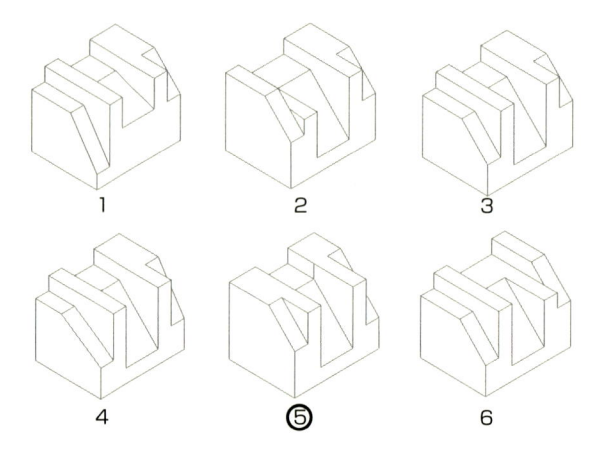

1　2　3
4　⑤　6

　課題に示された投影図は、図面として決して間違いではないのですが、レイアウトが悪いため、どんな形状なのか理解することが大変難しいと思います。
　そこで、見やすい投影図に変更するための考え方を説明します。
　吹き出しの番号順に読み、理解しましょう。

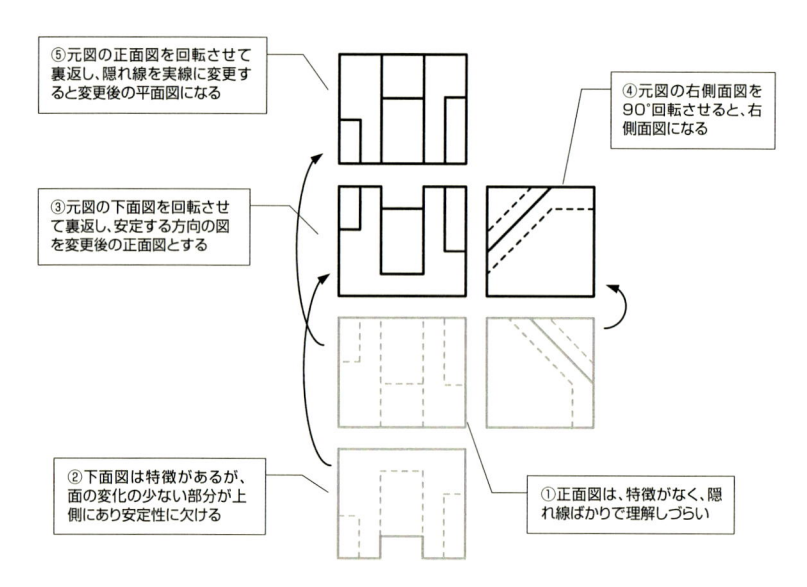

⑤元図の正面図を回転させて裏返し、隠れ線を実線に変更すると変更後の平面図になる

④元図の右側面図を90°回転させると、右側面図になる

③元図の下面図を回転させて裏返し、安定する方向の図を変更後の正面図とする

②下面図は特徴があるが、面の変化の少ない部分が上側にあり安定性に欠ける

①正面図は、特徴がなく、隠れ線ばかりで理解しづらい

※形状によっては、裏返しにしたときに隠れ線が実線に変化しない場合がありますので、注意しましょう。

第6章

アイデア発想センス モチアゲの基本
～オリジナルの形状を創造する!～

投影図が足りんくても、線をつなげていったら、なんか形状ができるんちゃうん!

投影図が不足していると、形状を特定することがでけへんのや。逆に言えば、自由に形状を創造することもできるんやで!

| 6-1 | 足りない投影図から形状を創造する |

| 第6章 | 1 | 足りない投影図から形状を創造する |

一方向から見た投影図だけでは立体形状を特定することができません。二方向からみた投影図を組み合わせると、立体形状はかなり限定されます。**不足する投影図から自由に形状を創造**してみましょう。

2つの投影図から立体形状をイメージし、正面図として考えられる図を作成してください。ただし、下記の2点の制約があります。
- 平面図（上面図）と右側面図にはかくれ線が存在しません。（かくれ線は描きたくても描けない状態）
- 「表面に線を描いただけ」という裏ワザは許されません。

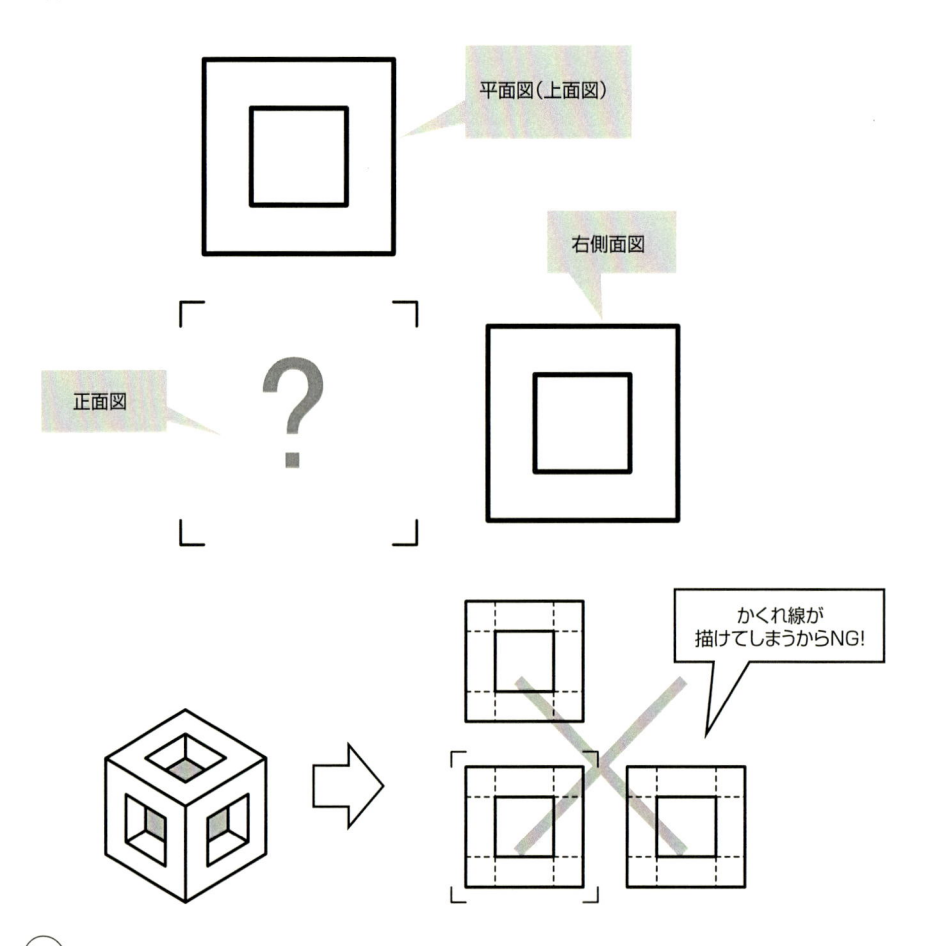

それではもう少し考えやすい形状を使って、右側面図と平面図の2つの投影図から正面図をイメージしてみましょう。

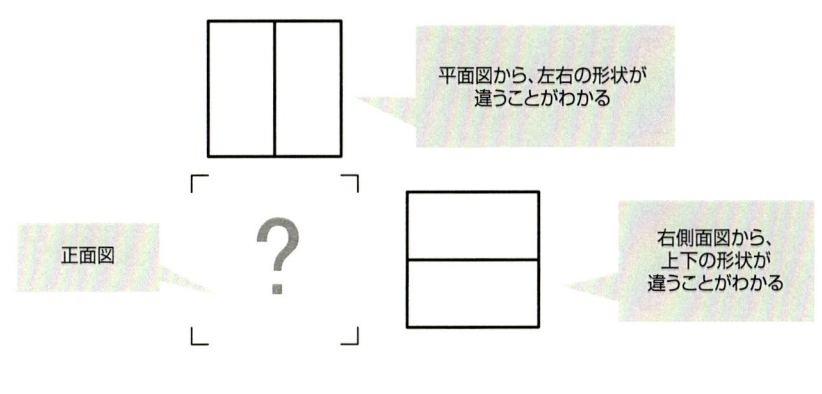

平面図から、左右の形状が違うことがわかる

正面図

?

右側面図から、上下の形状が違うことがわかる

イメージできる形状は、これだけ？

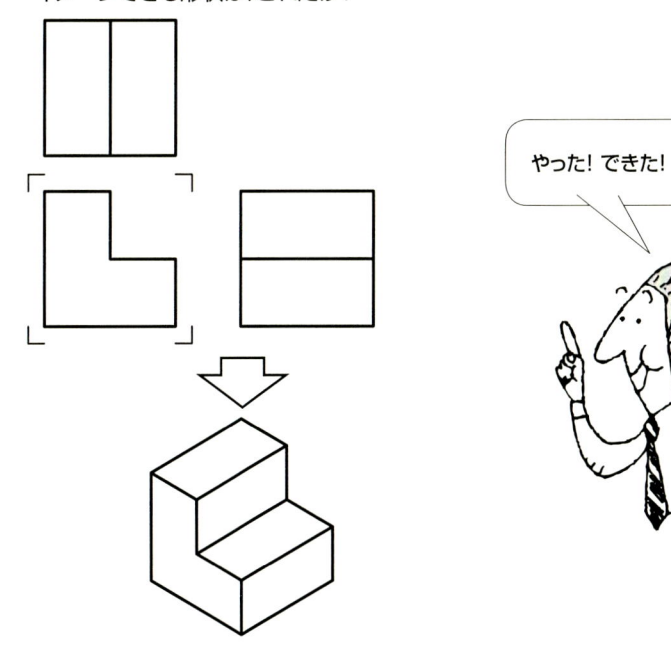

やった！できた！

(*'ェ'*)ノ　勘どころ

想像とは、多分こういうものだろうと頭の中でイメージすること。
⇒複数の投影図を組み合わせて立体形状をイメージすること。
創造とは、新しいものを、自分の考えで造り出すこと。
⇒足りない投影図を自分で考えて、つじつまが合う立体形状を作り出すこと。

第6章　アイデア発想センス　モチアゲの基本〜オリジナルの形状を創造する！〜

ところが、それ以外の正面図をイメージすることもできるのです。
（下記に示した以外の形状もたくさん存在しますので、考えてみましょう）

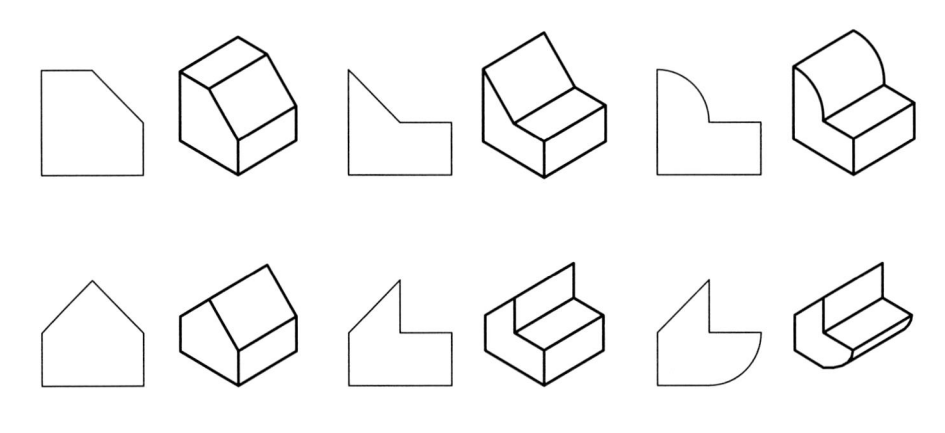

下記の形状を考えた場合、投影図と違ってくるので、残念ながらNG!です。

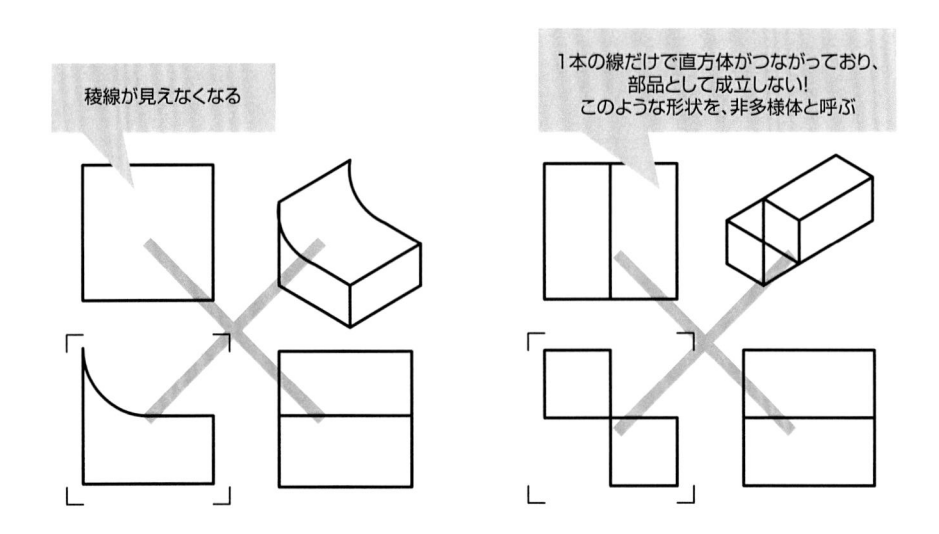

稜線が見えなくなる

1本の線だけで直方体がつながっており、
部品として成立しない！
このような形状を、非多様体と呼ぶ

■D(̄ー ̄*)コーヒーブレイク

非多様体（ひたようたい）ソリッド

一つの頂点を2つの形状が共有し、厚みが0（ゼロ）となる状態の形状をいいます。加工して部品にすることはできませんので、形状を考えるときに注意しましょう。

●非多様体ソリッドの例1

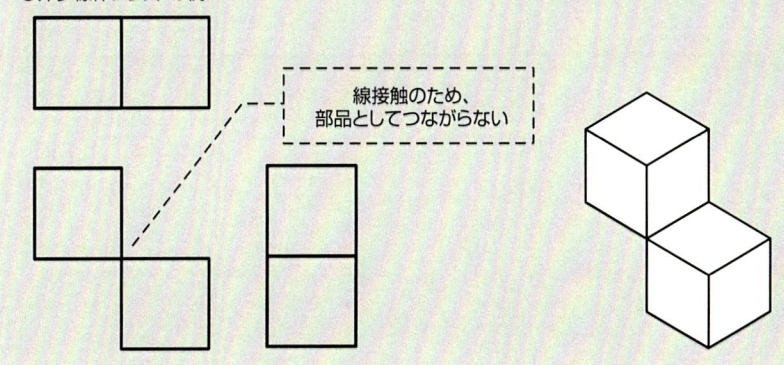

線接触のため、部品としてつながらない

●非多様体ソリッドの例2

点接触

●非多様体ソリッドの例3

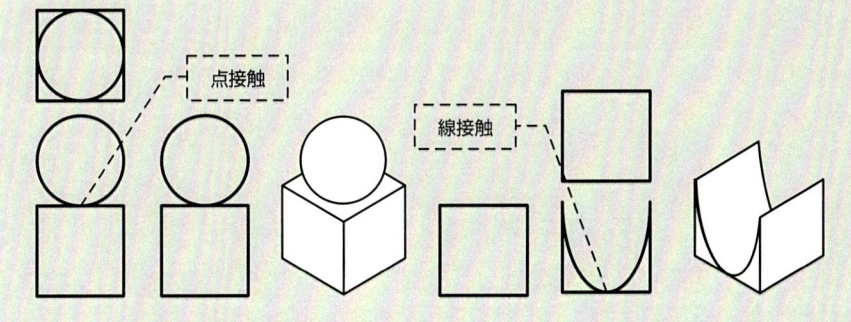

線接触

●非多様体ソリッドを回避する手段

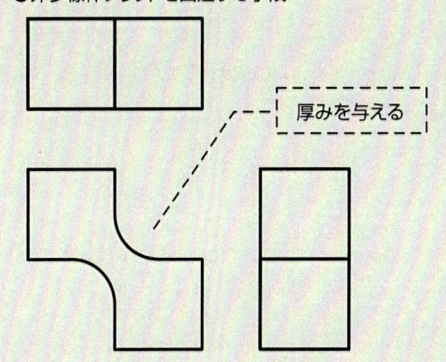

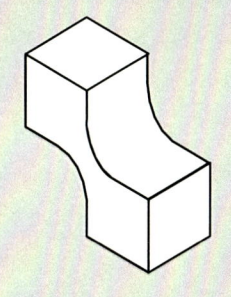

厚みを与える

【演習6-1】　　　　　　　　　　　　　　　　　　　　　　　　　　　**LEVEL 3**

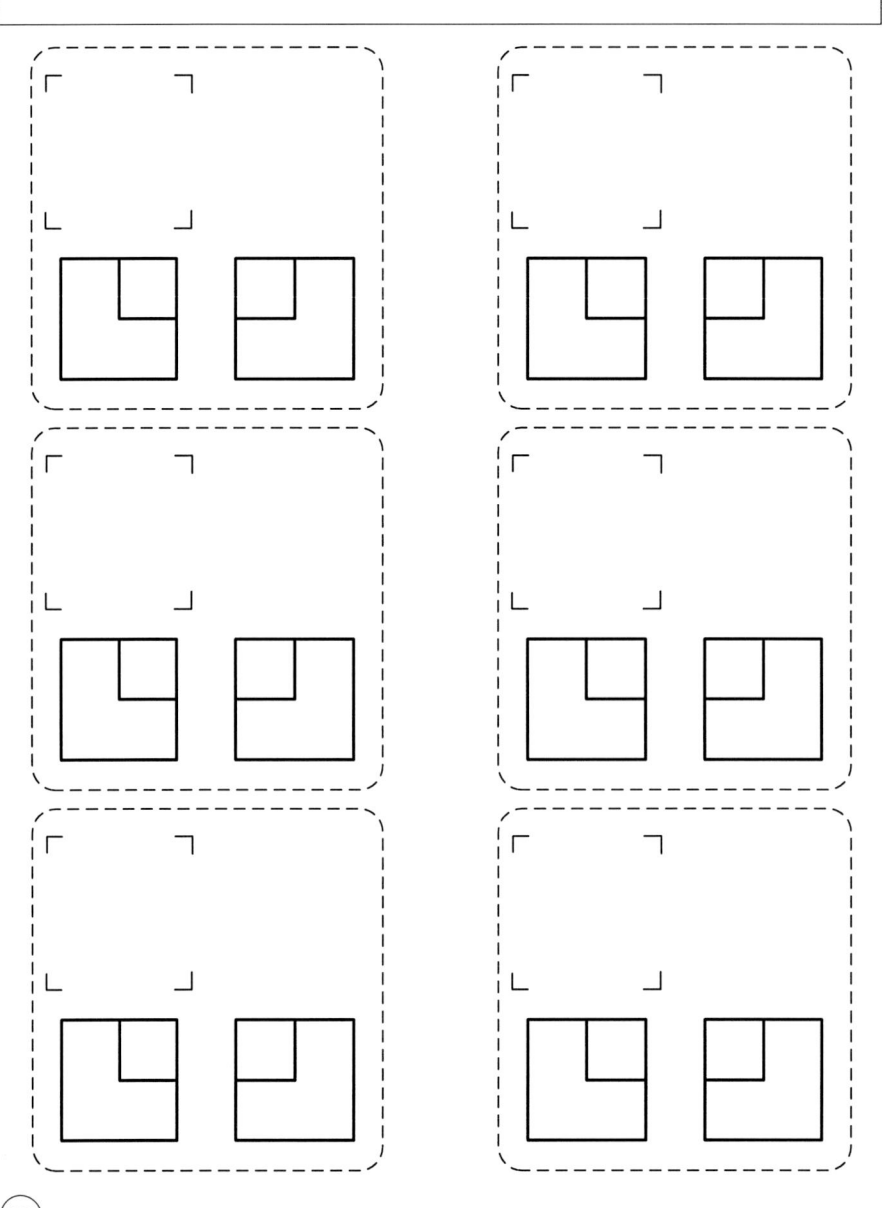

- **課題**　正面図と右側面図から作られる立体形状を創造して、平面図（上面図）を完成させること。
- **問題**　解答枠の中に創造した形状の投影図を記入すること。ただし、全ての投影図にかくれ線が存在しないこと。

【演習6-2】　　　　　　　　　　　　　　　　　　　　　LEVEL 3

課題　左側面図と平面図（上面図）から作られる立体形状を創造して、正面図を完成させること。

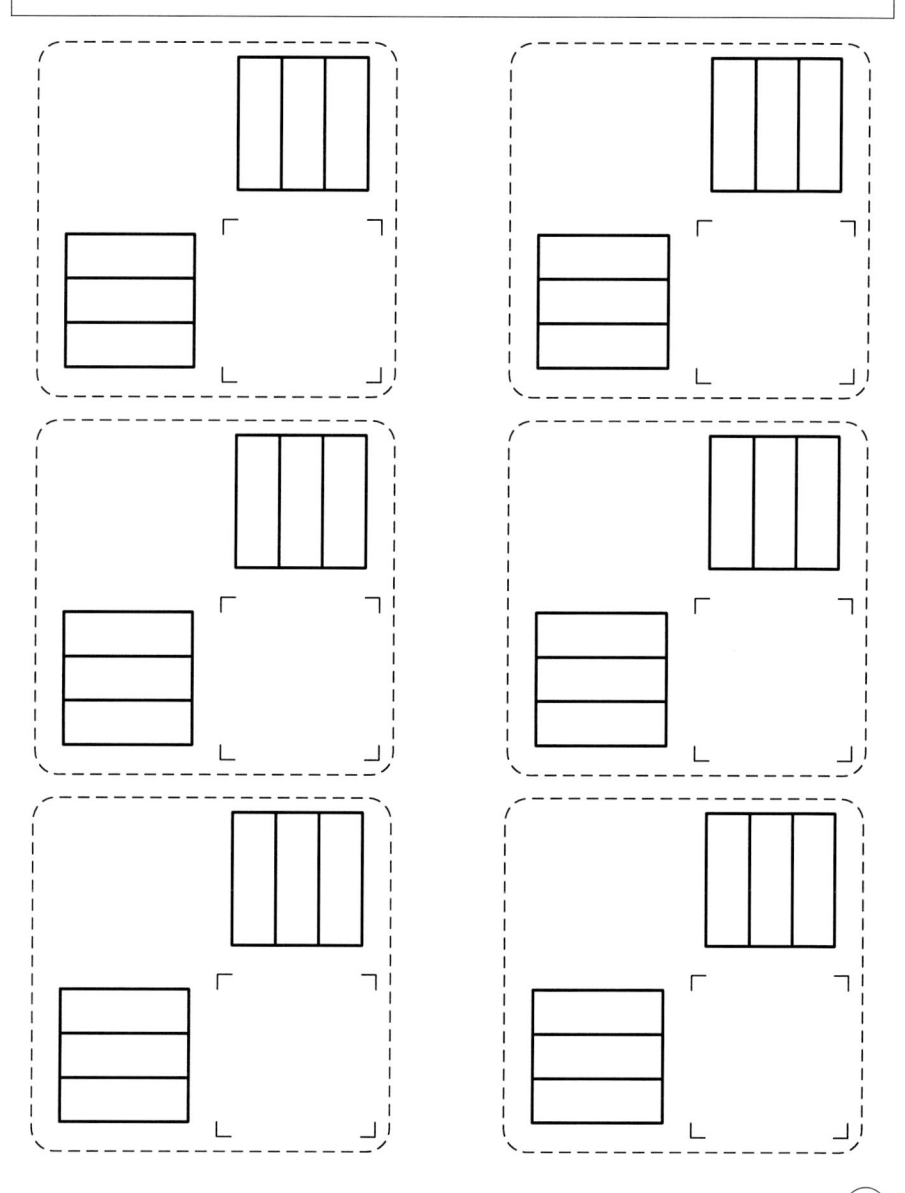

問題　解答枠の中に創造した形状の投影図を記入すること。ただし、全ての投影図にかくれ線が存在しないこと。

第6章　アイデア発想センス　モチアゲの基本〜オリジナルの形状を創造する!〜

【演習6-3】　LEVEL 2

課題　右側面図と平面図から作られる立体形状を創造して、正面図を完成させること。

問題　解答枠の中に創造した形状の投影図を記入すること。ただし、全ての投影図にかくれ線が存在しないこと。

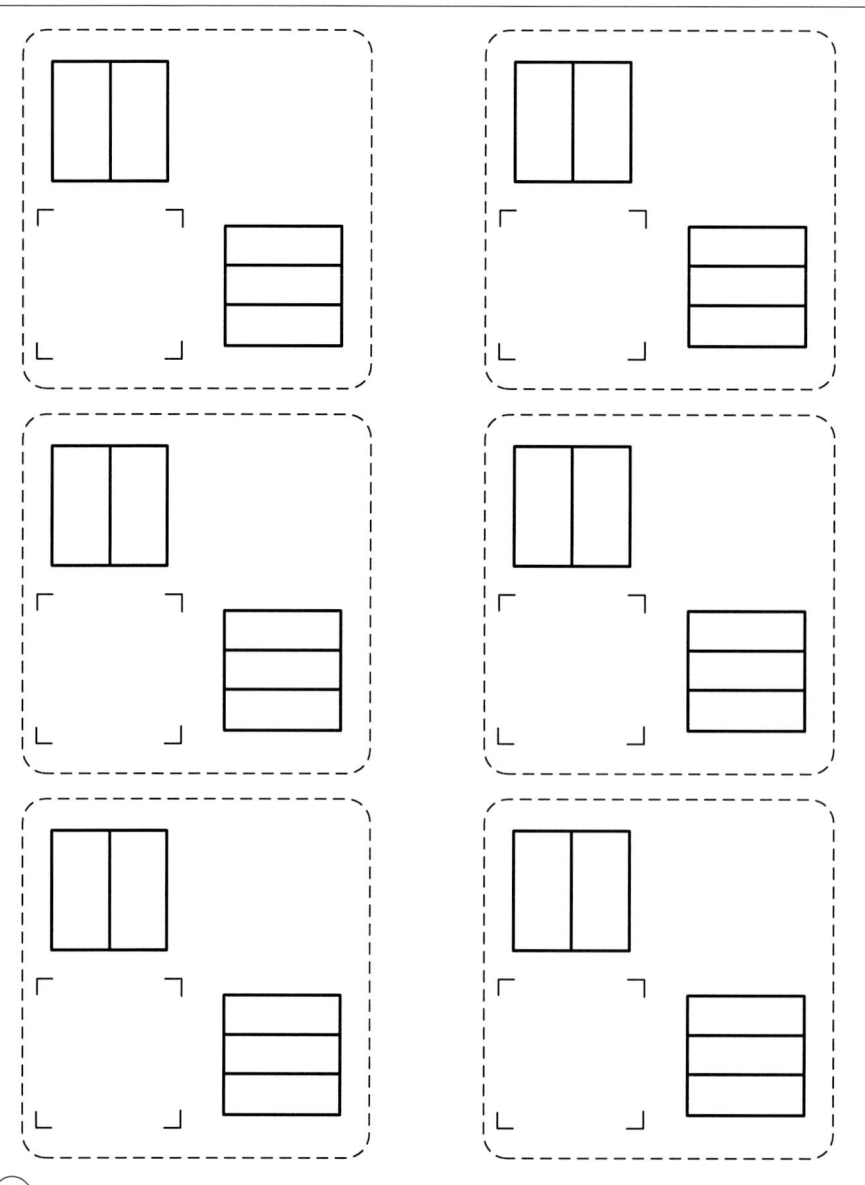

【演習6-4】　　　　　　　　　　　　　　　　　　　　　　**LEVEL 3**

- **課題** 左側面図と下面図から作られる立体形状を創造して、正面図を完成させること。
- **問題** 解答枠の中に創造した形状の投影図を記入すること。ただし、全ての投影図にかくれ線が存在しないこと。

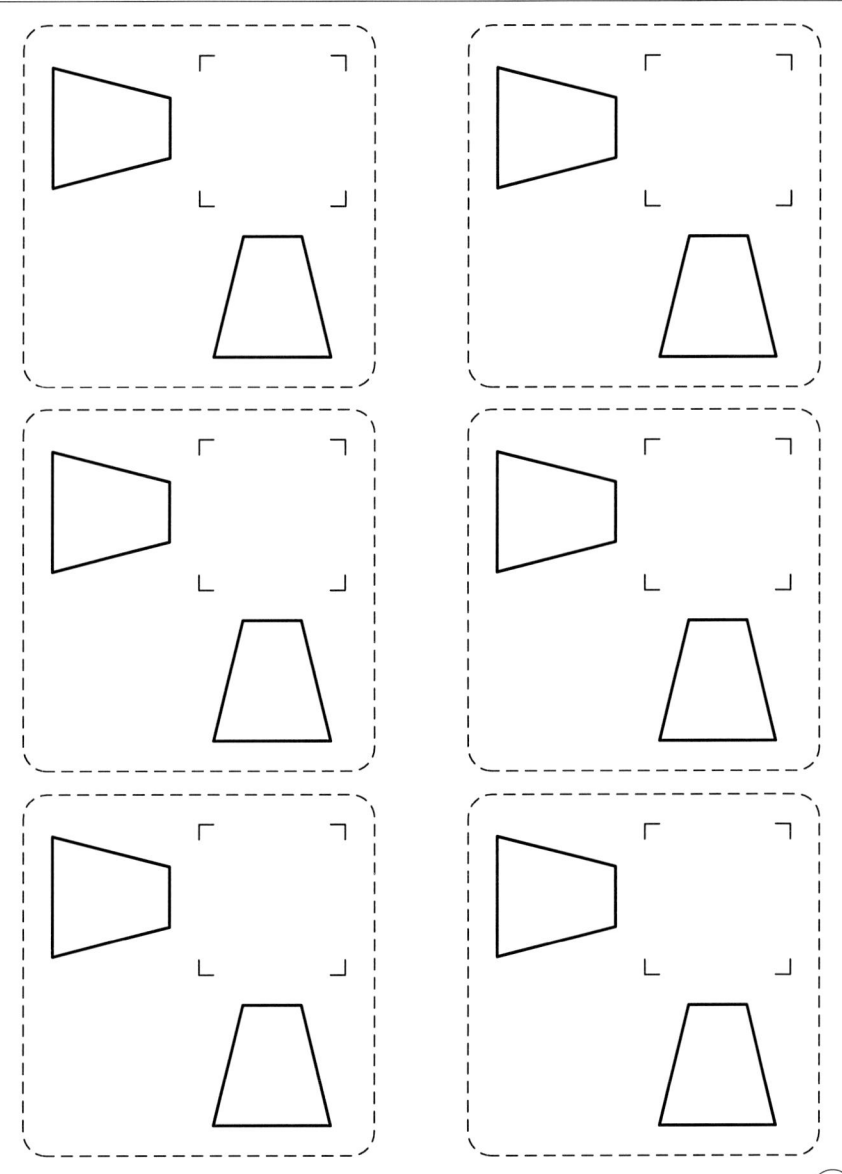

第6章　アイデア発想センス　モチアゲの基本〜オリジナルの形状を創造する!〜

【演習6-5】　　　　　　　　　　　　　　　　　　　　　　　　LEVEL 3

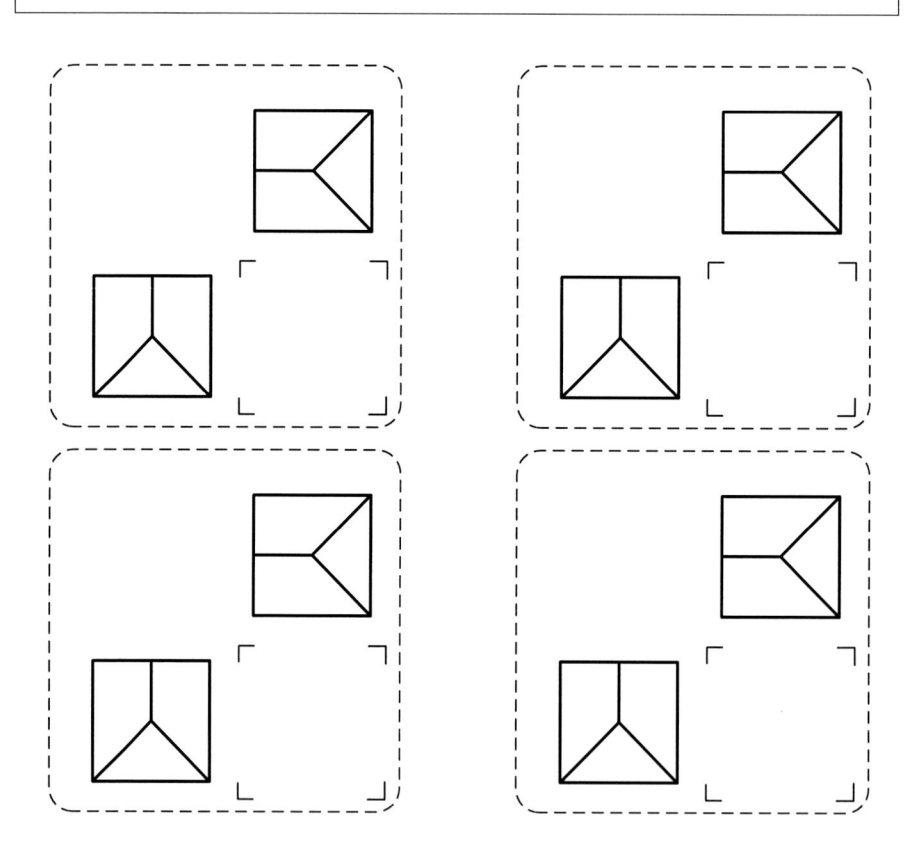

- **課題** 左側面図と平面図（上面図）から作られる立体形状を創造して、正面図を完成させること。
- **問題** 解答枠の中に創造した形状の投影図を記入すること。ただし、全ての投影図にかくれ線が存在しないこと。

【演習6-6】　　　　　　　　　　　　　　　　　　　　　　　LEVEL 3

課題 左側面図と平面図（上面図）から作られる立体形状を創造して、正面図を完成させること。

問題 解答枠の中に創造した形状の投影図を記入すること。ただし、全ての投影図にかくれ線が存在しないこと。

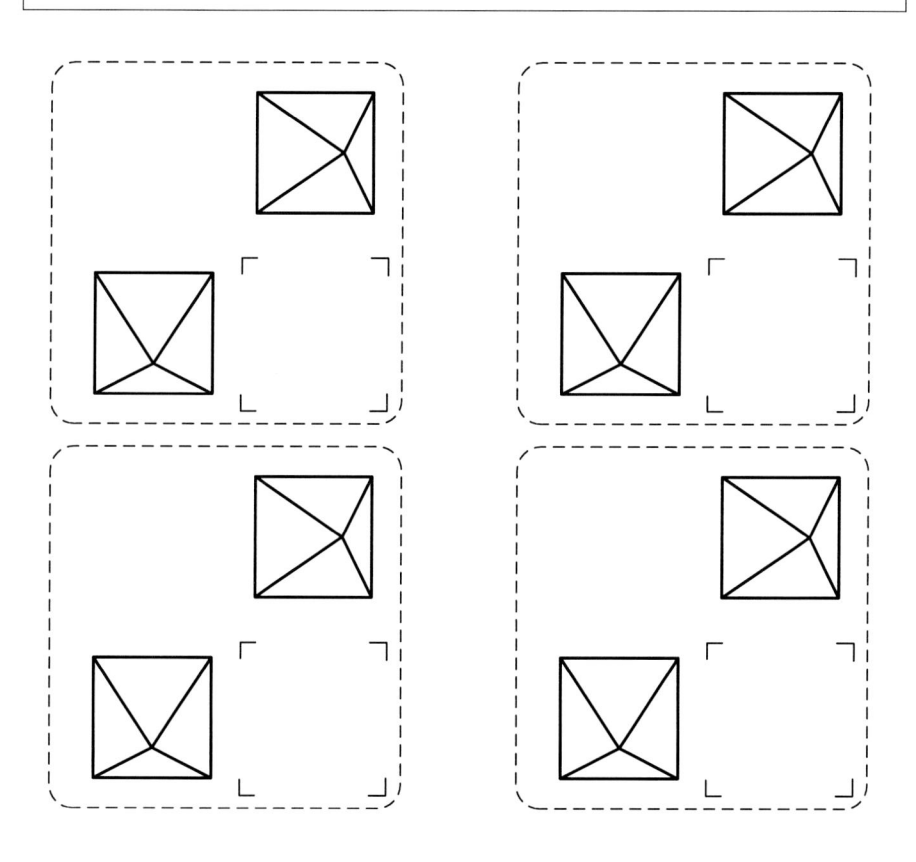

第6章　アイデア発想センス　モチアゲの基本〜オリジナルの形状を創造する！〜

【演習6-7】　LEVEL 3

課題　本章の冒頭で話題にした投影図です。右側面図と平面図（上面図）から作られる立体形状を創造して、正面図を完成させること。

問題　解答枠の中に創造した形状の投影図を記入すること。右側面図と平面図（上面図）にかくれ線が存在しない形状とするが、解答する正面図にはかくれ線が発生しても可とする。

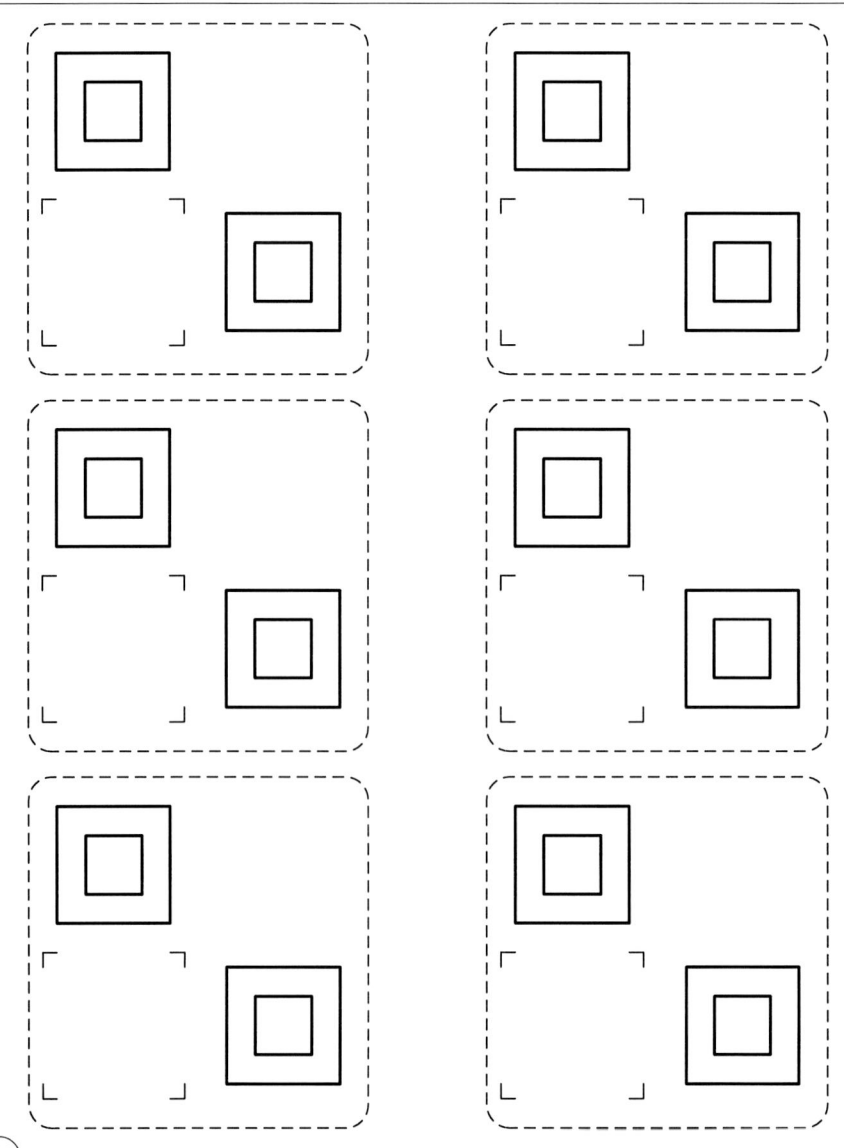

先輩エンジニアがアドバイスする　解答のページ

【演習6-1】

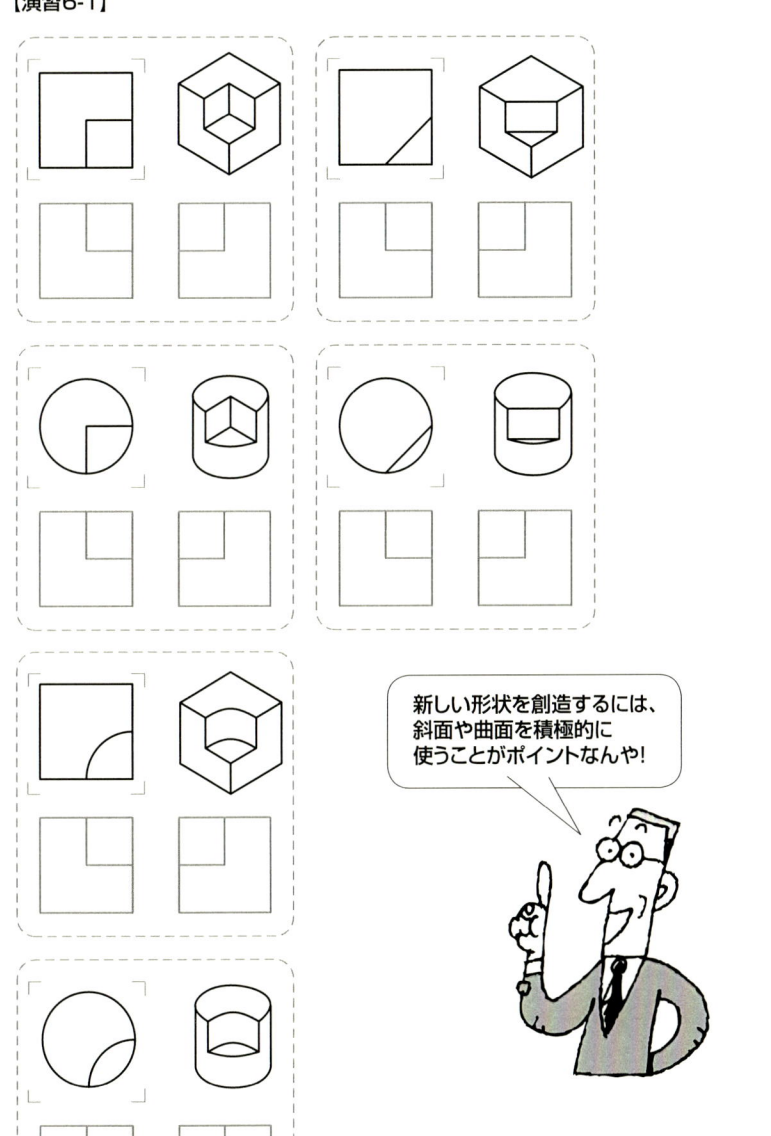

> 新しい形状を創造するには、斜面や曲面を積極的に使うことがポイントなんや！

※他にも異なる形状ができるかもしれません。新しい形状を創造できた場合、サポートページ（はじめに参照）からイラストを送付いただけると幸いです。

第6章　アイデア発想センス　モチアゲの基本〜オリジナルの形状を創造する！〜

【演習6-2】

下記の解答例以外の形状も考えられます。

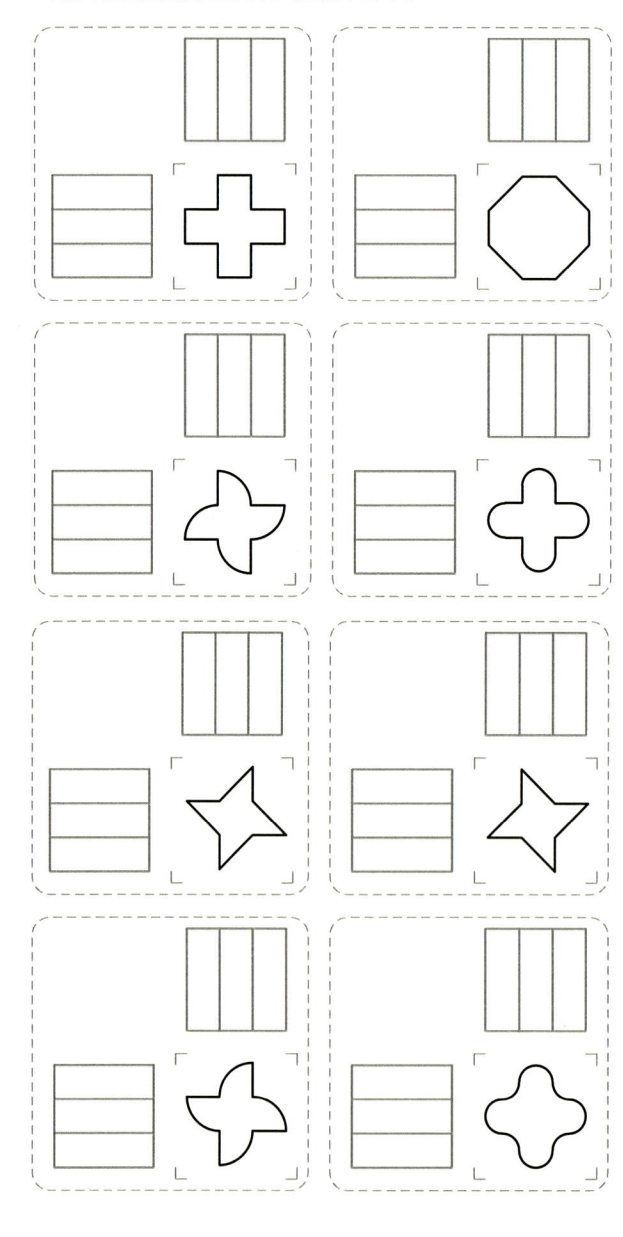

【演習6-3】

下記の解答例以外の形状も考えられます。

第6章 アイデア発想センス モチアゲの基本〜オリジナルの形状を創造する!〜

【演習6-4】

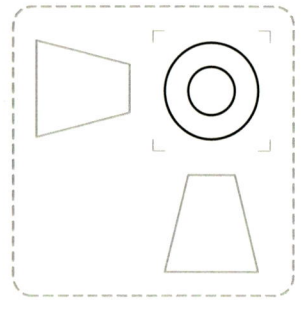

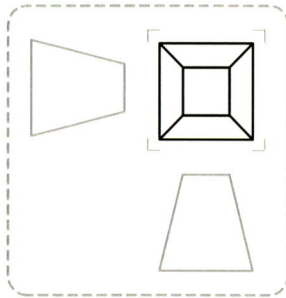

右段の例は、
一番上の図形を
回転させただけで、
同じ形状なんや!
姿勢を変えるだけでも
新しいものができる例や!

※他にも異なる形状ができるかもしれません。新しい形状を創造できた場合、サポートページ（はじめに参照）からイラストを送付いただけると幸いです。

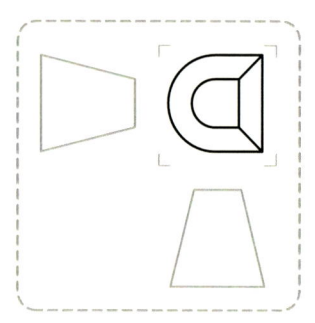

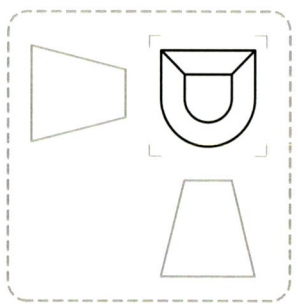

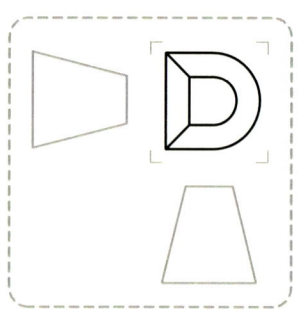

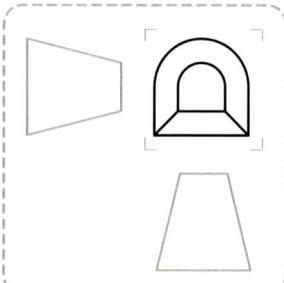

【演習6-5】

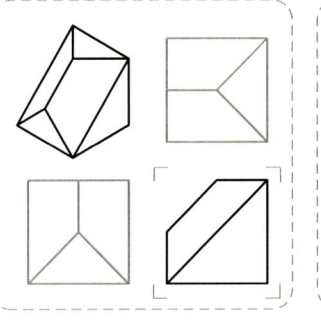

※他にも異なる形状ができるかもしれません。新しい形状を創造できた場合、サポートページ（はじめに参照）からイラストを送付いただけると幸いです。

【演習6-6】

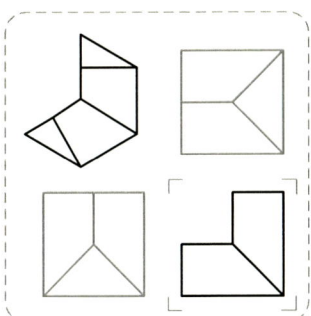

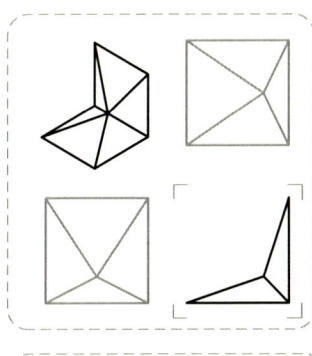

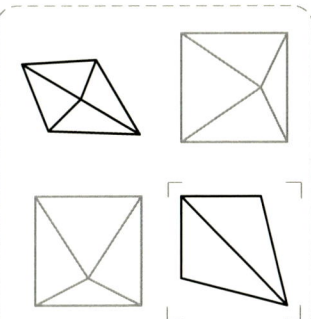

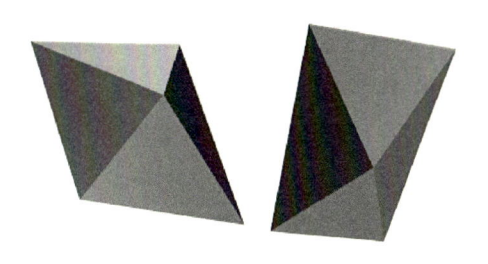

形状に自信がない場合は、
3次元CADや紙あるいは
粘土で模型を作って確認しても、
恥ずかしくないんやで！

※他にも異なる形状ができるかもしれません。新しい形状を創造できた場合、サポートページ（はじめに参照）からイラストを送付いただけると幸いです。

第6章　アイデア発想センス　モチアゲの基本～オリジナルの形状を創造する！～

【演習6-7】

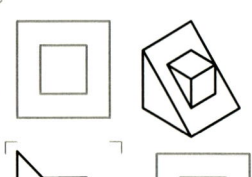

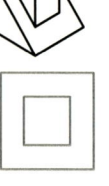

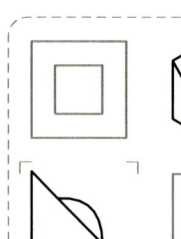

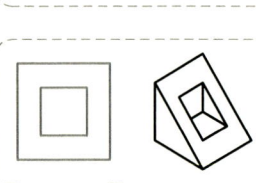

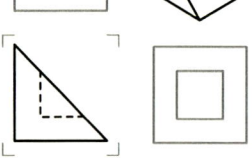

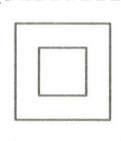

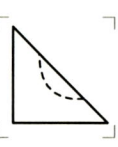

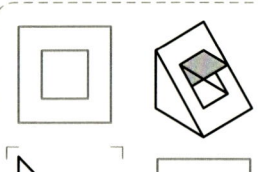

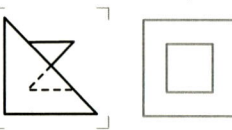

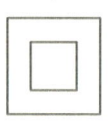

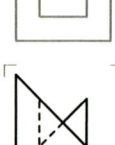

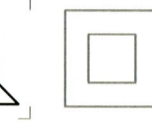

下の4つの形状を創造できるくらいになったら、アイデア発想力に自信を持って仕事ができるで！

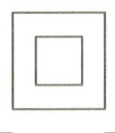

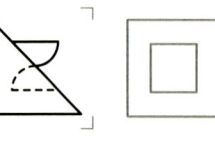

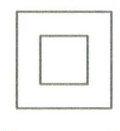

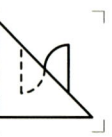

第7章

空間認識センス STEP1
モチアゲの基本
～常に空間を意識する！～

設計を始めたら、スペースがないし、思った通りの構造にならへんから、前へ進まへん！

奥行きを考えて構想レイアウトせんと、詳細設計の際に構造を実現することが難しくなるんやで！

7-1	複数形状から奥行きの優先を知る
7-2	重なる立体を推測する
7-3	転がる立体を推測する
7-4	連続して転がる過程を書きとめる
7-5	立体の展開図形を考える
7-6	板金構造の展開形状を考える

| 第7章 | 1 | # 複数形状から奥行きの優先を知る |

　2次元図形では、奥行きという概念がありませんでした。しかし、立体形状になると必ず奥行きという概念が存在します。まずは**重なりから奥行きの優先を知る**ところから始めましょう。

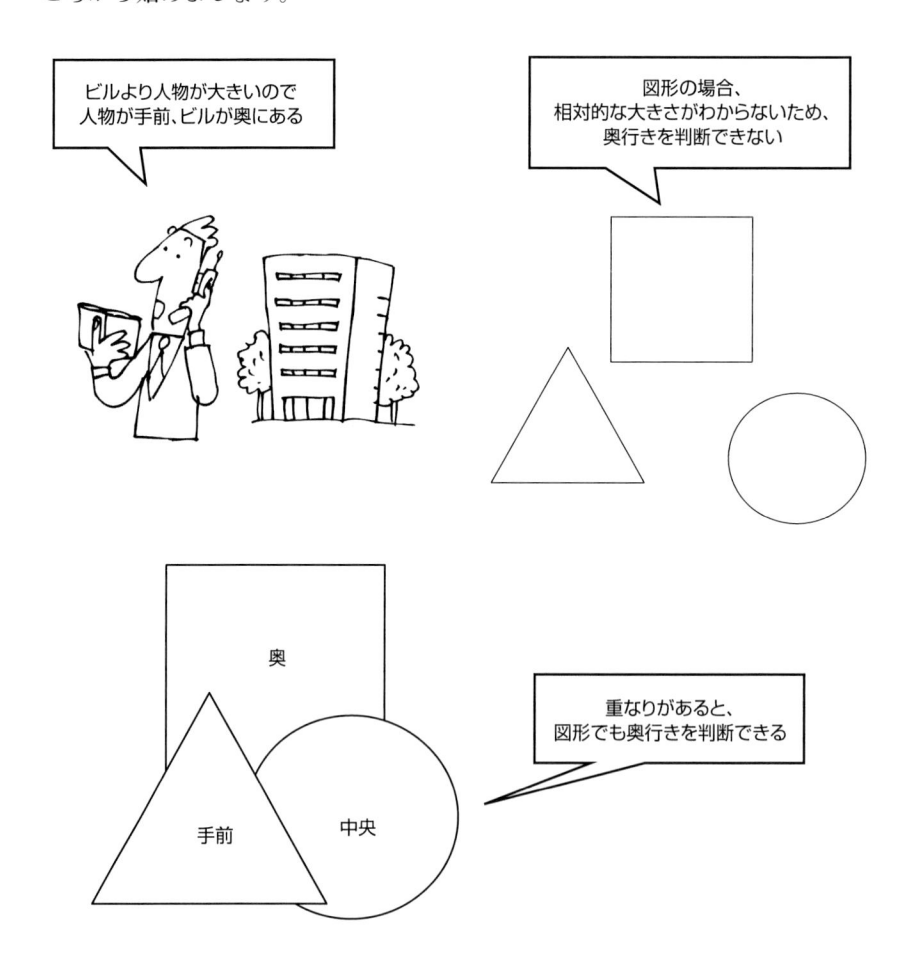

> ビルより人物が大きいので
> 人物が手前、ビルが奥にある

> 図形の場合、
> 相対的な大きさがわからないため、
> 奥行きを判断できない

奥 / 手前 / 中央

> 重なりがあると、
> 図形でも奥行きを判断できる

(*'ェ'*)ノ 勘どころ

　上側（手前）にある部品の図形は、その他の図形を上からかぶせて隠します。複数の図形があるとき、それぞれの重なり具合を確認すれば順序がわかります。

【演習7-1】　　　　　　　　　　　　　　　　　　　　　　　　　　　　　**LEVEL 0**

■課題■　複数の図形が重なる状況を見て、それぞれの問いに答えること。
■問題■　それぞれの解答を解答枠に記入すること。

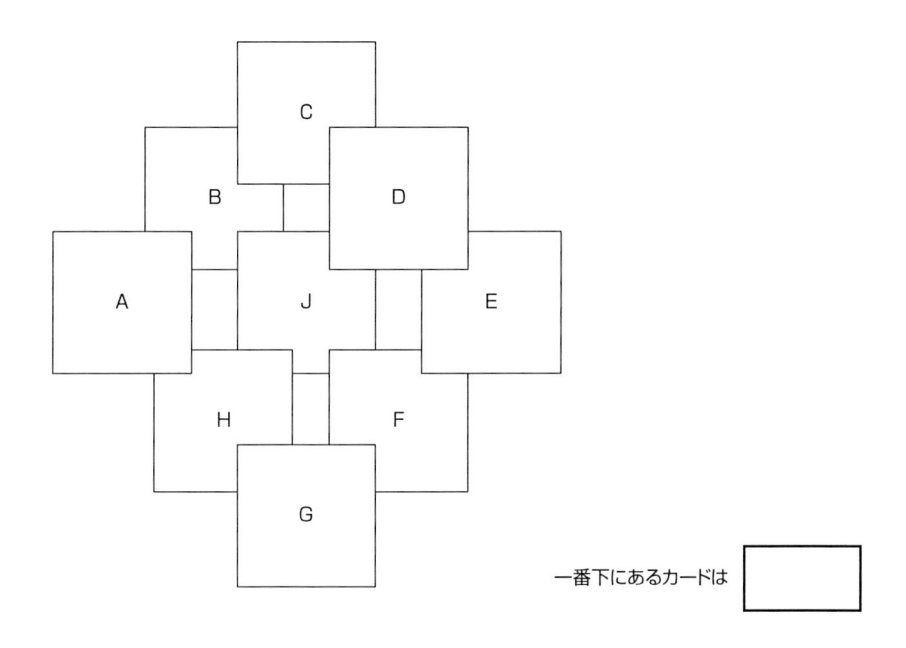

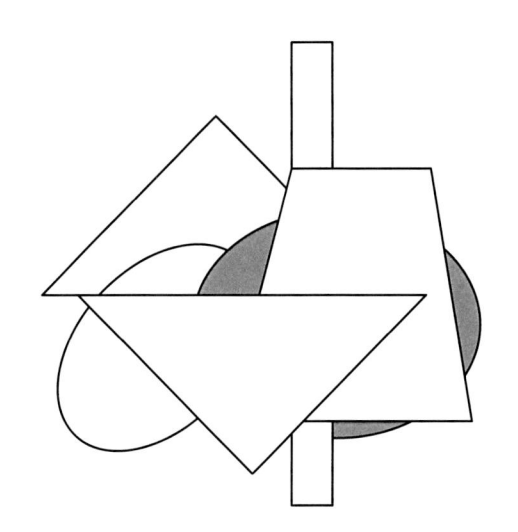

一番下にあるカードは　□

グレーの図形は下から　□　枚目

第7章　空間認識センス STEP1 モチアゲの基本〜常に空間を意識する!〜

第7章　2　重なる立体を推測する

　第3章では平面図形の組み合わせと分割を練習しました。ここでは奥行きのある**立体の組み合わせと分割**を考えましょう。

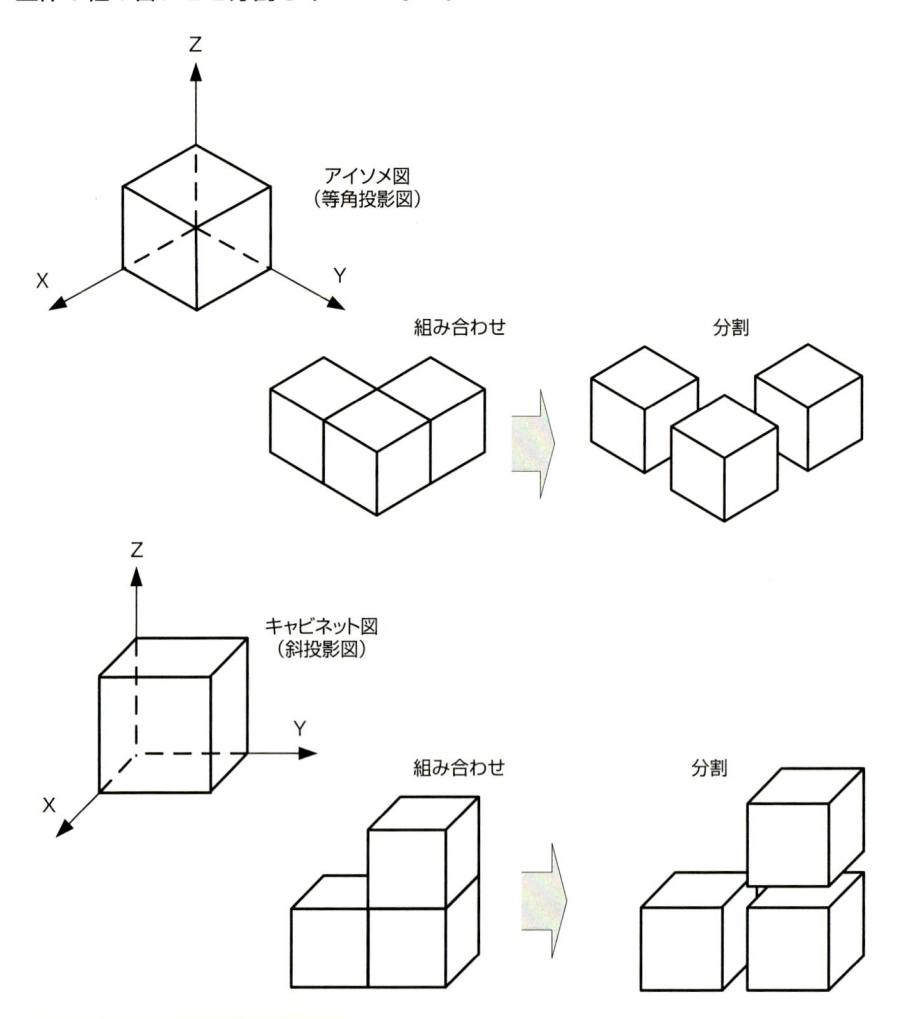

アイソメ図
（等角投影図）

組み合わせ　　分割

キャビネット図
（斜投影図）

組み合わせ　　分割

(*'ｪ'*)ノ　勘どころ

アイソメ図とキャビネット図の使い分けに決まりはなく、自分で描きやすいと思った方、あるいは読み手が理解しやすいであろうと思う方を選択すればよいでしょう。

■D(￣ー￣*)コーヒーブレイク

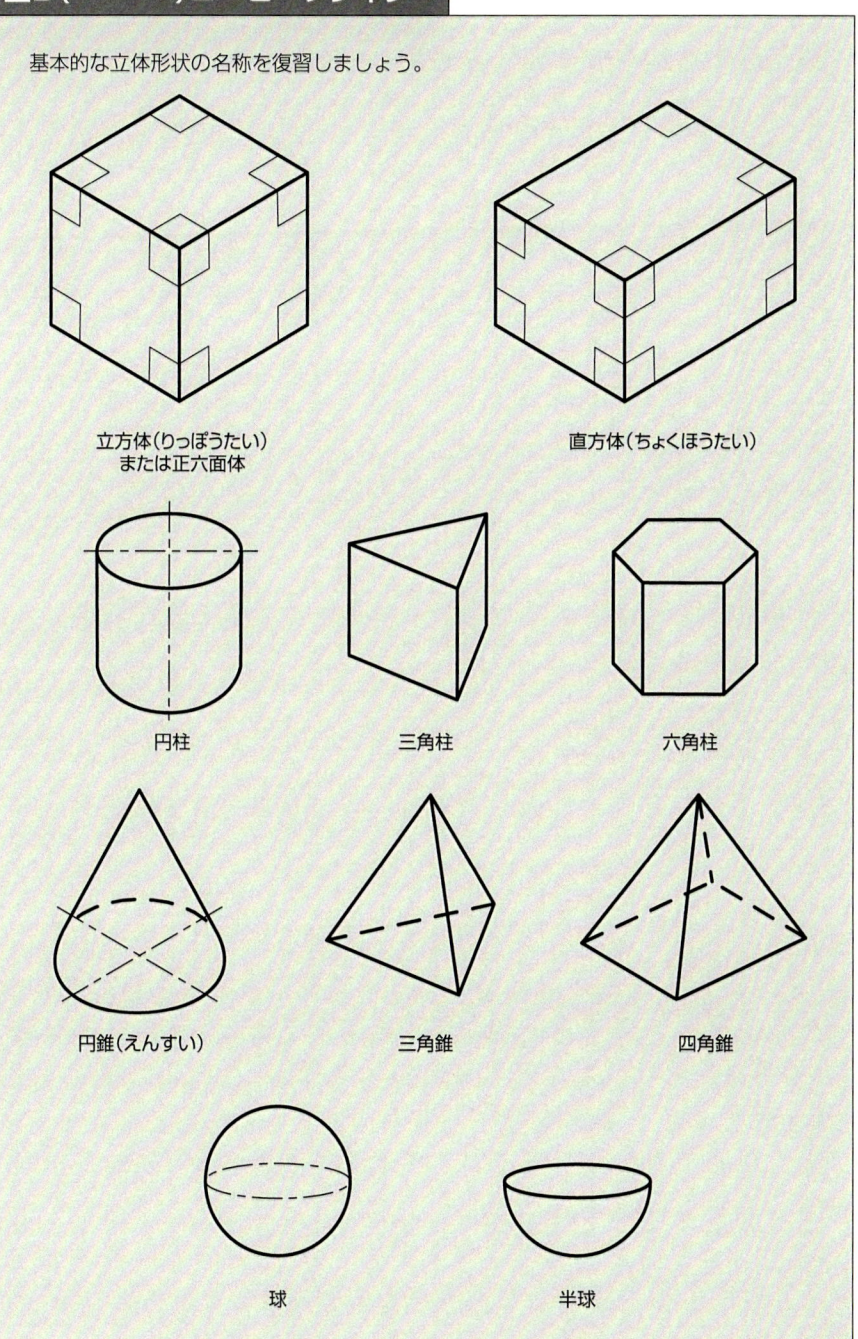

基本的な立体形状の名称を復習しましょう。

立方体(りっぽうたい)
または正六面体

直方体(ちょくほうたい)

円柱

三角柱

六角柱

円錐(えんすい)

三角錐

四角錐

球

半球

【演習7-2】　　　　　　　　　　　　　　　　　　　　　　　LEVEL 1

課題　複数個重ねられた箱（立方体）の数を解答すること。
問題　それぞれの数を解答枠に記入すること。ただし、箱は空中に浮かせることはできないことを前提に、かくれた部分は類推すること。

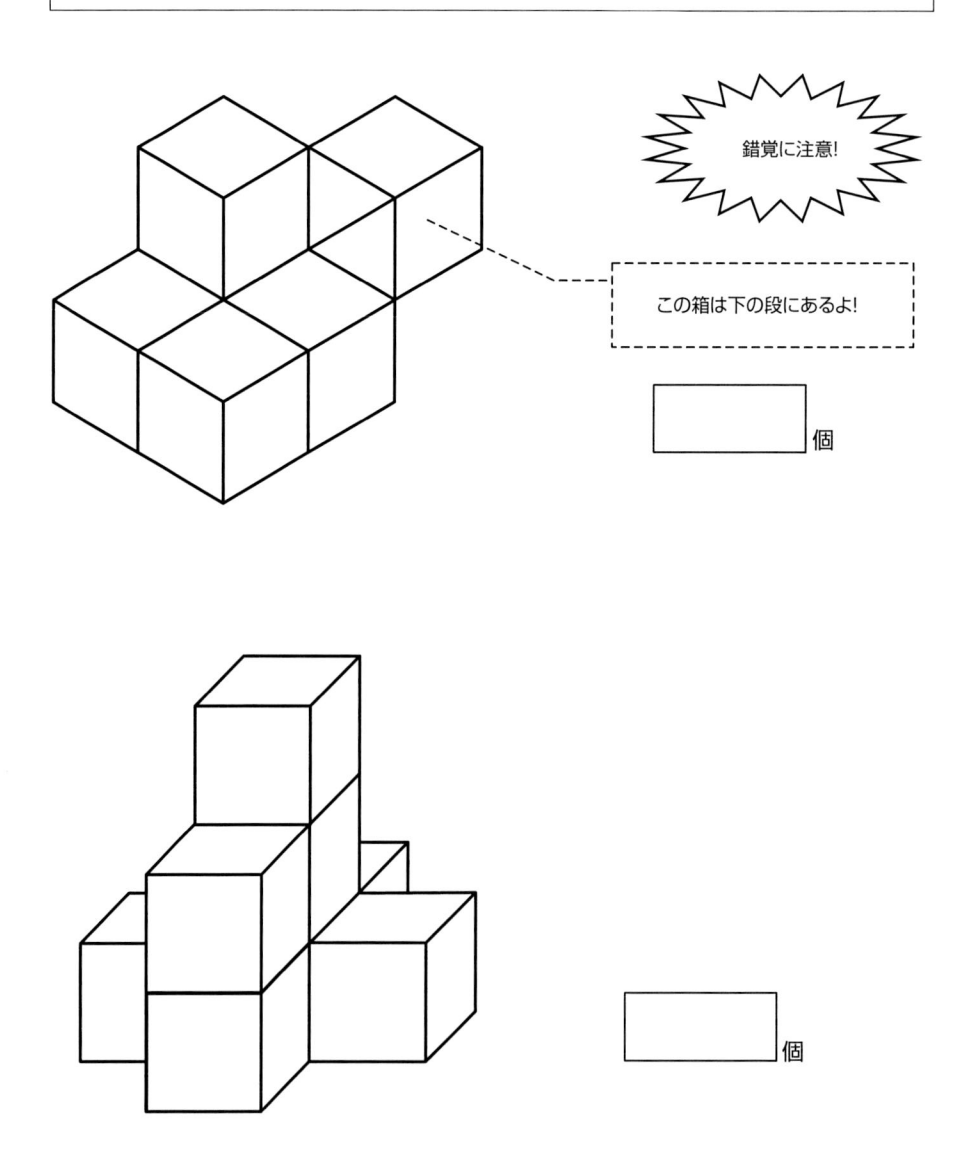

錯覚に注意!

この箱は下の段にあるよ!

[　　　　] 個

[　　　　] 個

【演習7-3】　　　　　　　　　　　　　　　　　　　　　　　LEVEL 1

課題　軸がワイヤーフレーム状の立方体の中を正しく貫通している状態の図を選択すること。

問題　正解の番号に丸印をつけること。ただし、軸は曲げることができないくらい剛性が高いものとし、解答は複数選択しても可とする。

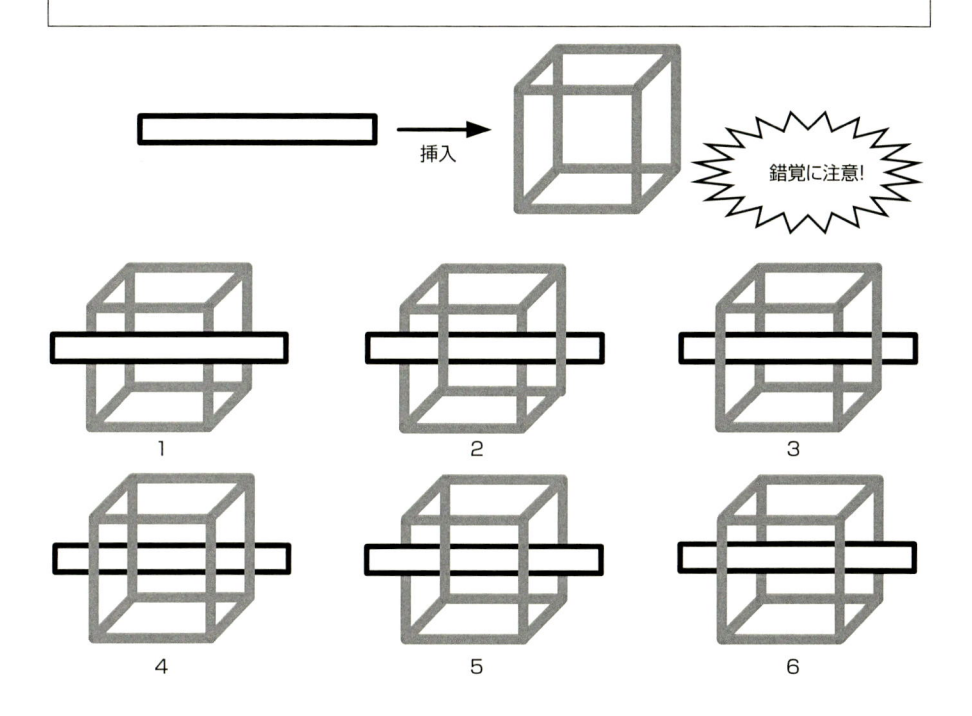

挿入 → 錯覚に注意!

1　　2　　3

4　　5　　6

φ(@°▽°@)　メモメモ

ネッカーキューブ（ネッカーの立方体）

立方体を線だけの組み合わせで見るとき、立方体を構成する線が重なって、どちらの線が手前と奥にあるのかわかりません。そのため、下図のような2通りの見え方が存在するのです。これをネッカーキューブといいます。

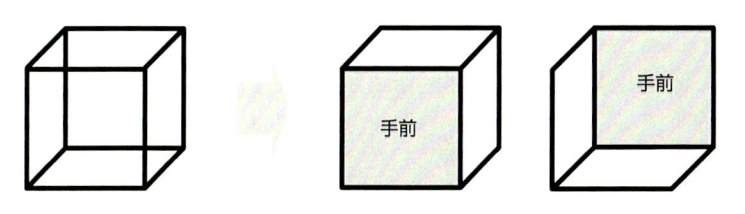

手前　　手前

第7章　空間認識センス STEP1 モチアゲの基本〜常に空間を意識する!〜

【演習7-4】　LEVEL 2

課題　3つの投影図で表された箱（立方体）の数を解答すること。
問題　箱の数をそれぞれの解答枠に記入すること。ただし、箱は空中に浮かせることはできないものとする。

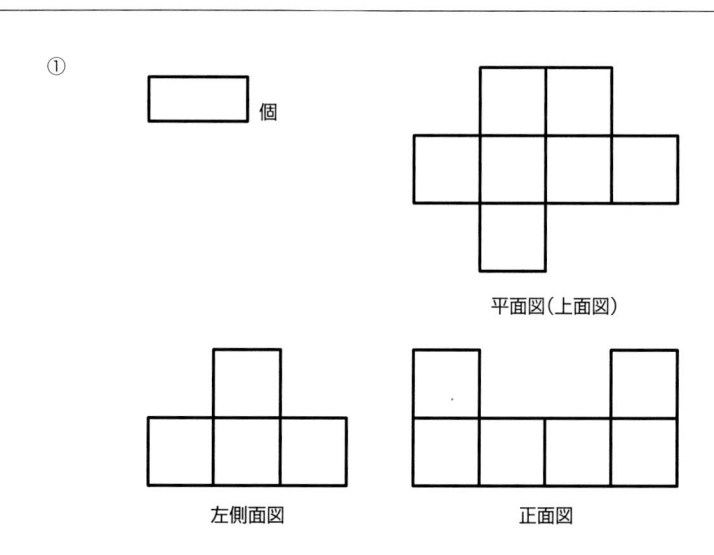

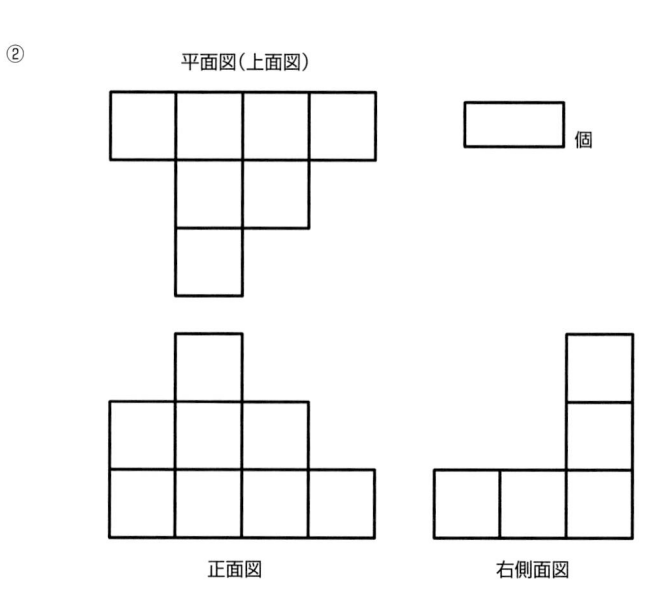

① ☐ 個

平面図（上面図）

左側面図　　正面図

② 平面図（上面図）　　☐ 個

正面図　　右側面図

| 第7章 | 3 | 転がる立体を推測する |

第2章では平面図形の回転を練習しました。ここでは**立体を転がした状態**を考えましょう。

トラックを机の上で転がしてみる

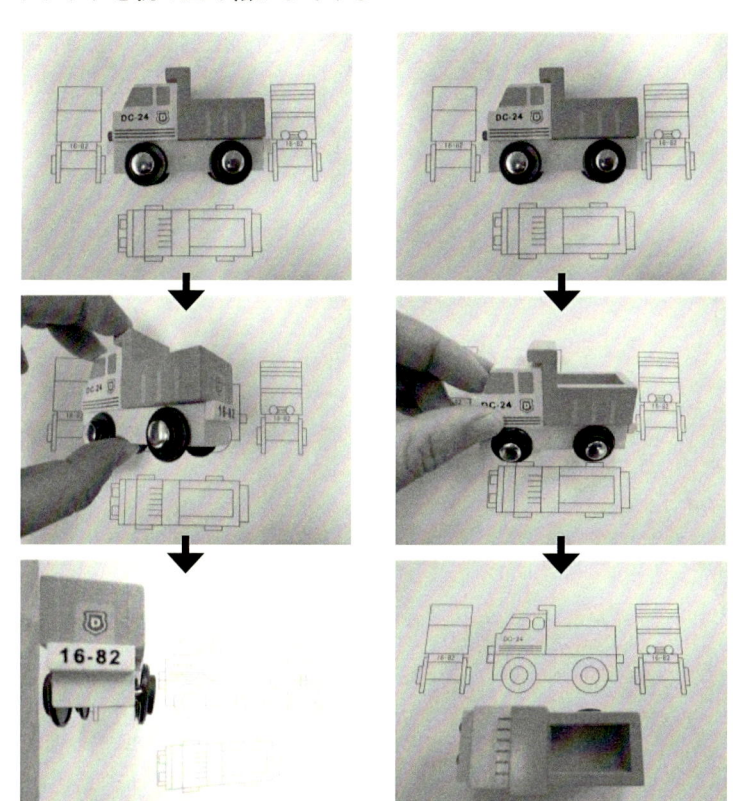

左に回転　　　　　下に回転

(*'ェ'*)ノ　勘どころ

トラックを横から見た図の横にトラックを机の上で転がした状態の図形を並べて配置する投影法を「第一角法」といいます。主にヨーロッパや中国の図面に使われます。
第5章で学習した「第三角法」と比べて、正面図を中心にして上下左右の投影図が入れ替わった状態でレイアウトされることになります。

【演習7-5】　　　　　　　　　　　　　　　　　　　　　　　　　**LEVEL 1**

課題 汽車のおもちゃを机の上で転がしたときの投影図を選択すること。
問題 机の上から汽車を見たときの状態を基準に、解答欄の指定する方向に汽車のおもちゃを転がしたときの投影図を①～⑤から選択し、解答枠に記入すること。

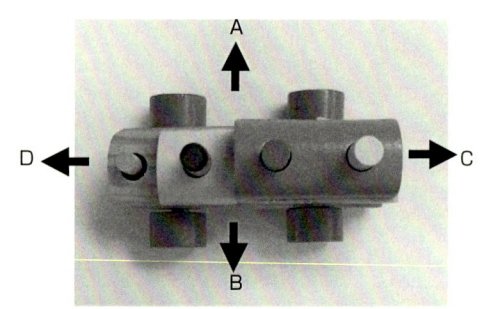

汽車のおもちゃの全体像　　　机の真上から見た状態(基準)

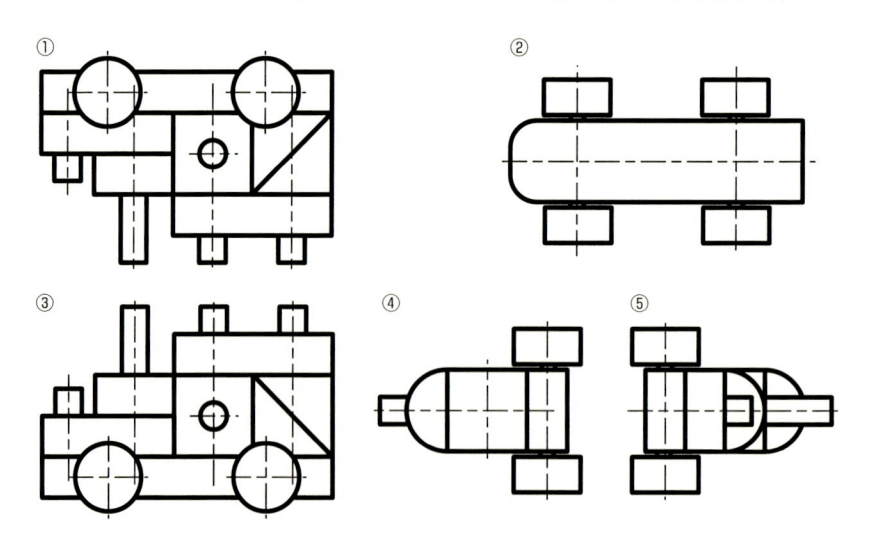

① 机の真上から見た汽車をA方向に90°転がした状態の投影図
② 机の真上から見た汽車をB方向に90°転がした状態の投影図
③ 机の真上から見た汽車をC方向に90°転がした状態の投影図
④ 机の真上から見た汽車をD方向に90°転がした状態の投影図
⑤ 机の真上から見た汽車をA方向に180°転がした状態の投影図

| 第7章 | 4 | 連続して転がる過程を書きとめる |

立体が連続して回転していく過程を暗記することは難しいといえます。**連続して転がる過程を書きとめ**、順を追って最終的にどのように変化したかを考える練習をしましょう。

サイコロを矢印の方向に転がしていき、矢の先端が、あるマス目にたどり着いたときの上側に見える数字を考えます。

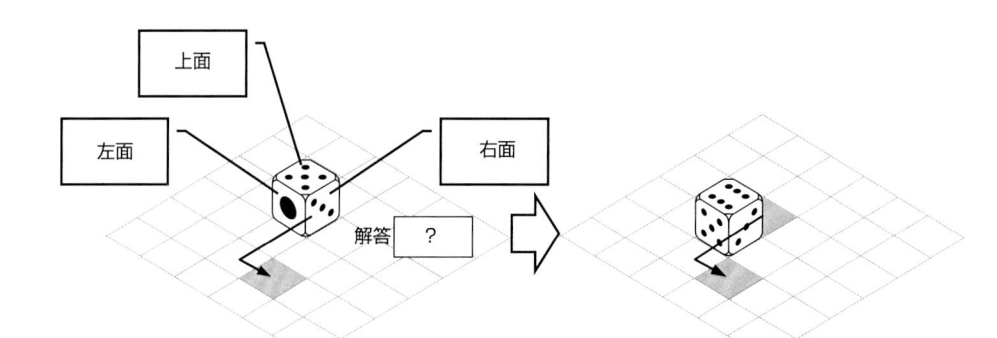

上面
左面
右面
解答　？

・右面は3のまま回転する
・左面は上面の5が回転してくる
・上面は先の左面の1の裏にあった6が回転してくる

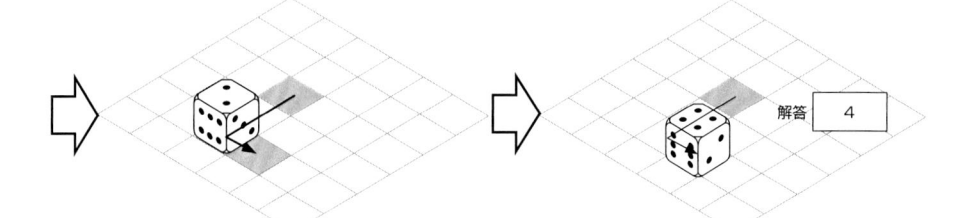

・右面は3のまま回転する
・左面は上面の6が回転してくる
・上面は先の左面の5の裏にあった2が回転してくる

解答　4

・右面は上面の2が回転してくる
・左面は6のまま回転してくる
・上面は先の右面の3の裏にあった4が回転してくる

第7章　空間認識センス STEP1 モチアゲの基本〜常に空間を意識する!〜　139

【演習7-6】 LEVEL 3

課題 サイコロを転がしていったとき、最終地点でサイコロの上面に見える数字を解答すること。

問題 解答枠にサイコロの目の数をアラビア数字（1〜6）で記入すること。

①

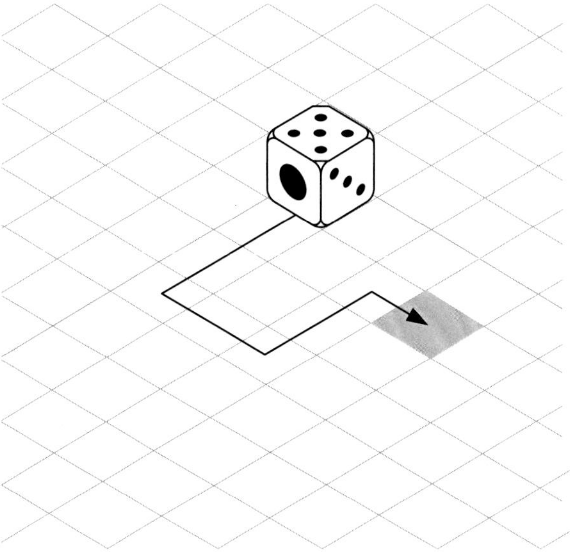

解答 □

②

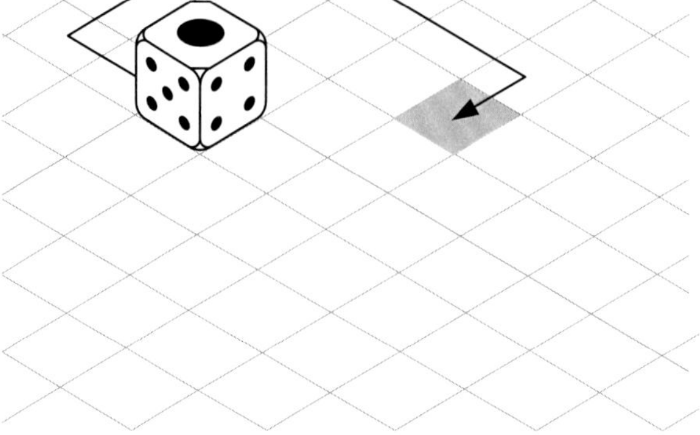

解答 □

③

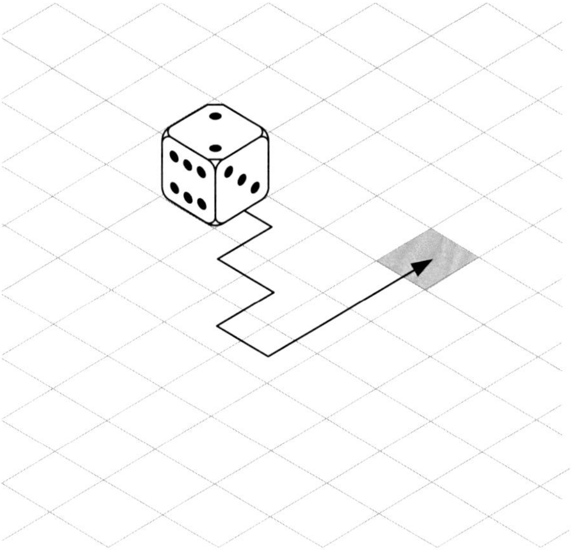

解答

④

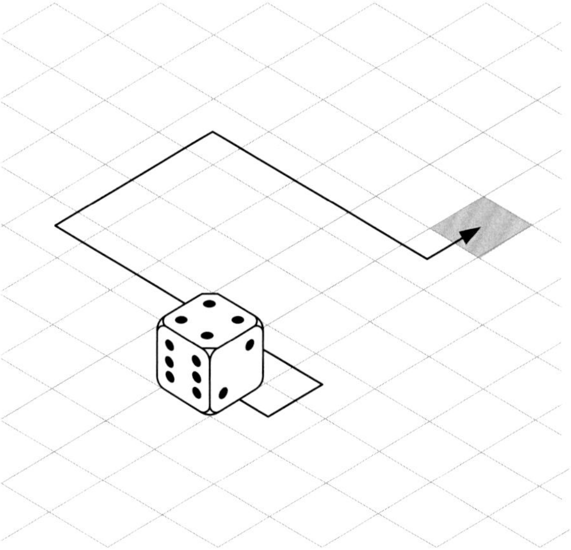

解答

第7章　空間認識センス STEP1 モチアゲの基本〜常に空間を意識する!〜

| 第7章 | 5 | 立体の展開図形を考える |

　立体物をイメージするときにボール紙を折り曲げて確認することがよくあります。このとき、展開図をイメージしないと思った通りの立体物を作ることができません。ここでは、**板金の展開図形を考えましょう**。

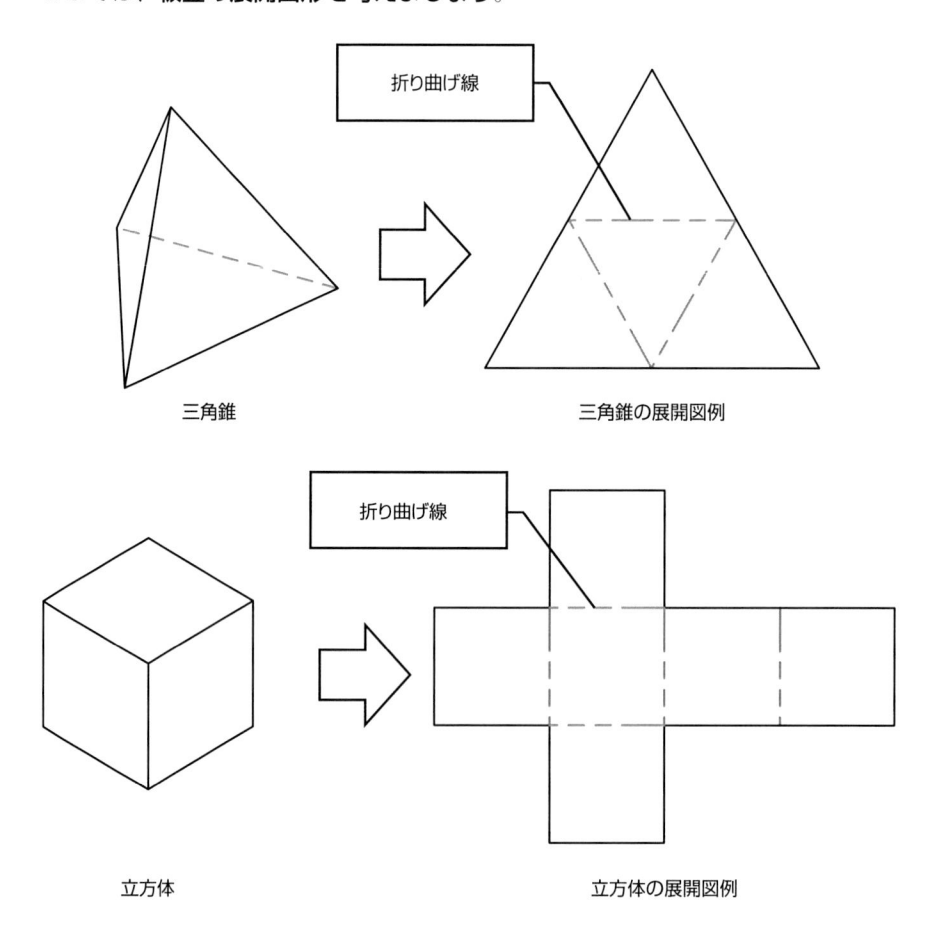

折り曲げ線

三角錐　　　　　　　　　　三角錐の展開図例

折り曲げ線

立方体　　　　　　　　　　立方体の展開図例

(*'ェ'*)ノ　勘どころ

展開図とは、立体形状を開いて一平面上に表した図形のことをいいます。展開図に正答はなく、いろんな形の展開図から折り曲げると同じ形状を作ることができます。

【演習7-7】　LEVEL 1

課題 ボール紙で箱を作るとき、6面全てをふさぐことができない展開図を選択すること。

問題 完成時に6面全てをふさぐことができない展開図の番号に丸印をつけること。複数選択しても可とする。

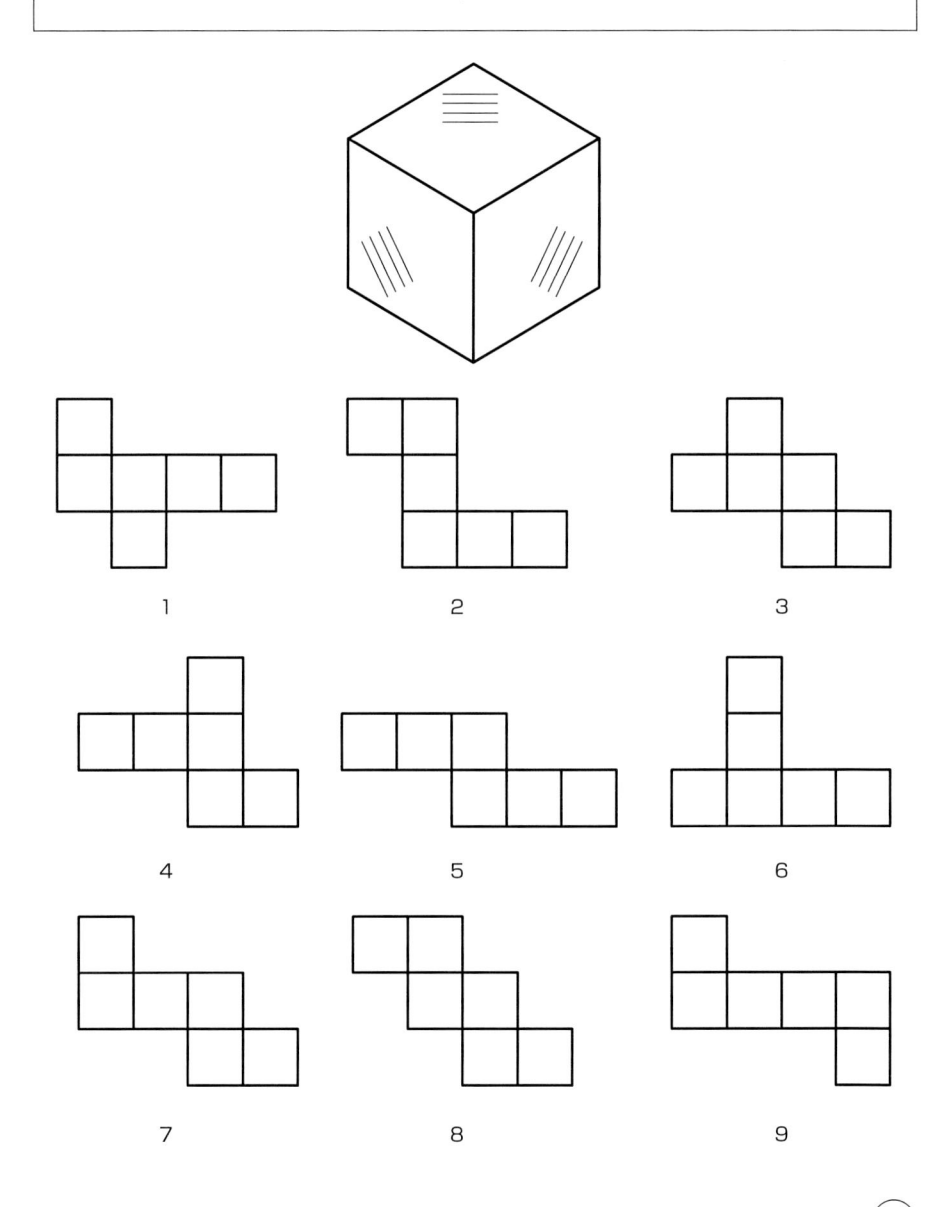

1
2
3
4
5
6
7
8
9

| 第7章 | 6 | 板金構造の展開形状を考える |

　紙やボール紙と違って、厚みを持った金属を曲げるため、曲げる面と曲げない面、あるいは隣り合う曲げ面同士は、少し隙間を空けて設計します。実務設計でも使える**板金構造の展開形状を考えましょう**。

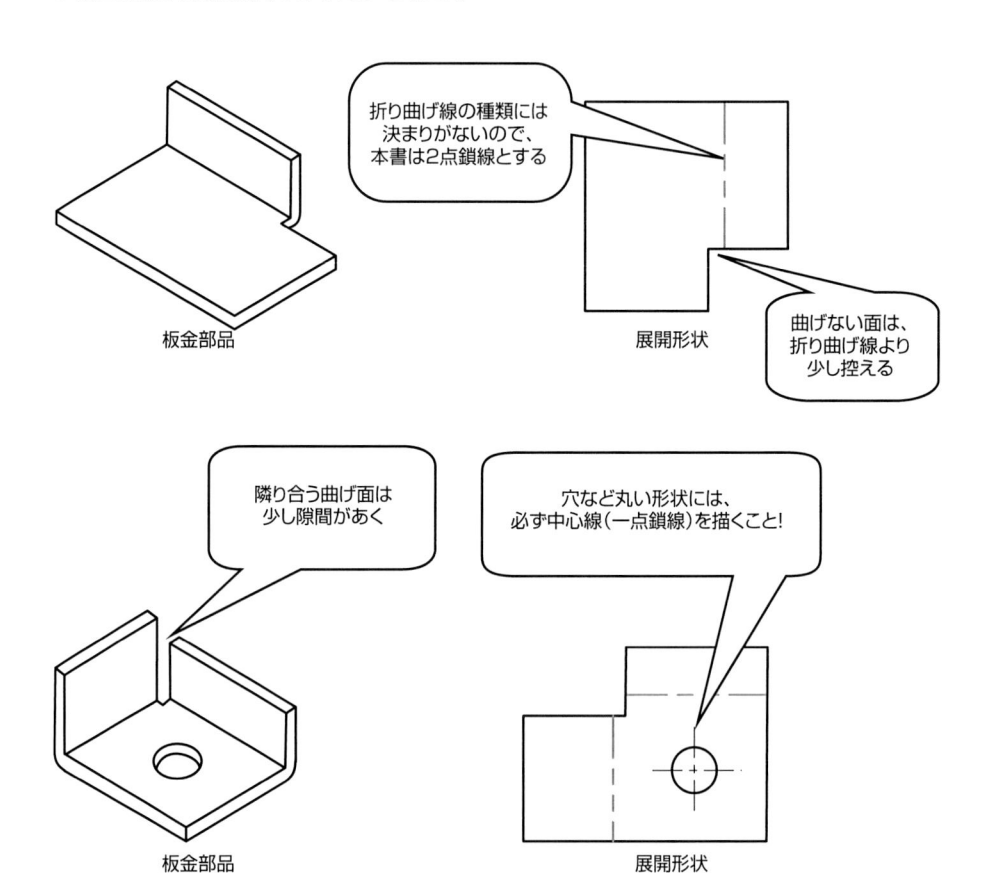

折り曲げ線の種類には決まりがないので、本書は2点鎖線とする

板金部品

展開形状

曲げない面は、折り曲げ線より少し控える

隣り合う曲げ面は少し隙間があく

穴など丸い形状には、必ず中心線（一点鎖線）を描くこと！

板金部品

展開形状

(*'ｪ'*)ﾉ　勘どころ

　板金部品は、切削加工部品より安価に製作できるため、製品にはコストダウン目的で採用される場合が多いといえます。身の回りにある製品では、スチールデスクやキャビネット、小型～中型の金庫などにも使用されています。

【演習7-8】　LEVEL 2

課題　3つの投影図で表される板金部品の展開図を記入すること。

問題　解答欄に線Aを元にして展開図をポンチ絵として記入すること。折り曲げ線には二点鎖線を、穴の中心線には一点鎖線を描き加えること。

①

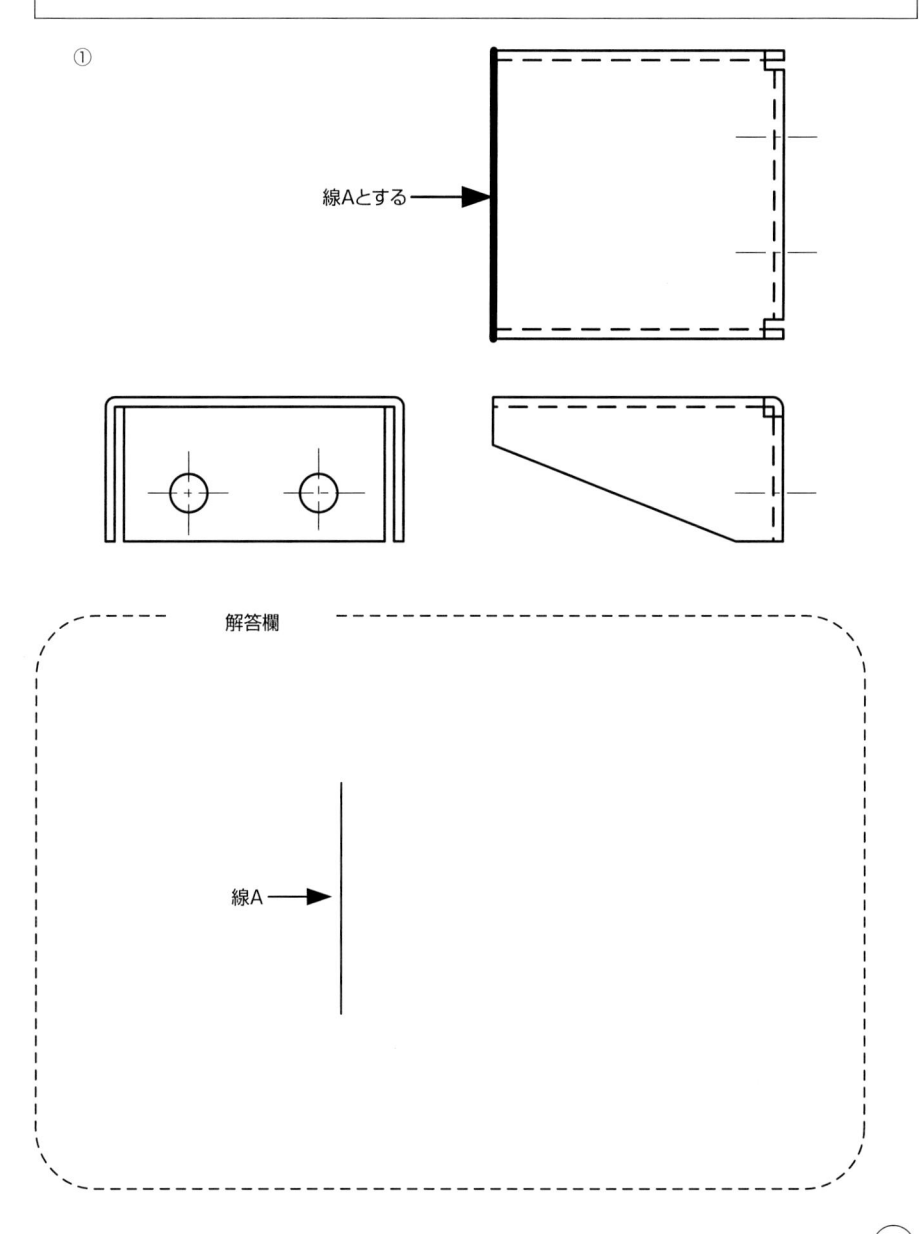

線Aとする →

解答欄

線A →

第7章　空間認識センス STEP1 モチアゲの基本〜常に空間を意識する!〜

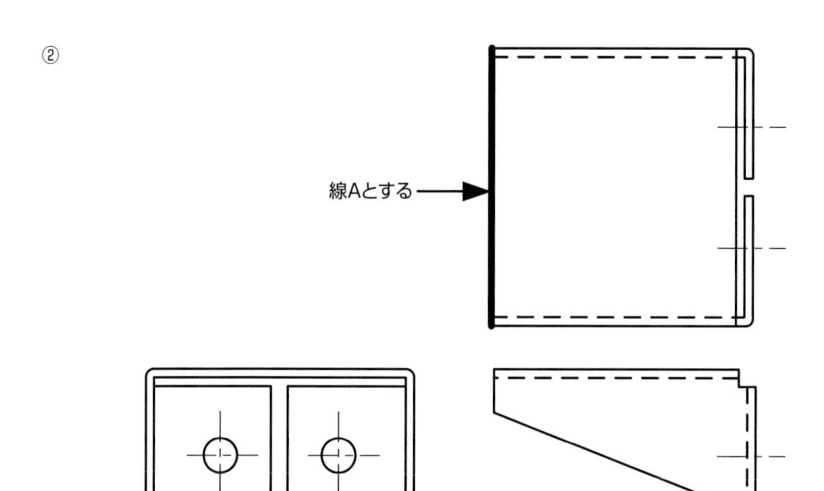

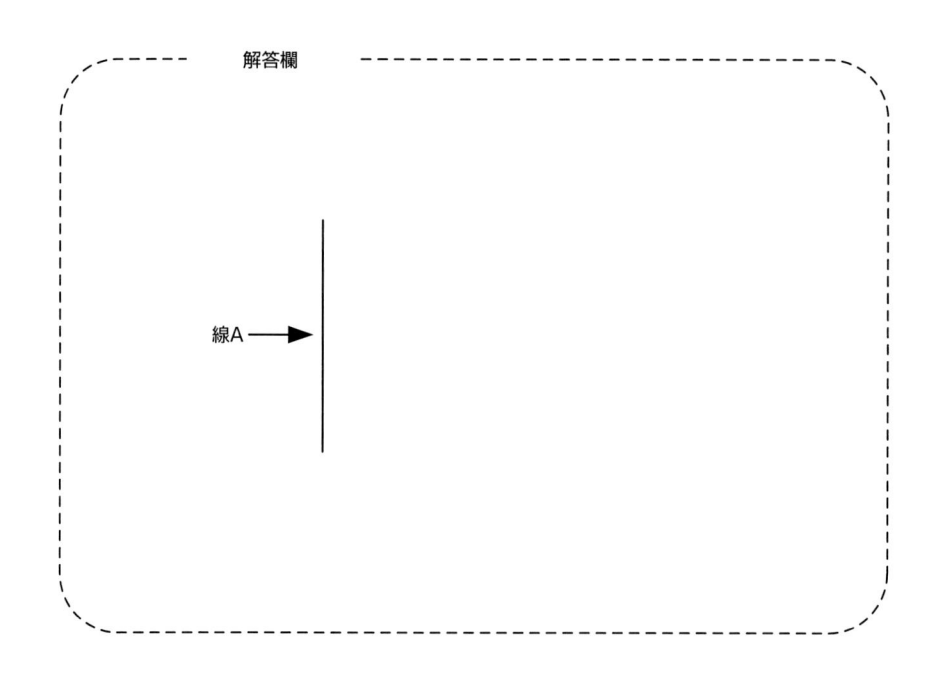

②

線Aとする →

解答欄

線A →

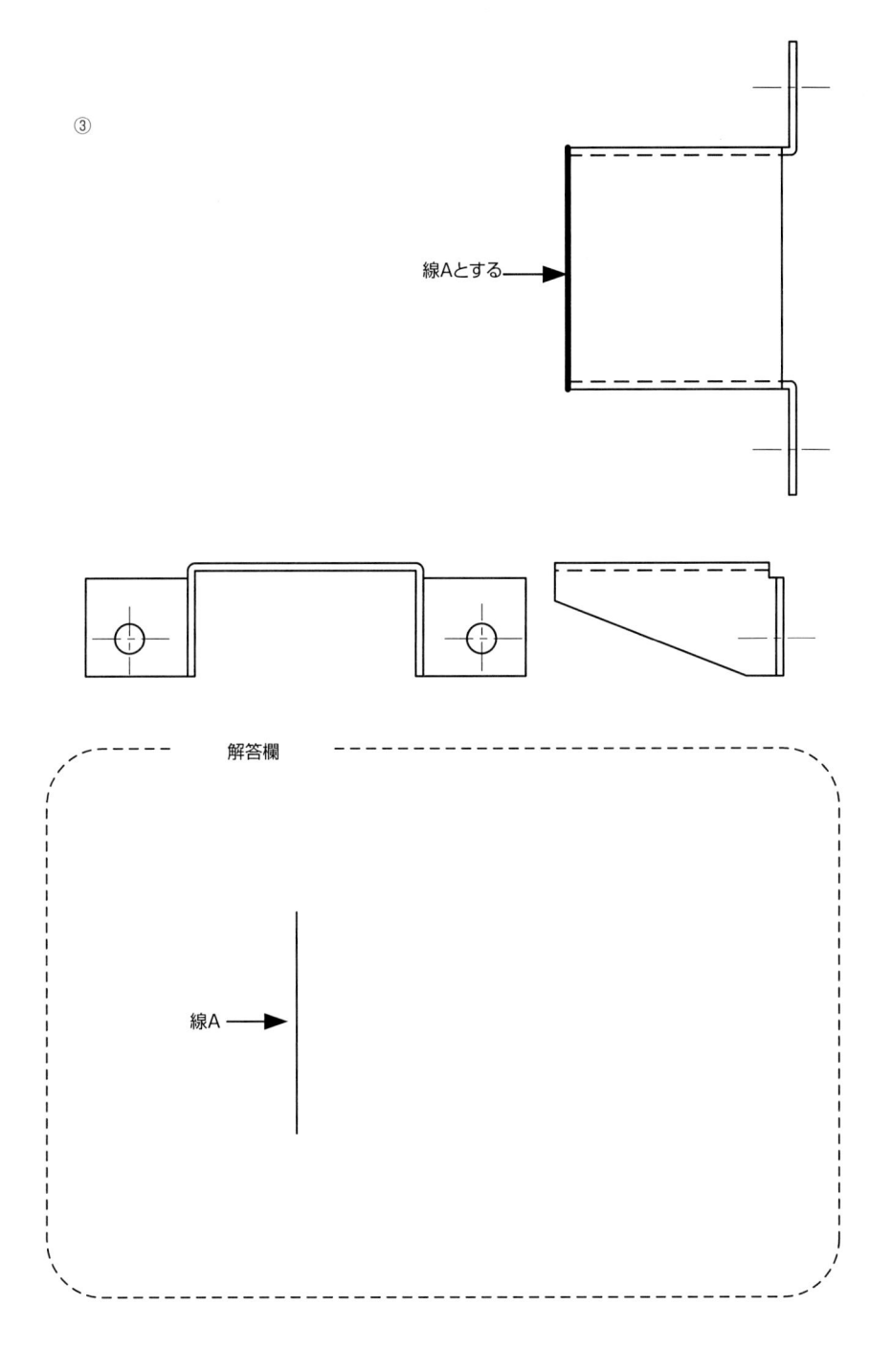

③

線Aとする →

解答欄

線A →

第7章 空間認識センス STEP1 モチアゲの基本〜常に空間を意識する!〜

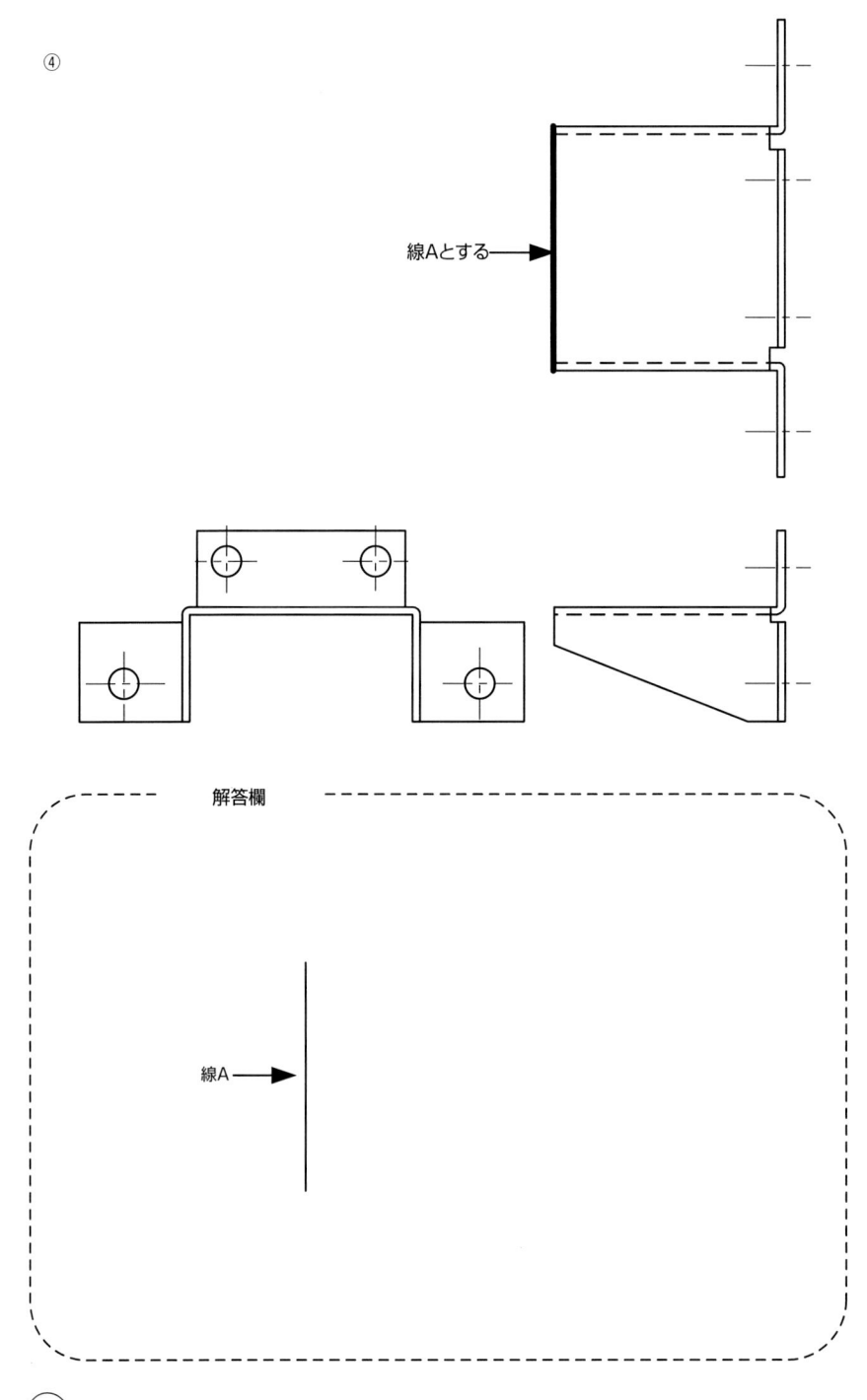

④

線Aとする→

解答欄

線A→

【演習7-9】 LEVEL 3

課題 3つの投影図で表される板金部品の展開図を記入すること。
問題 解答欄に線Aを元にして展開図をポンチ絵として記入すること。折り曲げ線には二点鎖線を、穴の中心線には一点鎖線を描き加えること。

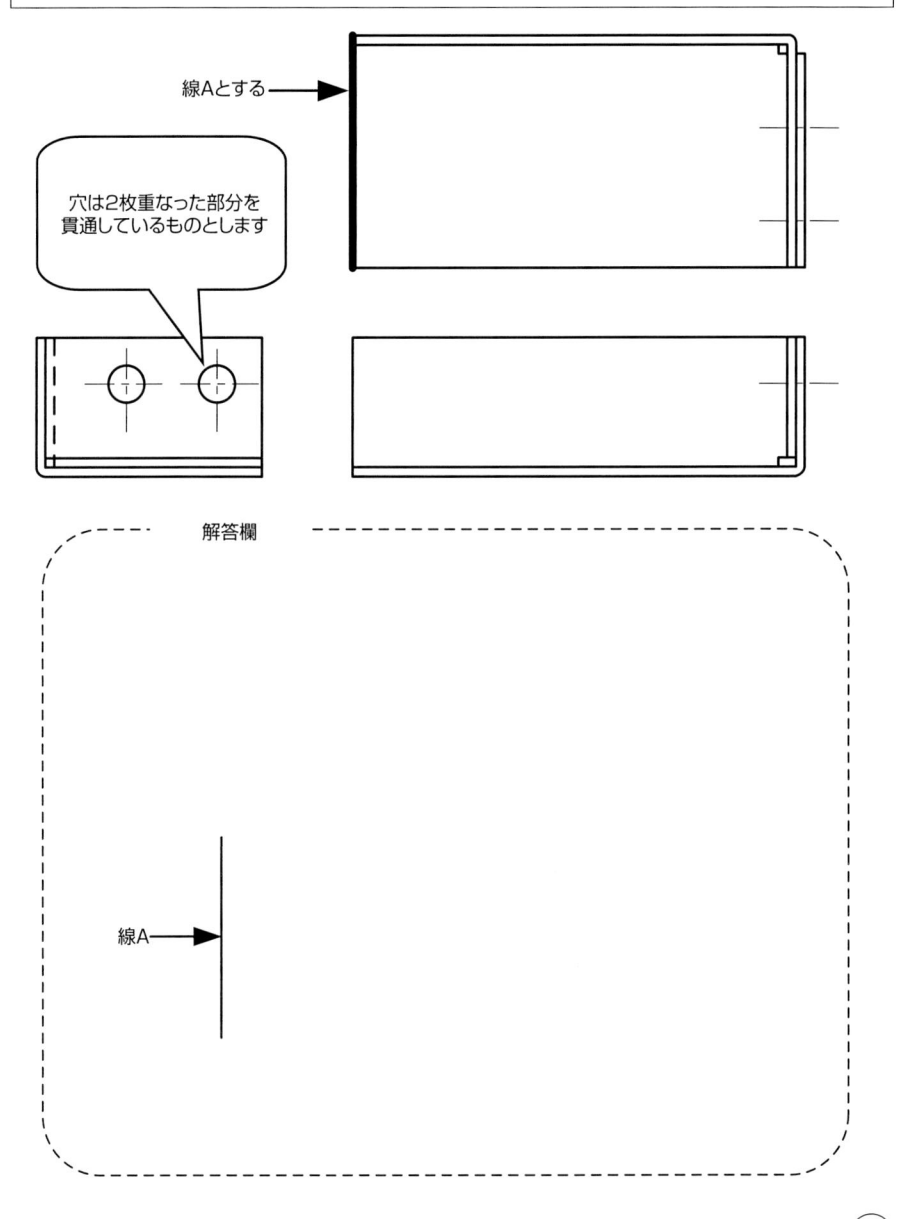

線Aとする →

穴は2枚重なった部分を貫通しているものとします

解答欄

線A →

第7章 空間認識センス STEP1 モチアゲの基本〜常に空間を意識する!〜

先輩エンジニアがアドバイスする　解答のページ

【演習7-1】
一番下にあるカードは $\boxed{B}$
グレーの図形は下から $\boxed{3}$ 枚目

【演習7-2】

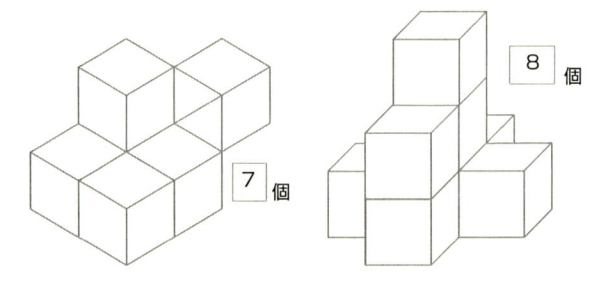

$\boxed{7}$ 個

$\boxed{8}$ 個

【演習7-3】

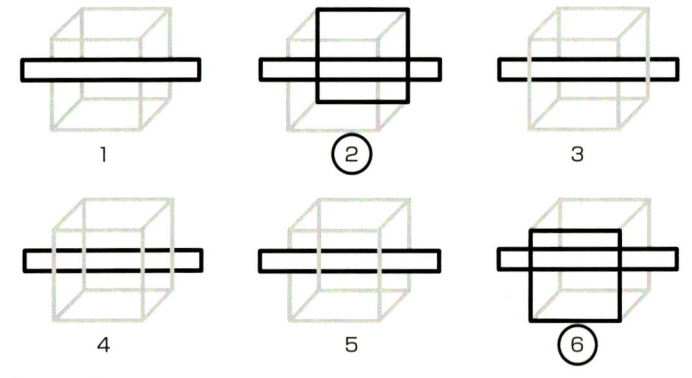

1　②　3
4　5　⑥

【演習7-4】

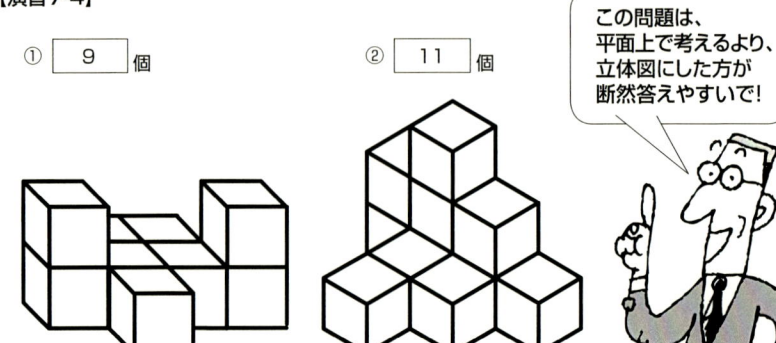

① $\boxed{9}$ 個　　② $\boxed{11}$ 個

> この問題は、平面上で考えるより、立体図にした方が断然答えやすいで!

【演習7-5】

①机の真上から見た汽車をA方向に90°転がした状態の投影図………… 3
②机の真上から見た汽車をB方向に90°転がした状態の投影図………… 1
③机の真上から見た汽車をC方向に90°転がした状態の投影図………… 5
④机の真上から見た汽車をD方向に90°転がした状態の投影図………… 4
⑤机の真上から見た汽車をA方向に180°転がした状態の投影図………… 2

【演習7-6】

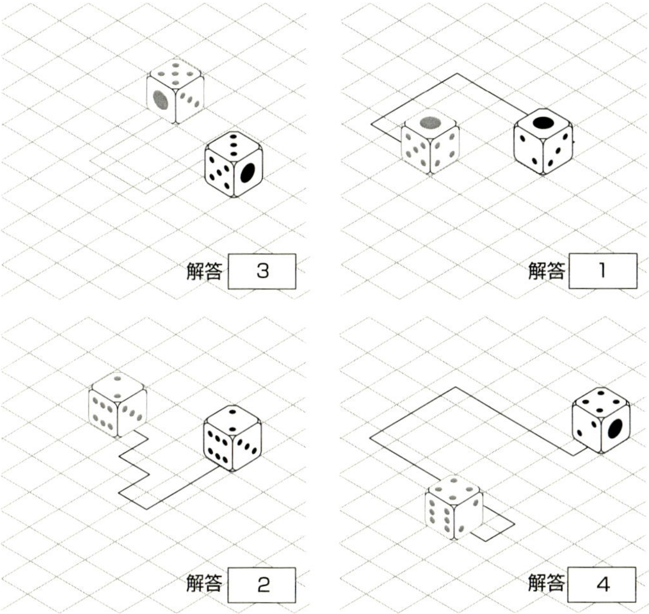

解答 3

解答 1

解答 2

解答 4

> さいころの目の変化を描きとめるという地道で面倒くさい作業は、設計作業に通じるものがあるねん!

【演習7-7】

1　②　3
4　5　⑥
7　8　9

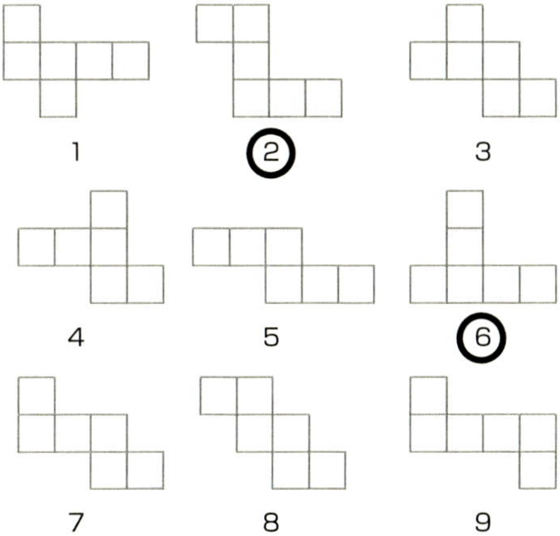

【演習7-8】

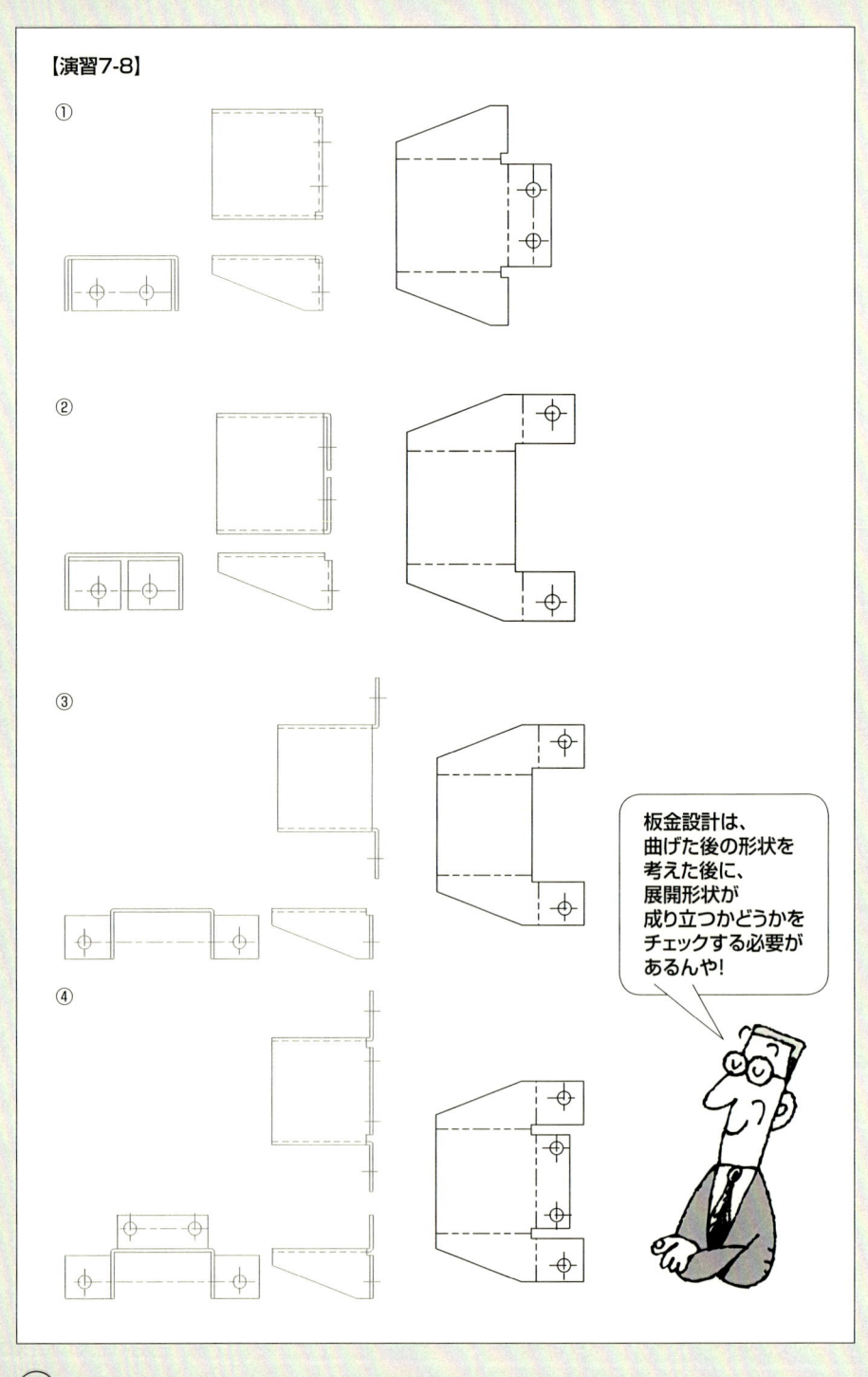

①
②
③
④

板金設計は、曲げた後の形状を考えた後に、展開形状が成り立つかどうかをチェックする必要があるんや！

【演習7-9】

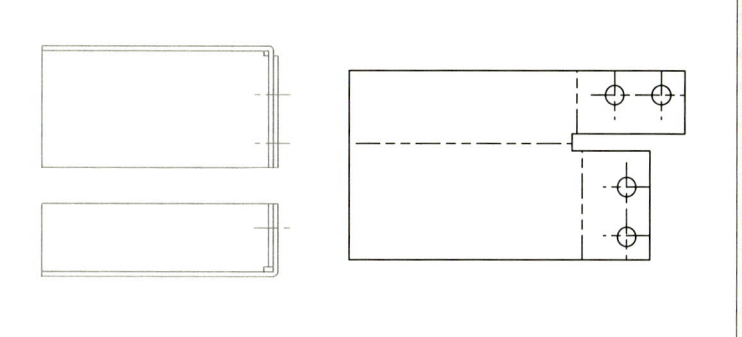

■D(￣ー￣*)コーヒーブレイク

板金部品を見て慣れ、考える

ホームセンターのパーツ売り場に行くと、日曜大工で使う板金部品が販売されています。曲がった部品を見て、どんな展開形状になるかイメージトレーニングすることも大切です。

・戸車

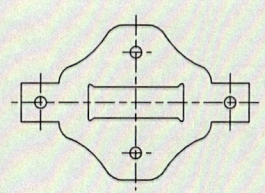

・ブラケット

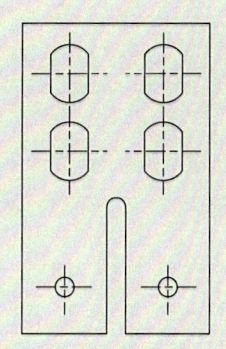

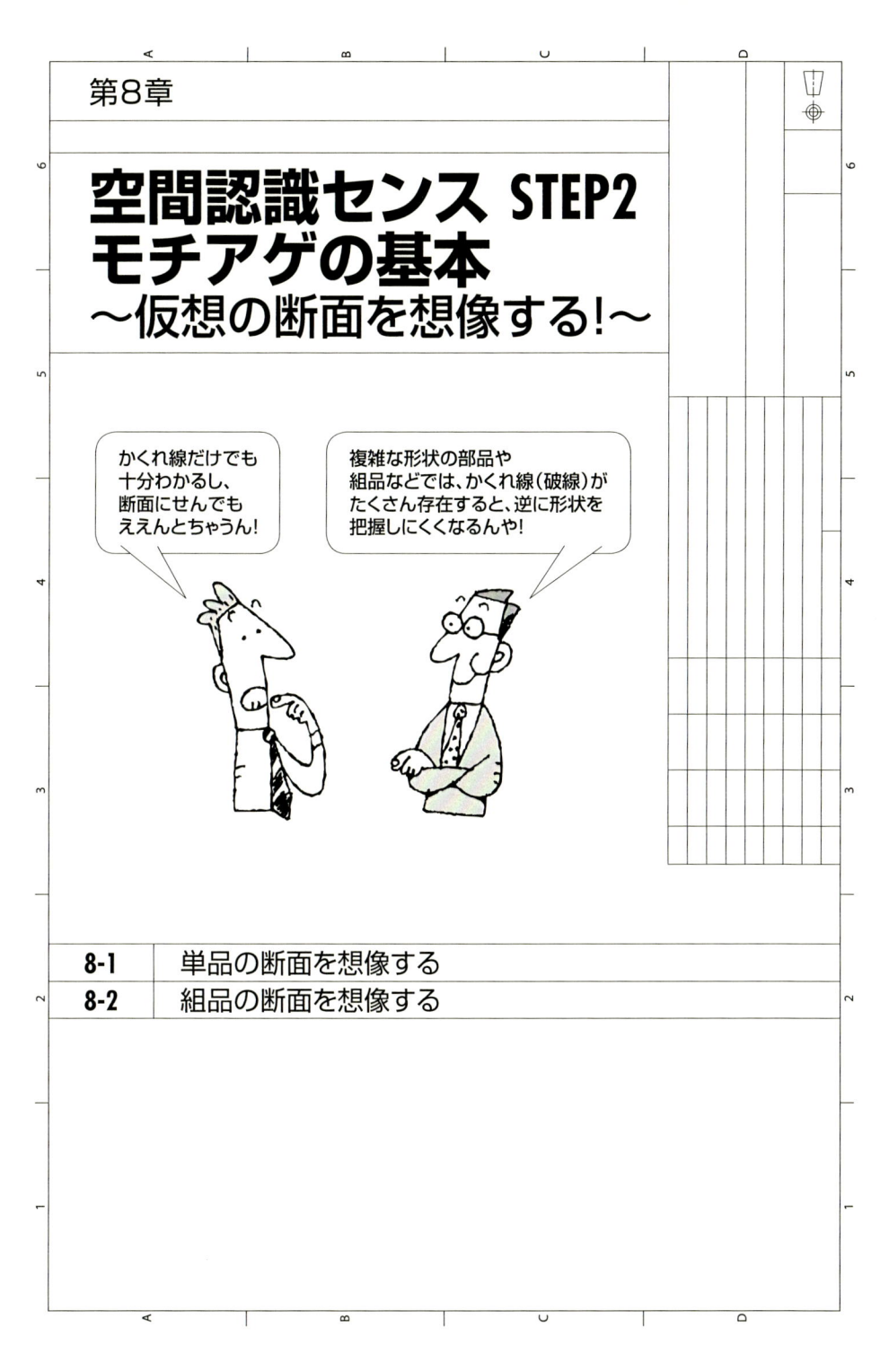

第8章

空間認識センス STEP2
モチアゲの基本
～仮想の断面を想像する!～

かくれ線だけでも十分わかるし、断面にせんでもええんとちゃうん!

複雑な形状の部品や組品などでは、かくれ線(破線)がたくさん存在すると、逆に形状を把握しにくくなるんや!

8-1	単品の断面を想像する
8-2	組品の断面を想像する

| 第8章 | 1 | # 単品の断面を想像する |

　物体をより理解しやすくするために断面図で表します。しかし断面形状は現物をカットするわけにはいかないので、頭の中で想像し、考える必要があります。まずは、**単品部品の断面図を描く**練習を行いましょう。

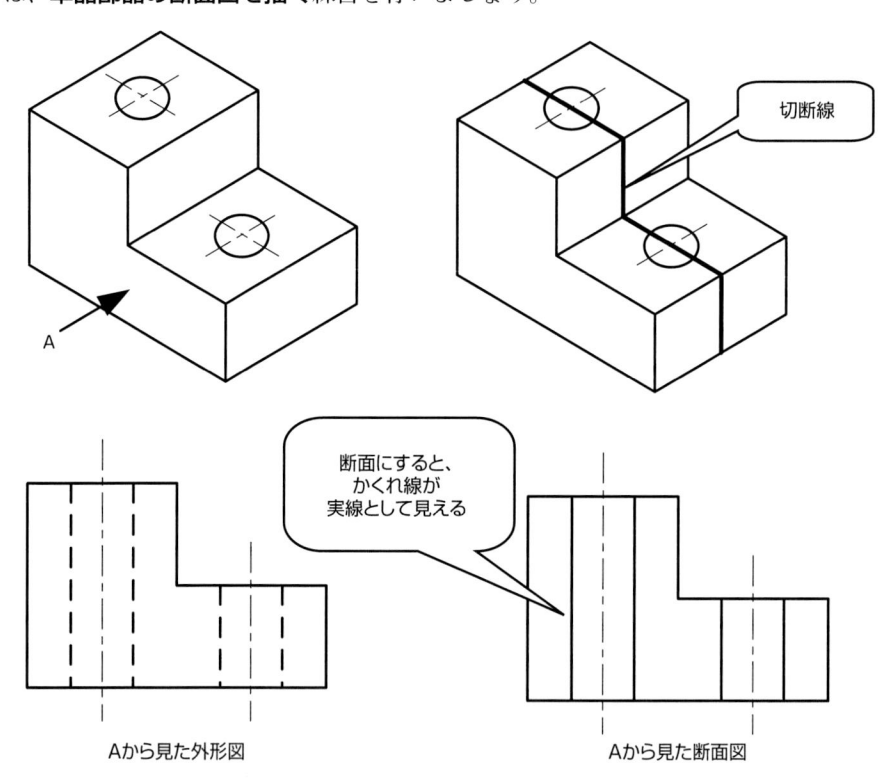

Aから見た外形図

Aから見た断面図

切断線

断面にすると、かくれ線が実線として見える

(*'ｪ'*)ﾉ　勘どころ

断面図で最初に間違えるのが穴を半分に切った時に途中で線が切れることです。
しかし、その奥に半円が残っているので、線がつながらないといけないのです。

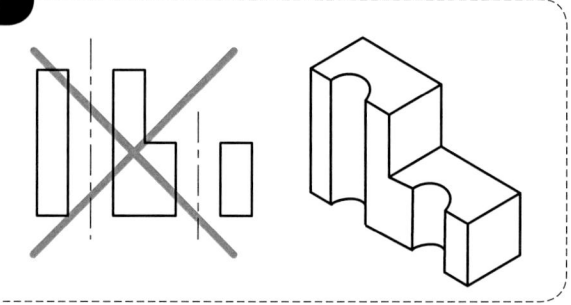

■D(￣ー￣*)コーヒーブレイク

構造を見やすくするカットモデル

ベアリングのカットモデル

ステアリング機構(ラック&ピニオン)のカットモデル

ジャッキのカットモデル

【演習8-1】　　　　　　　　　　　　　　　　　　　　　　　　LEVEL 0

課題　垂直方向の中心線で断面にし、Aの方向から見たときの正しい断面図を選択すること。

問題　正しい断面図の番号に丸印をつけること。

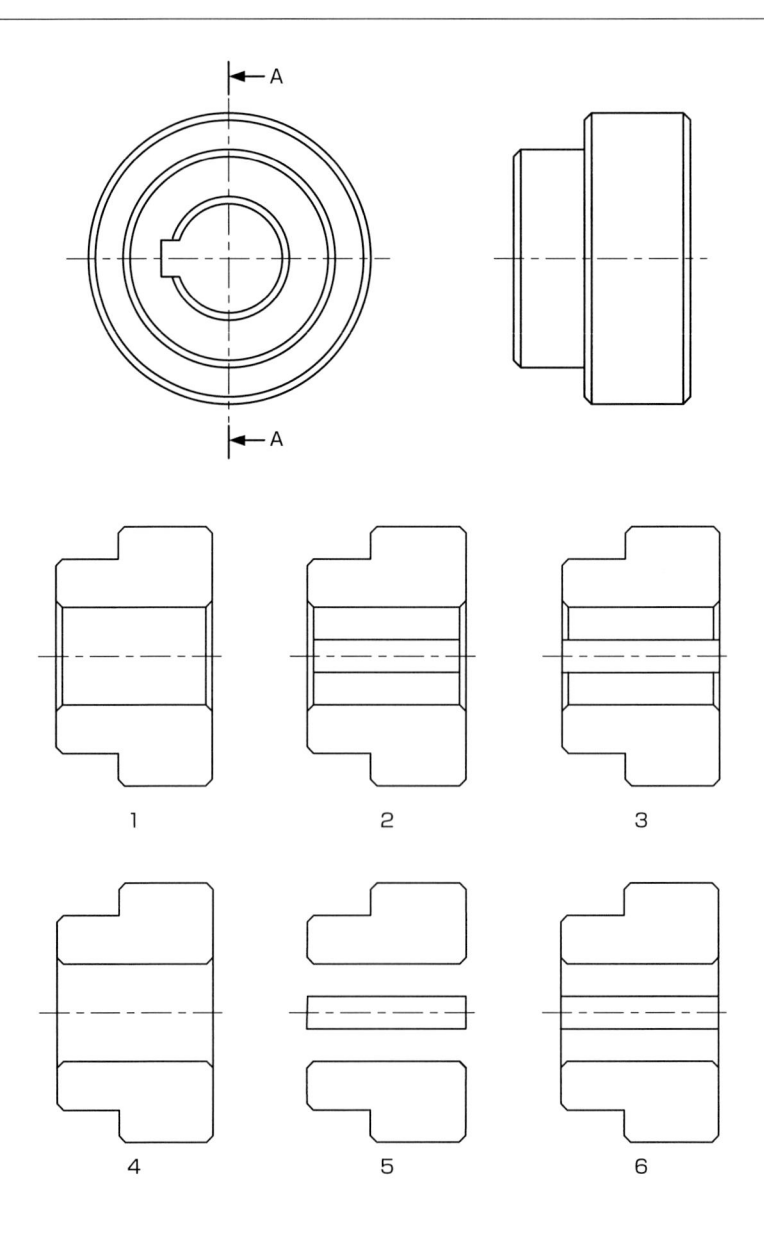

1　　　2　　　3

4　　　5　　　6

【演習8-2】　　　　　　　　　　　　　　　　　　　　　　　　LEVEL 1

課題　垂直方向の中心線で断面にし、Aの方向から見たときの断面図を記入すること。

問題　解答欄に示した外形の輪郭線に内部の断面形状を記入すること。

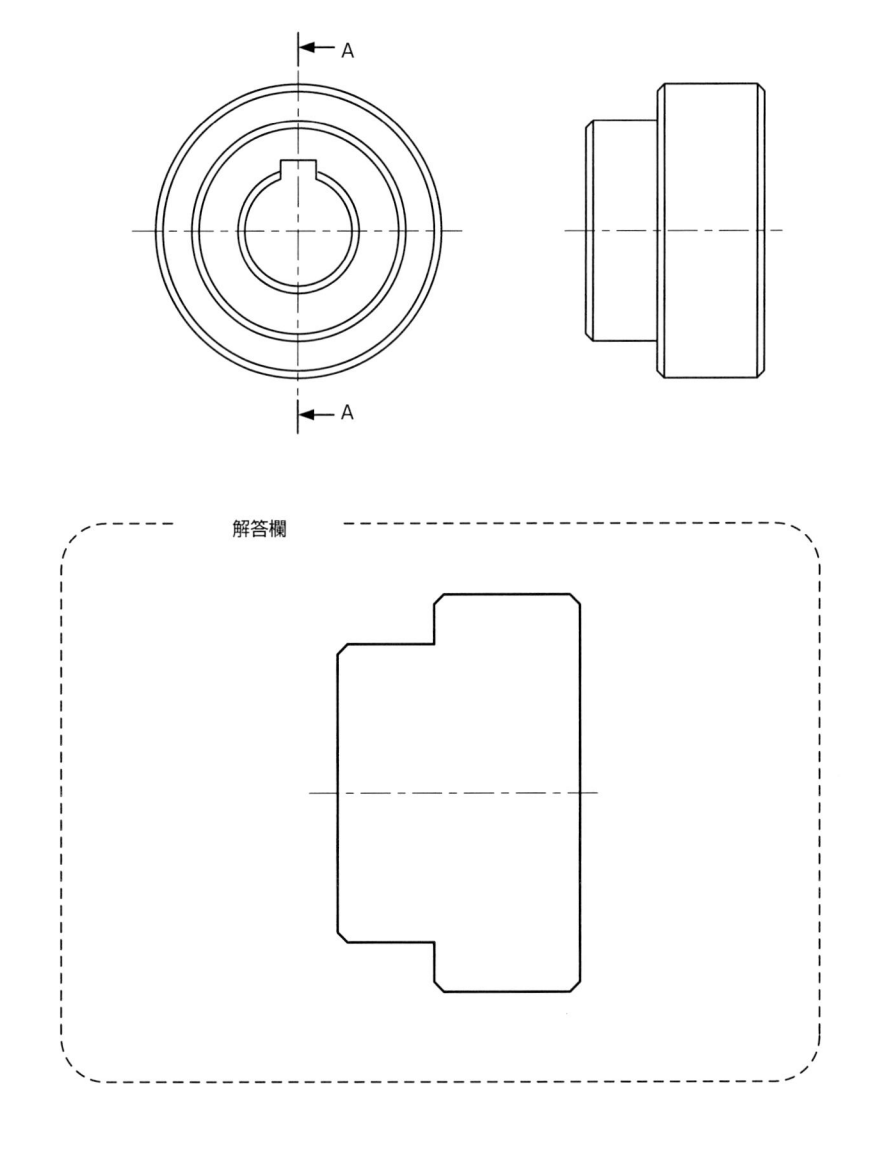

第8章　空間認識センス STEP2 モチアゲの基本〜仮想の断面を想像する!〜

第8章 2 組品の断面を想像する

　単品の断面も組品の断面も断面にすることの考え方は何も変わりません。しかし、組品は隣り合う部品との接合面を理解する必要があります。接合部の線を意識して、組品の断面形状を考えましょう。

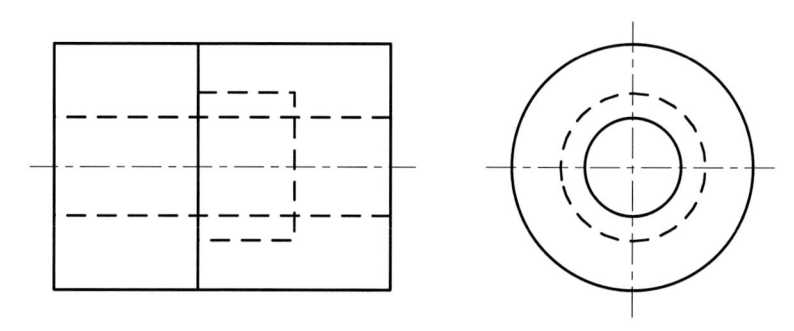

2つの部品を組み合わせた外形図

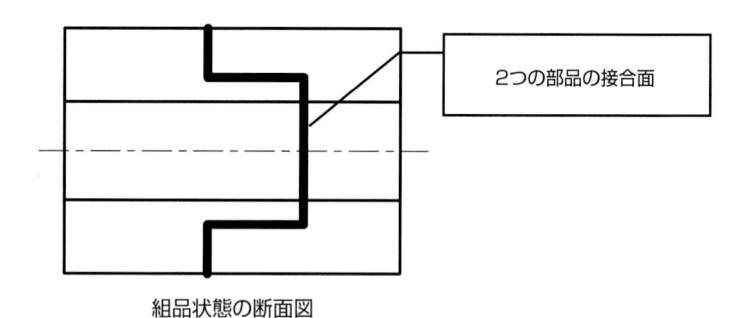

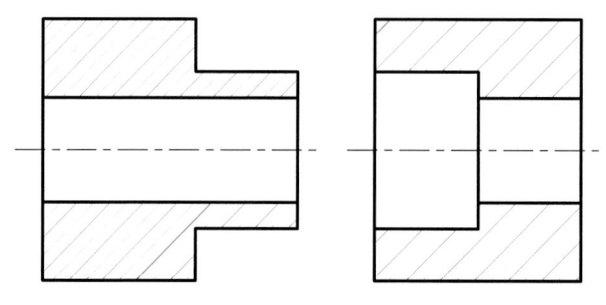

2つの部品の接合面

組品状態の断面図

組品を離して切り口にハッチングをつけた状態の断面図

【演習で使う汽車組品の参考情報】

　汽車の積み木の組立図があります。垂直に立っている全4本の軸は、ベースブロックの中央まで刺さっています。左右のタイヤはシャフトによって回転でき、シャフトはタイヤの中央まで刺さっています。

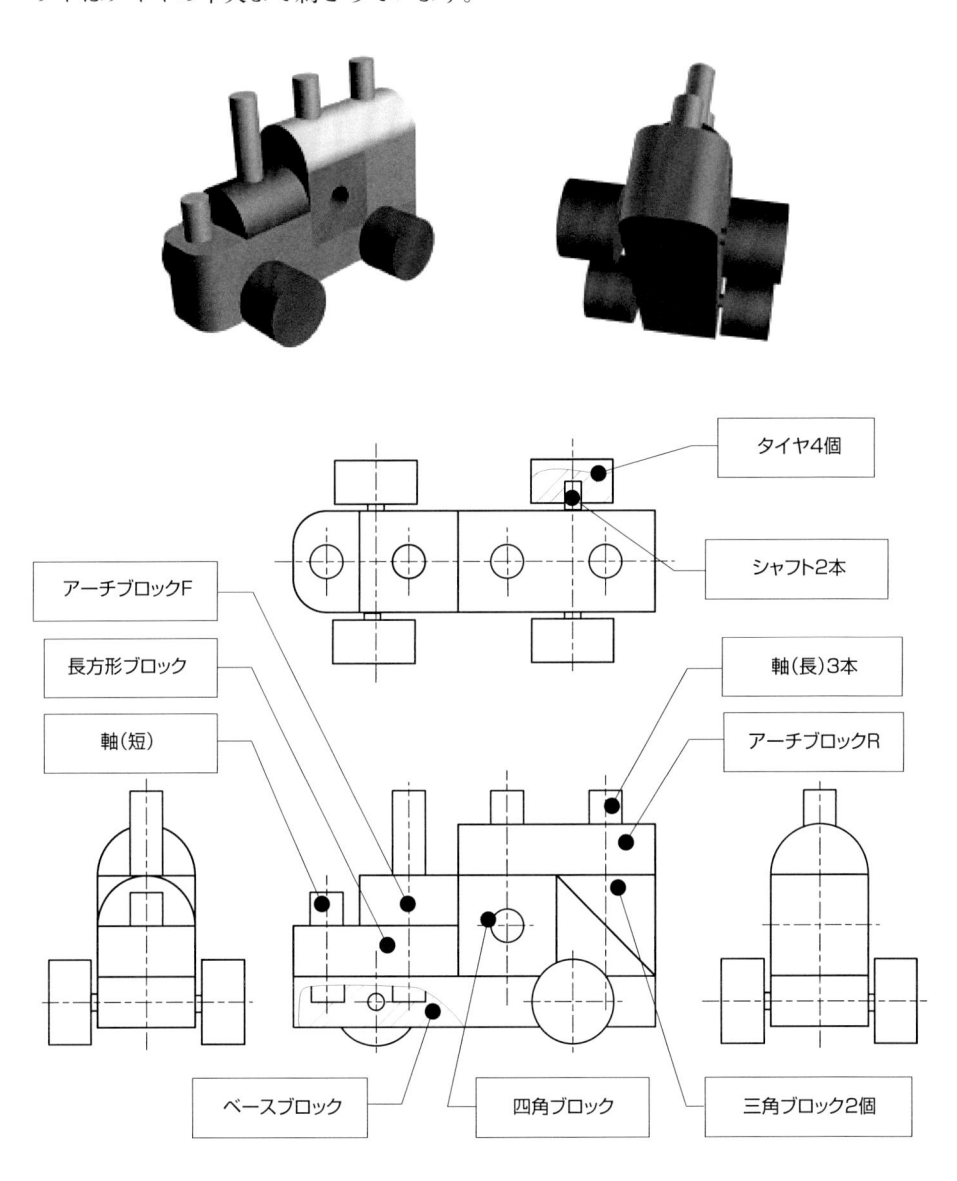

- タイヤ4個
- シャフト2本
- アーチブロックF
- 長方形ブロック
- 軸(短)
- 軸(長)3本
- アーチブロックR
- ベースブロック
- 四角ブロック
- 三角ブロック2個

【演習8-3】　　　　　　　　　　　　　　　　　　　　　　　LEVEL 2

課題 汽車組品の参考情報を元に、正面図の切断線で断面にしてAから見たときの断面図を記入すること。

問題 断面として見える図を解答欄に示した輪郭線の上からなぞること。

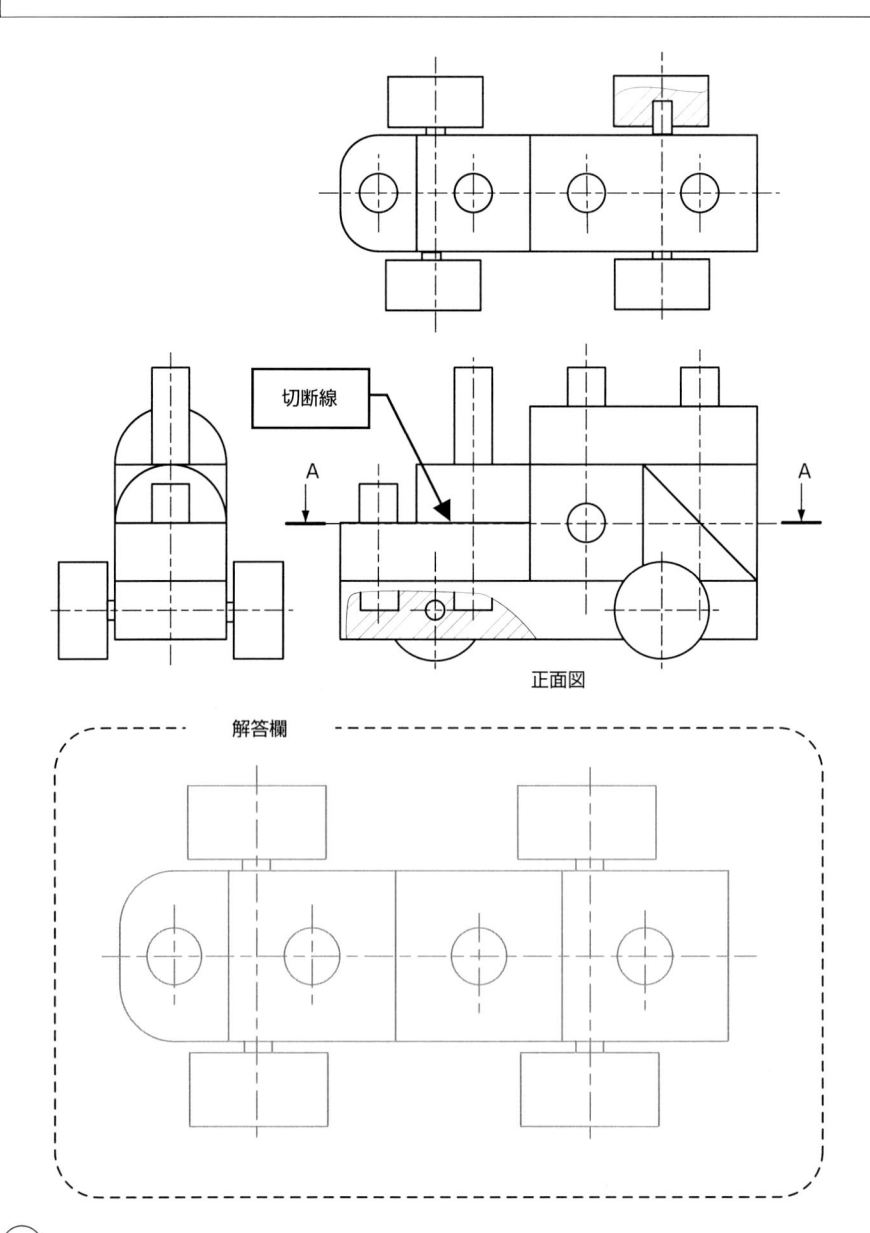

正面図

解答欄

【演習8-4】 LEVEL 2

課題 汽車組品の参考情報を元に、正面図の切断線で断面にしてBから見たときの断面図を記入すること。

問題 断面として見える図を解答欄に示した輪郭線の上からなぞること。

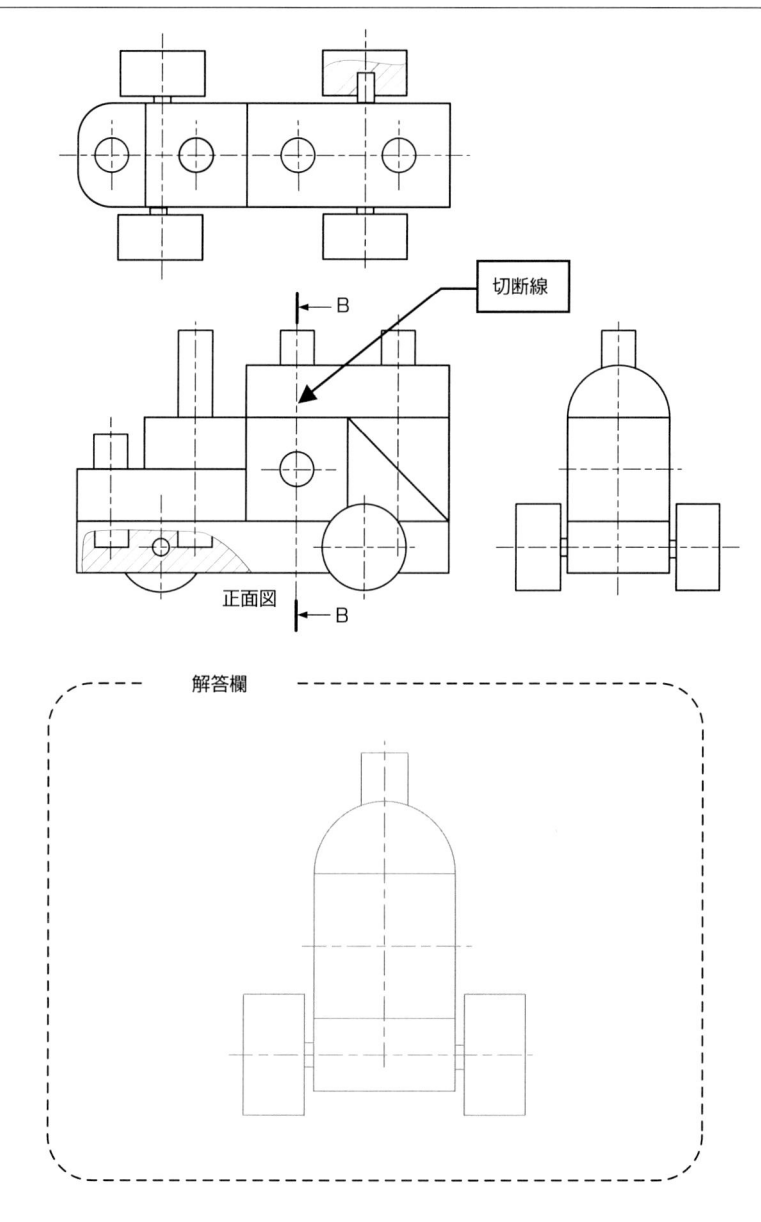

切断線

正面図

解答欄

第8章 空間認識センス STEP2 モチアゲの基本～仮想の断面を想像する!～

【演習8-5】　LEVEL 2

課題 汽車組品の参考情報を元に、左側面図の切断線で断面にしてCから見たときの断面図を記入すること。

問題 断面として見える図を解答欄に示した輪郭線の上からなぞること。

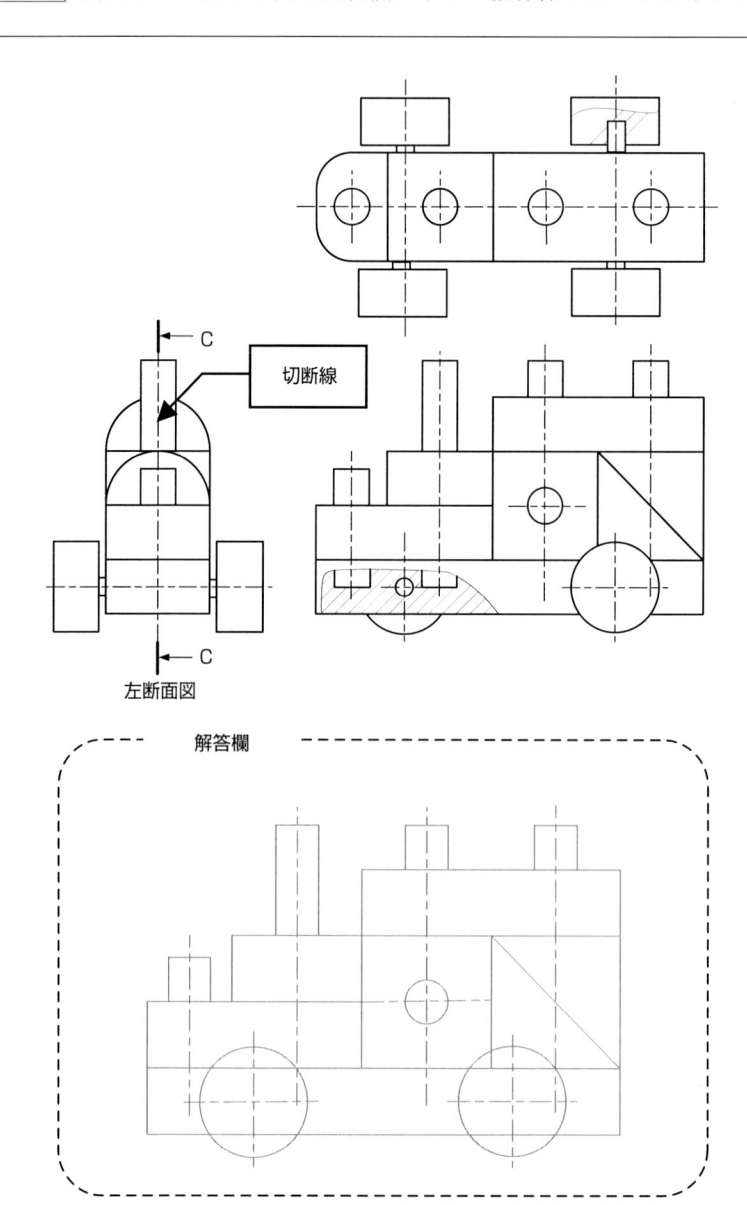

左断面図

解答欄

先輩エンジニアがアドバイスする 解答のページ

【演習8-1】

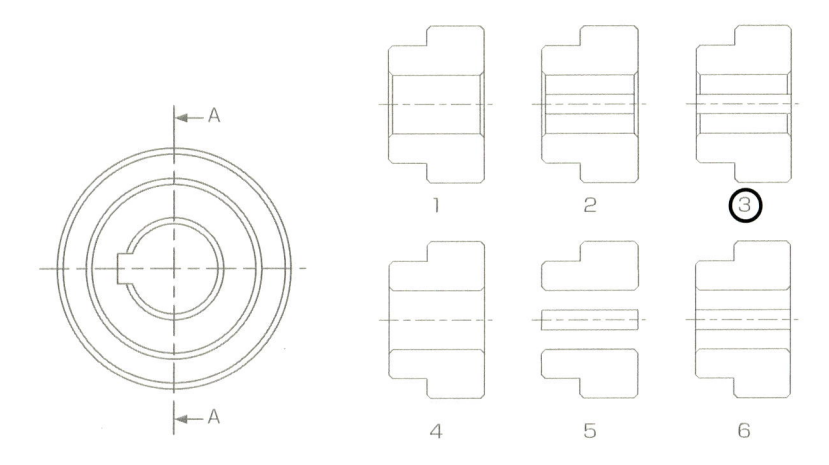

③

【演習8-2】

面取り部分の線を理解しよう!

第8章 空間認識センス STEP2 モチアゲの基本〜仮想の断面を想像する!〜

【演習8-3】

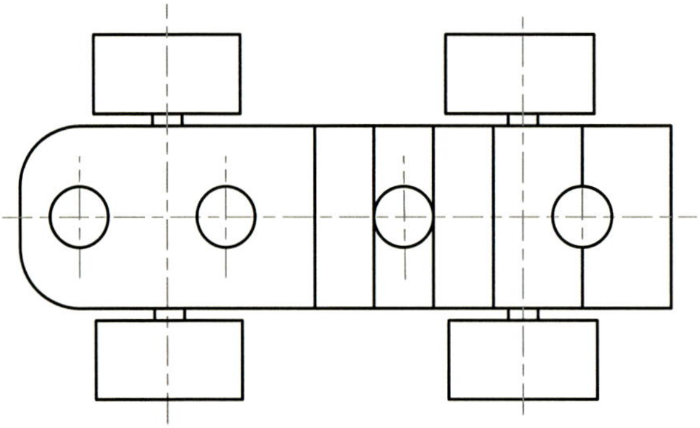

【演習8-4】

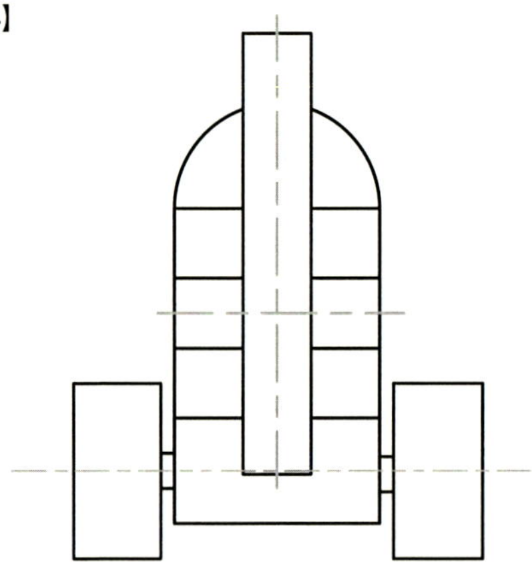

隣り合う部品の接合面の線を忘れたらアカンで！

【演習8-5】

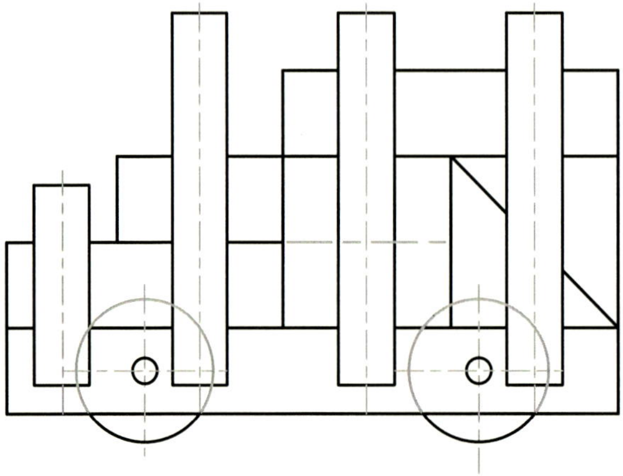

第9章

空間認識センス STEP3
モチアゲの基本
～組立図から部品を見極める！～

> 紙に白黒で印刷された組立図なんか見ても、どこからどこまでが部品か、さっぱりわからへん！

> わかりにくくても形状を類推することが、部品形状を見極めるコツなんやで！

9-1	単品と複数部品を見分ける
9-2	少ない情報の組立図から部品形状を類推する

| 第9章 | 1 | # 単品と複数部品を見分ける |

　紙に印刷された状態の図形を見て、単品なのか複数の部品が組み合わさっているのかを交差する線の状態や線の種類から判断する必要があります。まずは、単品と複数部品を見分ける練習を行いましょう。

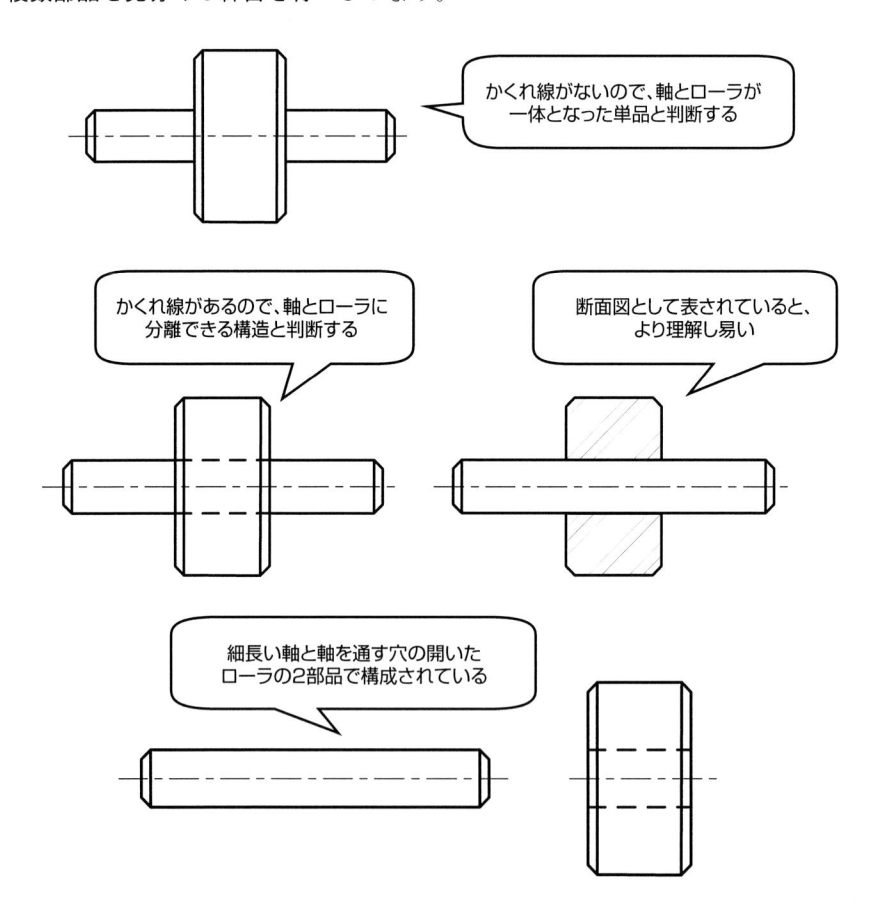

かくれ線がないので、軸とローラが一体となった単品と判断する

かくれ線があるので、軸とローラに分離できる構造と判断する

断面図として表されていると、より理解し易い

細長い軸と軸を通す穴の開いたローラの2部品で構成されている

(*'ェ'*)ノ　勘どころ

外形として見た投影図の場合は、かくれ線が重要な役割を持ちます。単品形状として裏側に存在する形状なのか、違う部品の形状なのかを総合的に判断します。複数部品が存在する場合、理解しやすくなるので断面図が多用されます。実線の分岐点を確認し、ある程度形状を想像しながら把握していきます。

■D(ｰ＊)コーヒーブレイク

断面図の注意すべきルール

部品を断面図にする場合、切断しても意味のないもの（軸、ピン、ボルト、ナット、ワッシャー、キー、リブなど）は、長手方向に断面にしません。

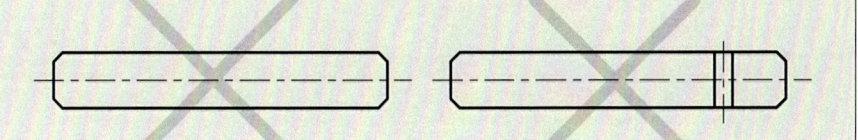

中実軸は断面にしても意味がない

穴があるが、長手方向に断面にしない

短手方向に断面にすることは可

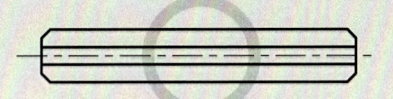

パイプ形状の場合は断面にして可

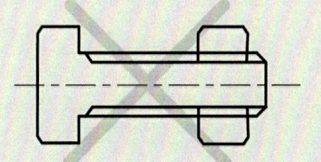

ボルト・ナットは断面にしても意味がない

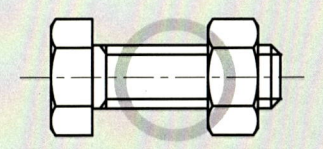

ボルト・ナットは断面図でも外形で描く

ねじの表し方

ねじは、写真のように表面がらせん状の三角形状をしていますが、図面に描く場合はこの三角形状は描かずに、2本の線に簡略して表します。

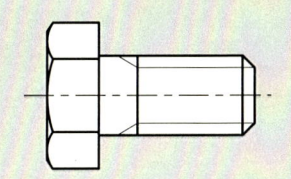

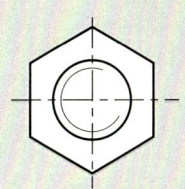

組品図から単品形状を表す方法

部品Xと部品Yの矢印の先端部から、一筆描きのように色ペンで色を塗って形状を浮かび上がらせます。他の部品に隠された形状は、類推して形状線を描きましょう。

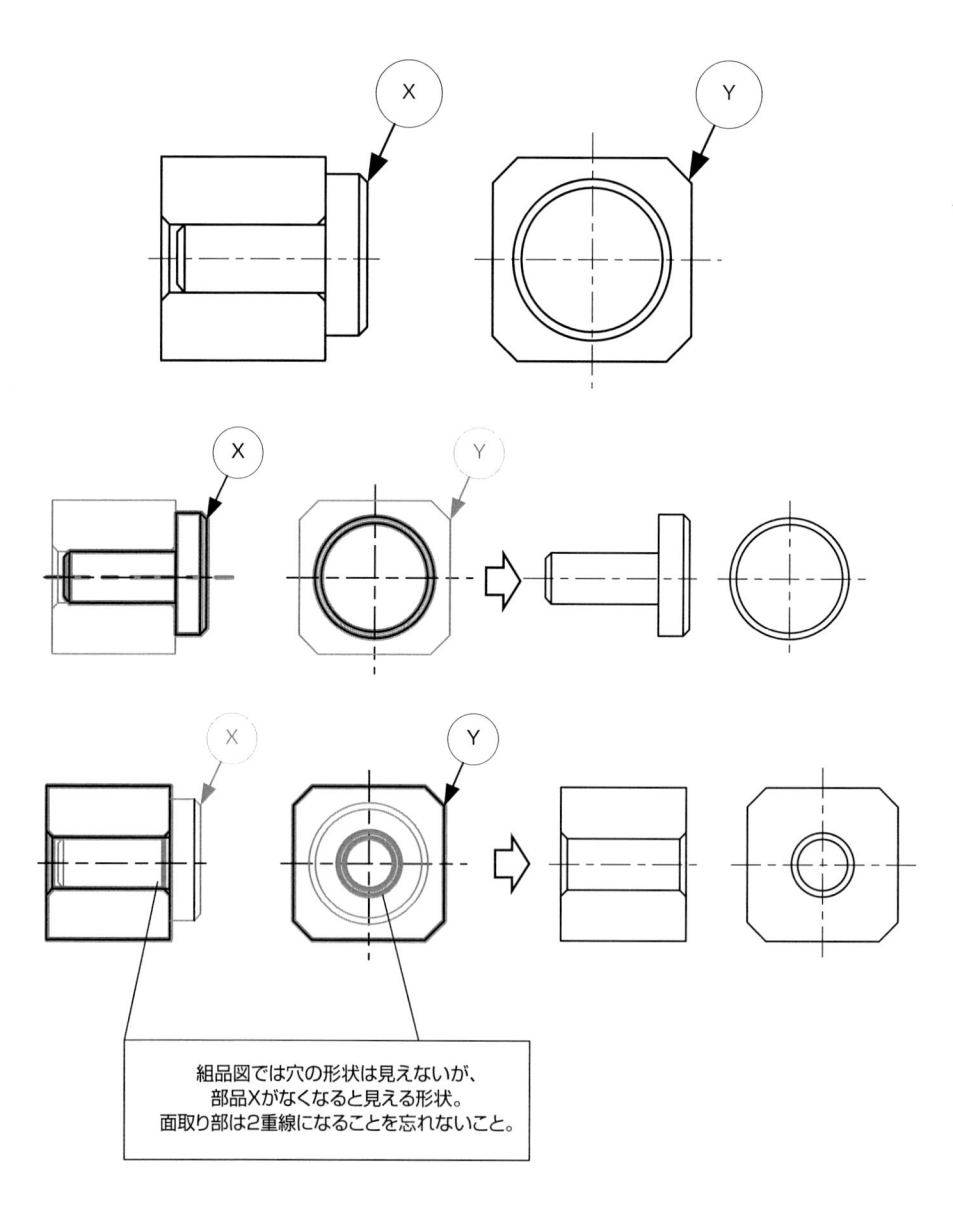

組品図では穴の形状は見えないが、部品Xがなくなると見える形状。
面取り部は2重線になることを忘れないこと。

【演習9-1】 LEVEL 2

課題 正面図が断面図で表された組品図から部品Aの形状を描くこと。

問題 断面図は断面のまま、外形図は外形のままとし、他の部品に隠された形状は類推し、解答欄の3つの投影図を上からなぞること。

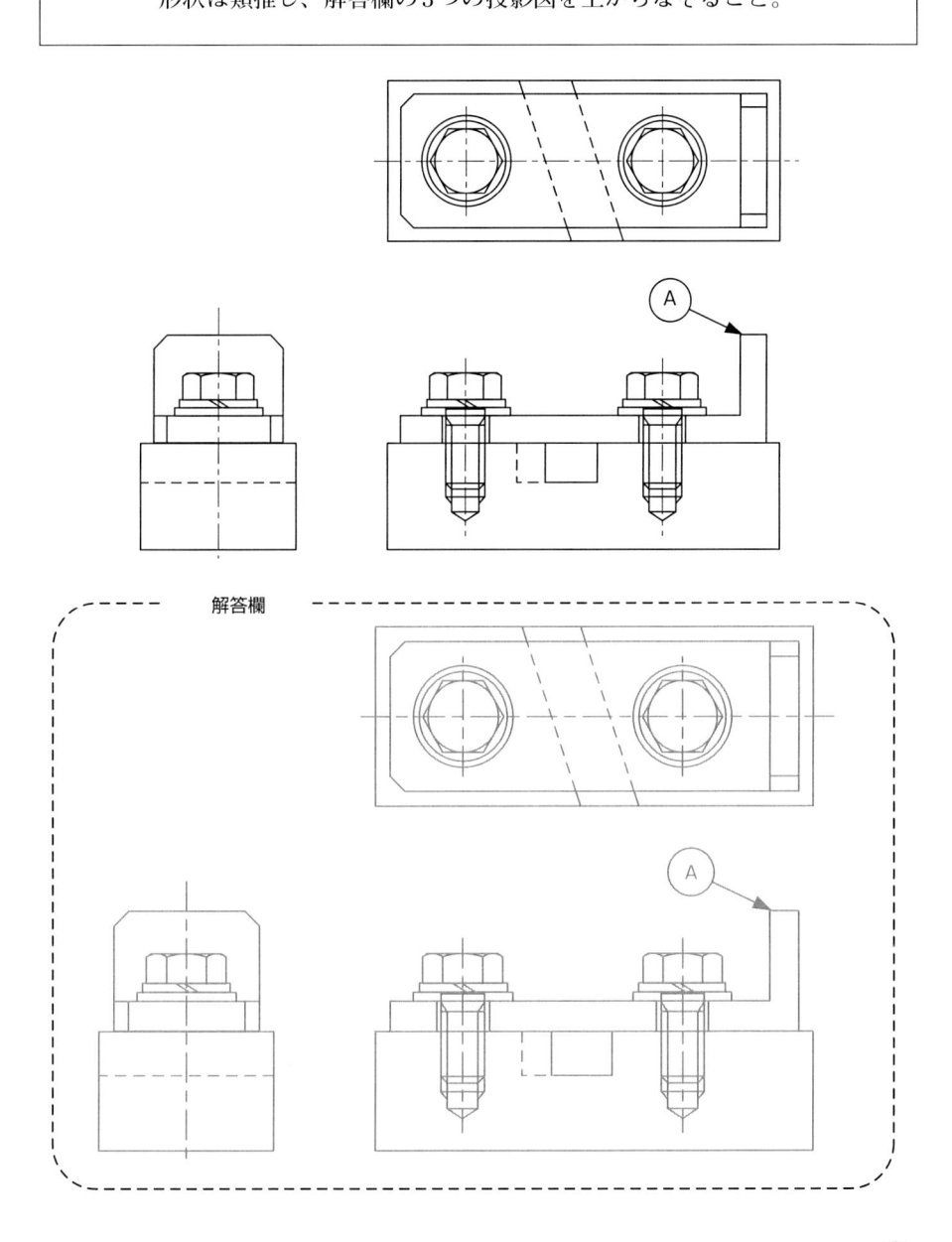

解答欄

第9章 空間認識センス STEP3 モチアゲの基本〜組立図から部品を見極める!〜

【演習9-2】　LEVEL 2

課題 正面図が断面図で表された組品図から部品Bの形状を描くこと。

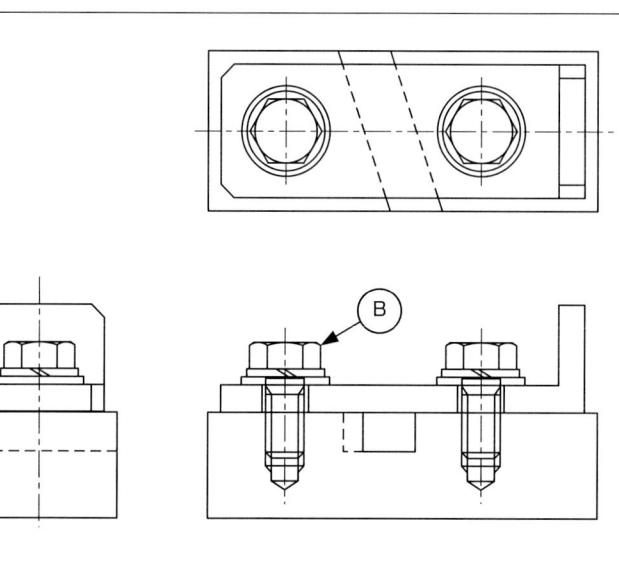

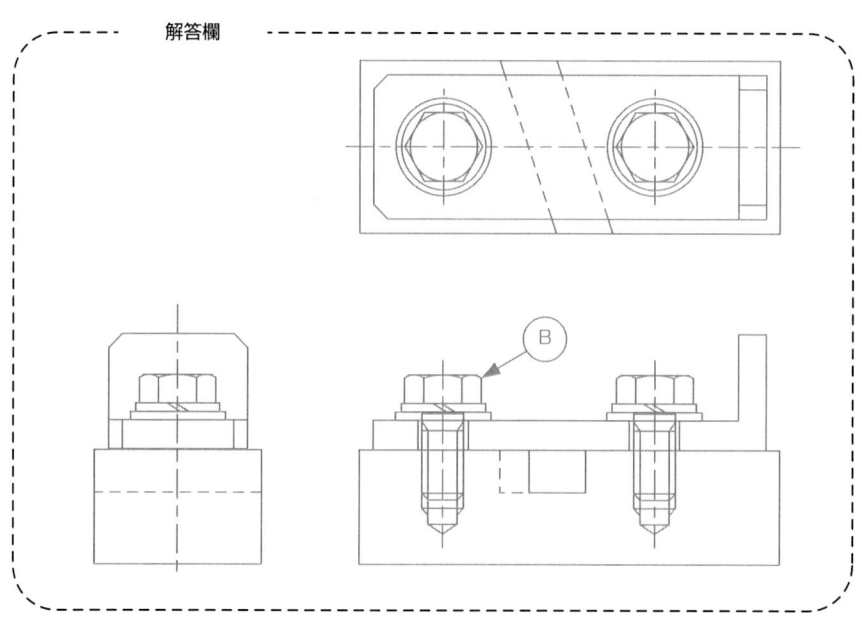

問題 断面図は断面のまま、外形図は外形のままとし、他の部品に隠された形状は類推し、解答欄の3つの投影図を上からなぞること。

解答欄

【演習9-3】 LEVEL 2

課題 正面図が断面図で表された組品図から部品Cの形状を描くこと。

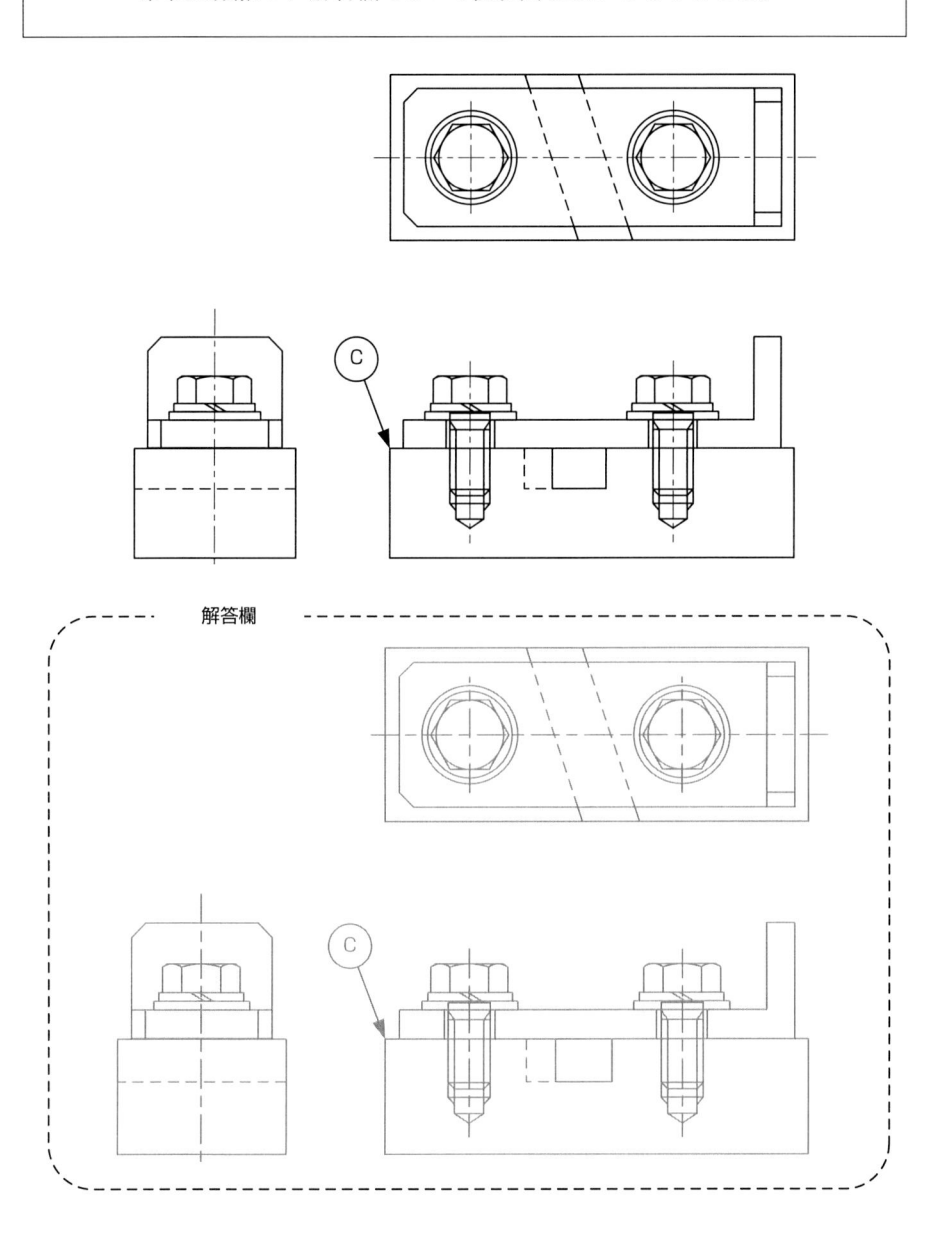

問題 断面図は断面のまま、外形図は外形のままとし、他の部品に隠された形状は類推し、解答欄の3つの投影図を上からなぞること。

解答欄

第9章 空間認識センス STEP3 モチアゲの基本〜組立図から部品を見極める!〜

【演習9-4】 LEVEL 2

課題 部品①～⑤で構成される組品があり、右側面図を断面図で示している。この組品図から部品②の形状を描くこと。

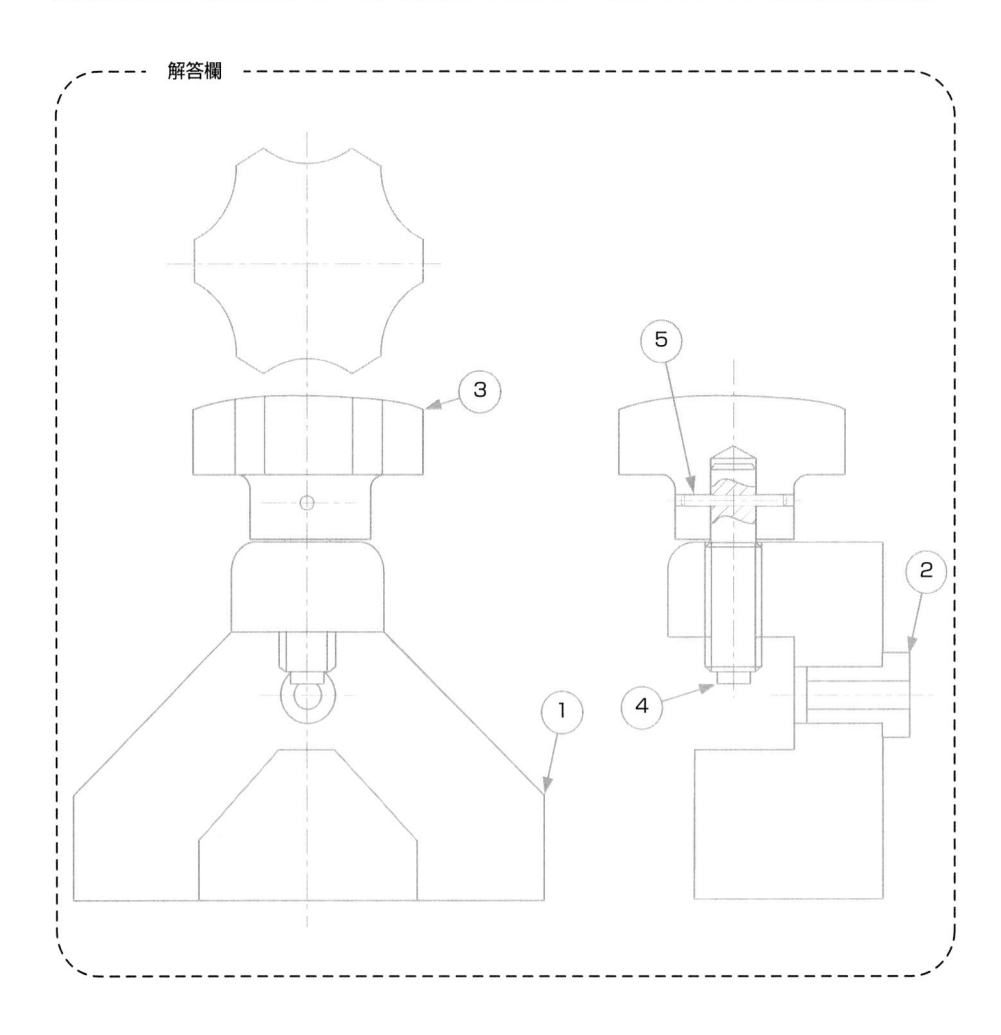

問題 断面図は断面のまま、外形図は外形のままとし、他の部品に隠された形状は類推し、解答欄の投影図を上からなぞること。

解答欄

【演習9-5】 LEVEL 3

課題 部品①〜⑤で構成される組品があり、右側面図を断面図で示している。この組品図から部品①の形状を描くこと。

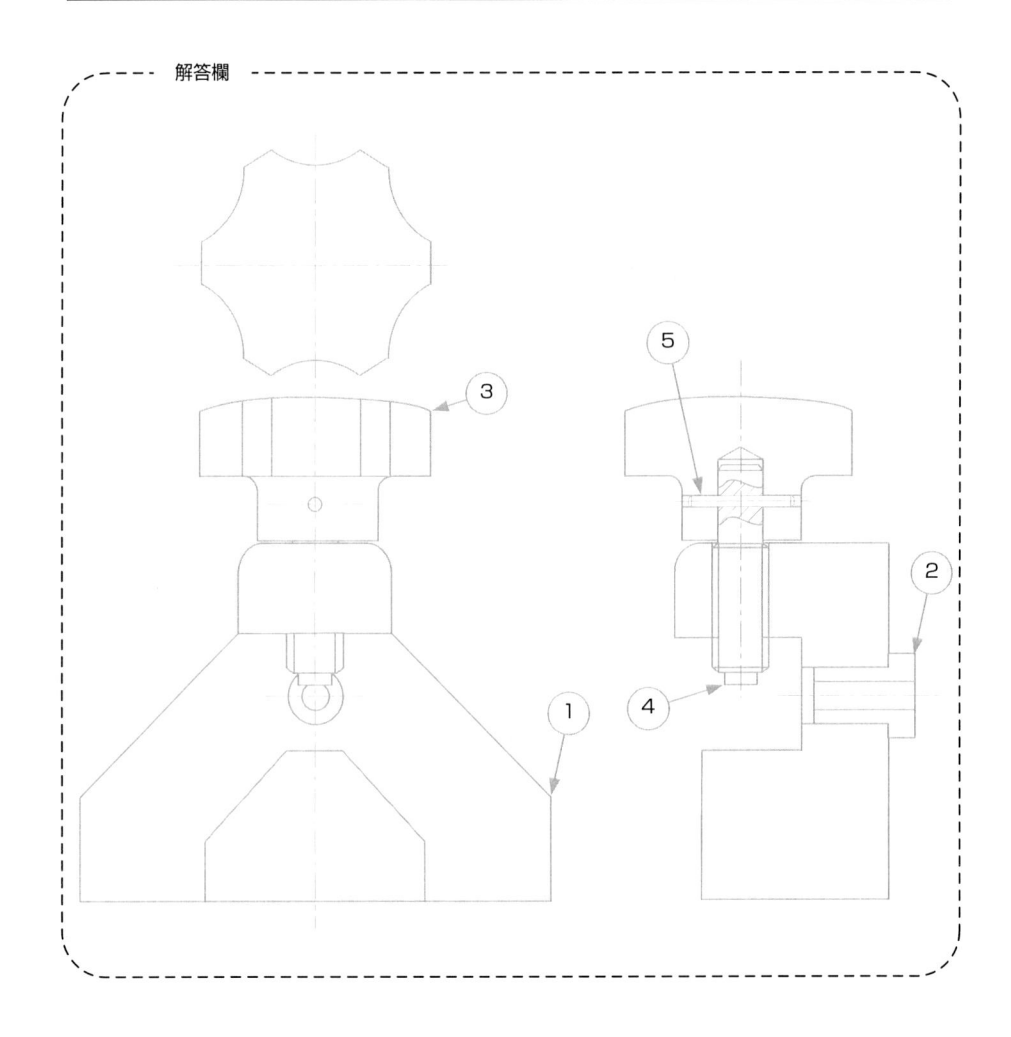

問題 断面図は断面のまま、外形図は外形のままとし、他の部品に隠された形状は類推し、解答欄の投影図を上からなぞること。

解答欄

第9章 空間認識センス STEP3 モチアゲの基本〜組立図から部品を見極める!〜

【演習9-6】 LEVEL 3

課題 部品①〜⑤で構成される組品があり、右側面図を断面図で示している。この組品図から部品③の形状を描くこと。

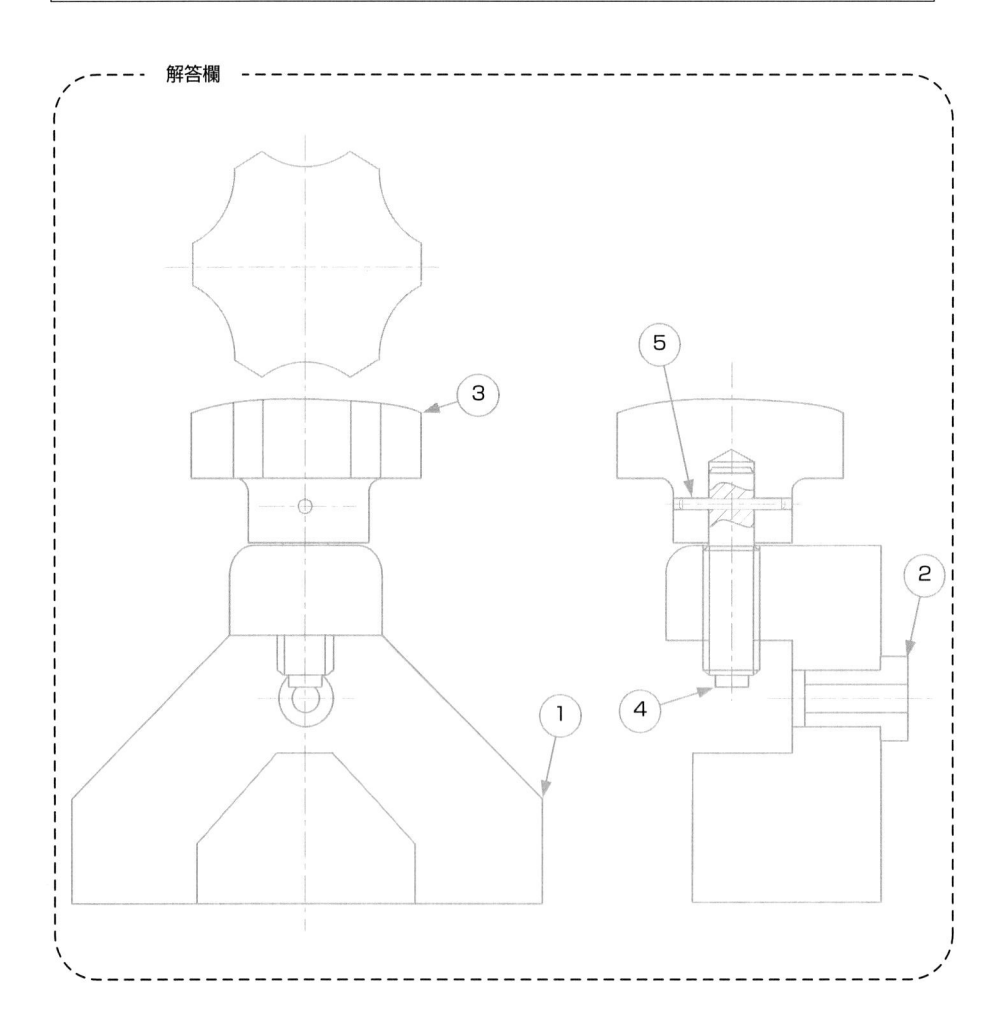

問題 断面図は断面のまま、外形図は外形のままとし、他の部品に隠された形状は類推し、解答欄の投影図を上からなぞること。

解答欄

【演習9-7】　LEVEL 3

課題 部品①〜⑤で構成される組品があり、右側面図を断面図で示している。この組品図から部品④の形状を描くこと。

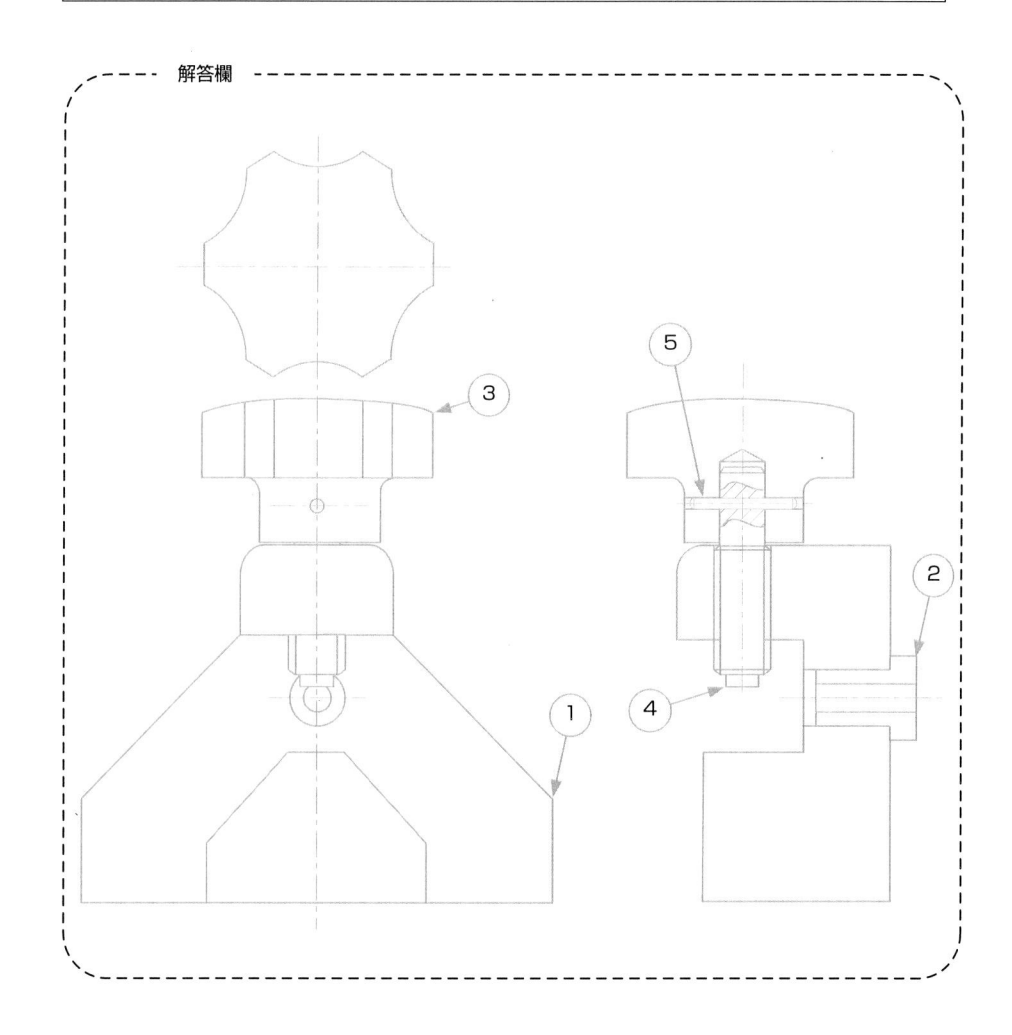

問題 断面図は断面のまま、外形図は外形のままとし、他の部品に隠された形状は類推し、解答欄の投影図を上からなぞること。

解答欄

第9章　空間認識センス STEP3 モチアゲの基本〜組立図から部品を見極める！〜

【演習9-8】　LEVEL 4

課題　部品①〜⑤で構成される組品があり、正面図は中心線から上半分を外形図で、中心線から下半分を断面図で示している。この組品図から部品①の形状を描くこと。

問題　部品①の正面図は全断面図（全て断面で表した投影図）とし、左側面は外形のままとし、他の部品に隠された形状は類推し、解答欄の投影図を上からなぞること。

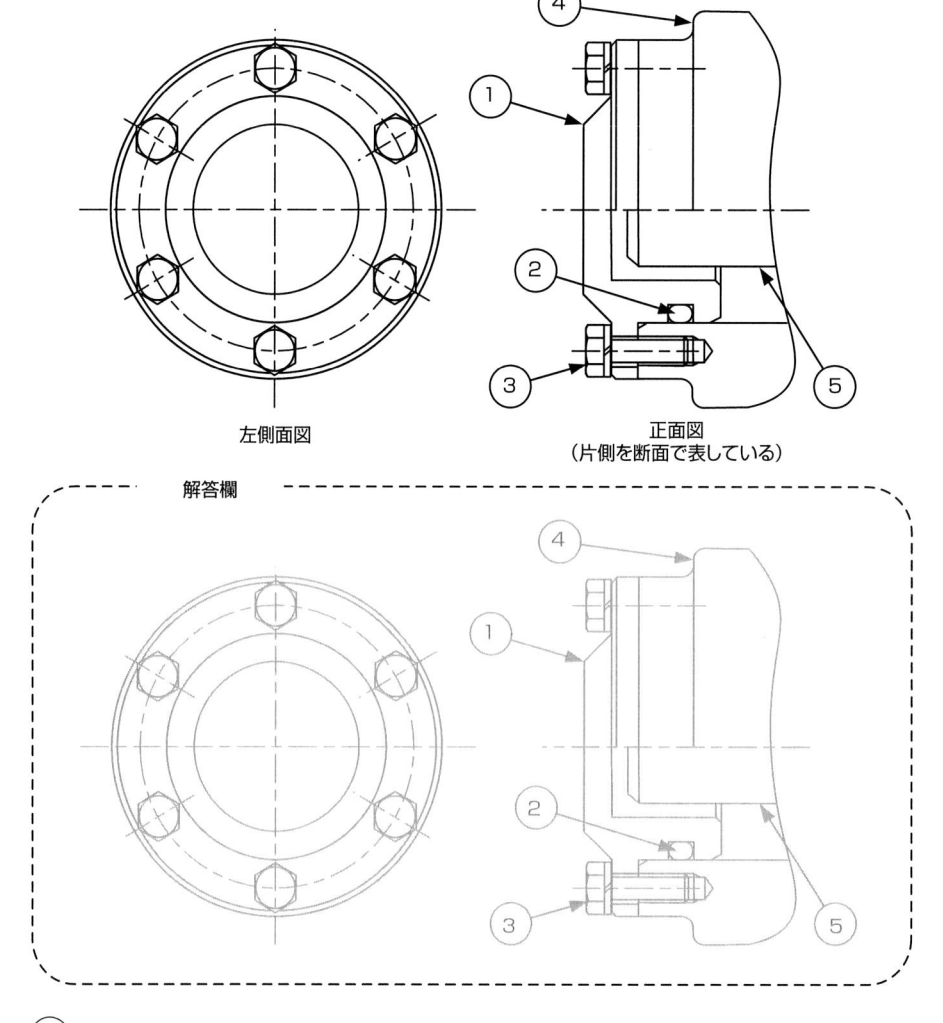

左側面図

正面図
（片側を断面で表している）

解答欄

第9章 2 少ない情報の組立図から部品形状を類推する

　組品図では、様々な部品に形状が隠されてしまうため、ある程度、常識の範囲で形状を類推する必要があります。ここでは、**明らかに足りない情報から部品形状を類推する**練習をしましょう。

　軸の正面図があります。右側面図を類推してください。

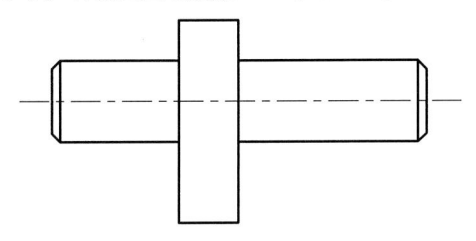

　右側面図として、次のような形状が考えられます。

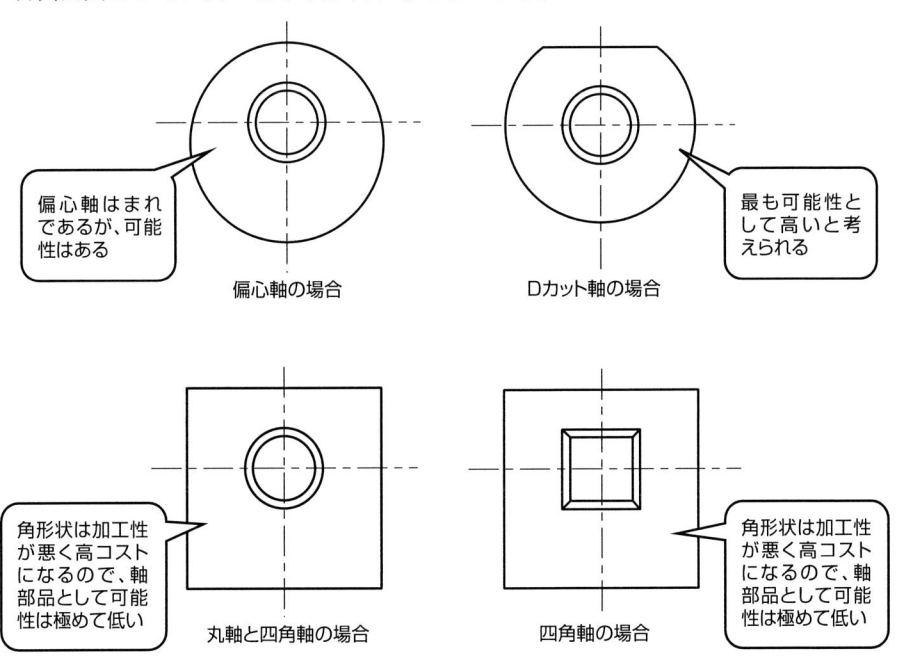

偏心軸はまれであるが、可能性はある

偏心軸の場合

最も可能性として高いと考えられる

Dカット軸の場合

角形状は加工性が悪く高コストになるので、軸部品として可能性は極めて低い

丸軸と四角軸の場合

角形状は加工性が悪く高コストになるので、軸部品として可能性は極めて低い

四角軸の場合

【演習9-9】 LEVEL 3

課題 組品図を断面で表した正面図のみがある。この組品図から部品①の形状を類推して描くこと。

問題 解答欄の正面図に部品①を外形線としてなぞり、類推した右側面図の外形図を右側にポンチ絵として記入すること。

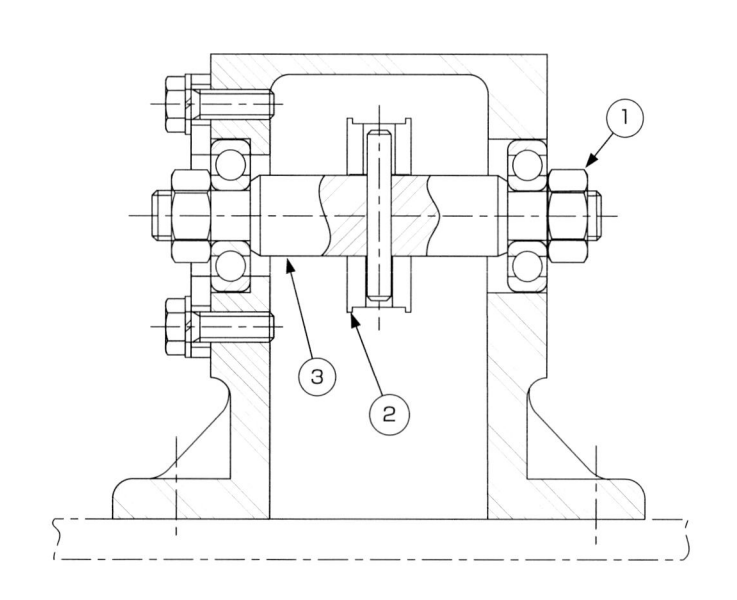

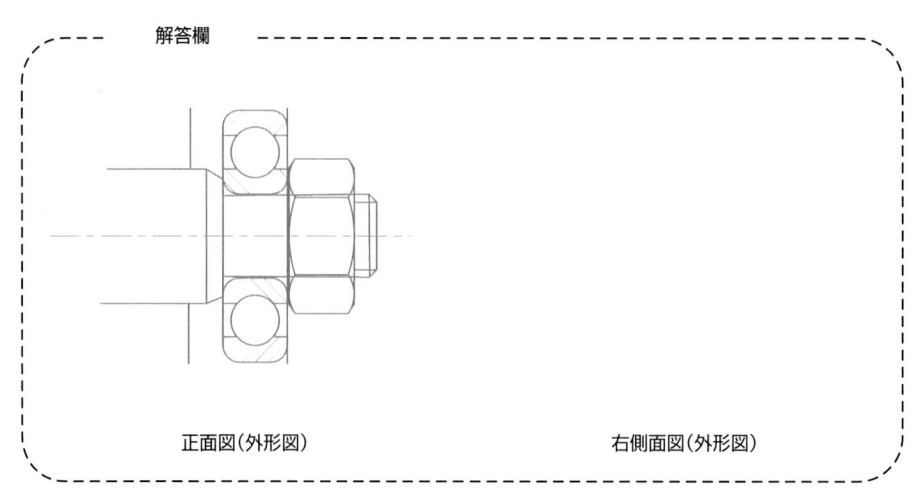

解答欄

正面図(外形図)　　　　　　　　　右側面図(外形図)

【演習9-10】 LEVEL 3

課題 組品図を断面で表した正面図のみがある。この組品図から部品②の形状を類推して描くこと。

問題 解答欄の正面図に部品②を断面図としてなぞり、類推した右側面図の外形図とかくれ線を右側にポンチ絵として記入すること。

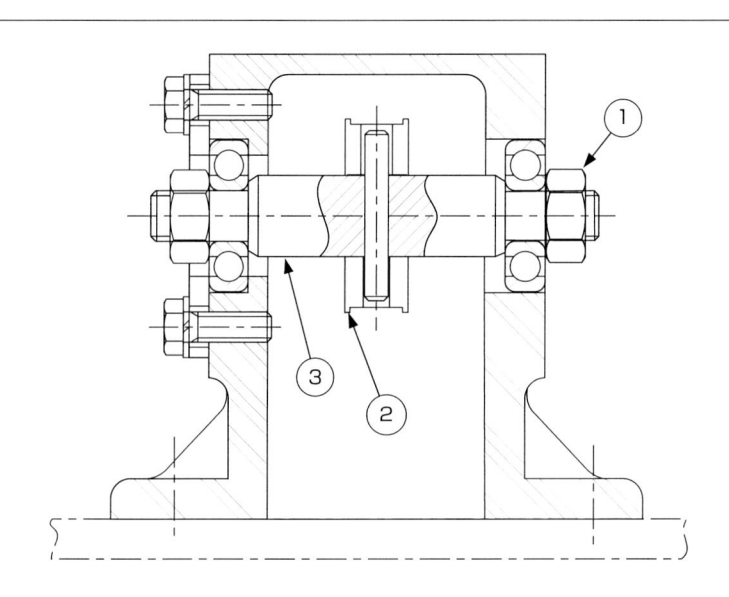

解答欄

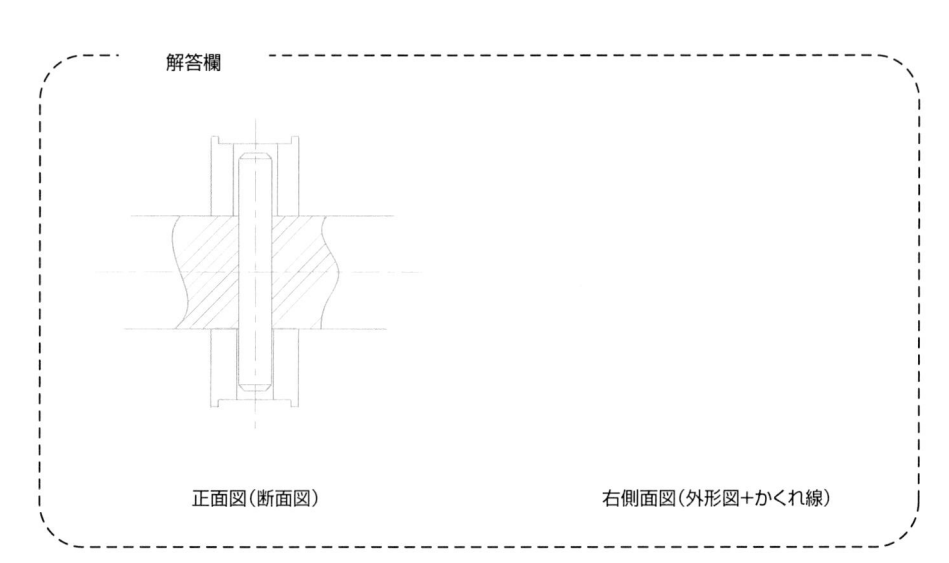

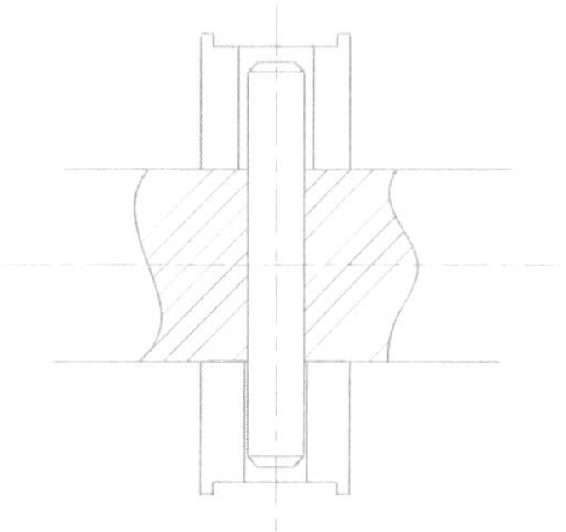

正面図(断面図)　　　右側面図(外形図+かくれ線)

第9章　空間認識センス STEP3 モチアゲの基本～組立図から部品を見極める!～

【演習9-11】　LEVEL 2

> **課題**　組品図を断面で表した正面図のみがある。この組品図から部品③の形状を類推して描くこと。
>
> **問題**　解答欄の正面図に部品③を外形線とかくれ線としてなぞり、類推した右側面図の外形図を右側にポンチ絵として記入すること。

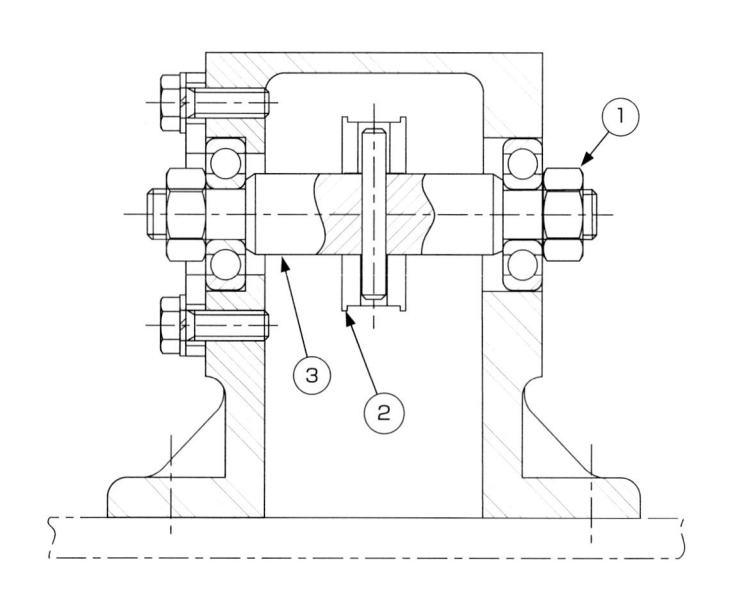

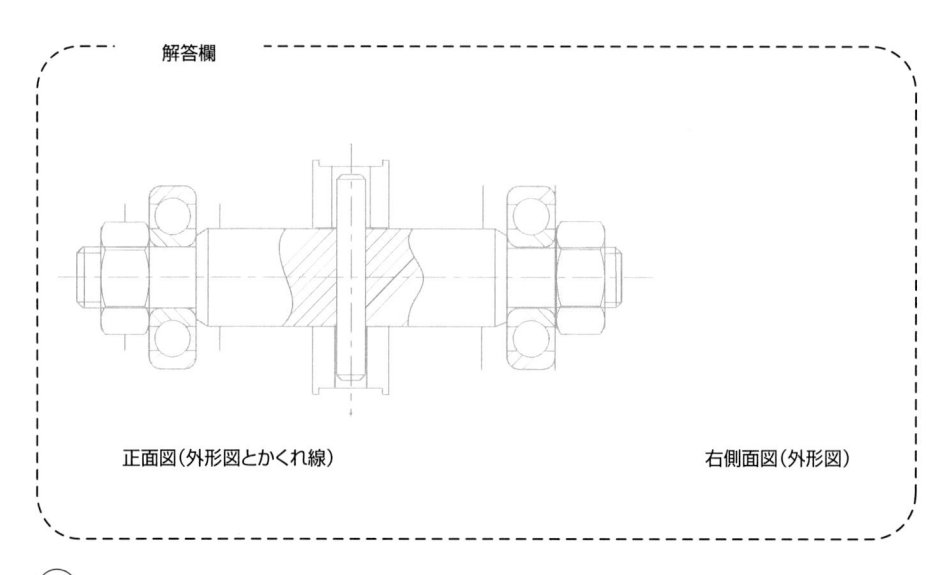

解答欄

正面図(外形図とかくれ線)　　　　　右側面図(外形図)

■D(￣ー￣*)コーヒーブレイク

工場にある組品の写真を見て構造をイメージしよう

・トースカン

　けがき工具の一種で、台座に立てた支柱に沿って上下移動できるけがき針を取りつけた工具。機械工作において、加工物に所定の水平線を引くためのもの。

・マシンバイス

　工作機械用の材料を固定するための万力。ハンドルを回すことで可動側口金を固定側口金側に押しつけて材料を固定する構造。

先輩エンジニアがアドバイスする　解答のページ

【演習9-1】

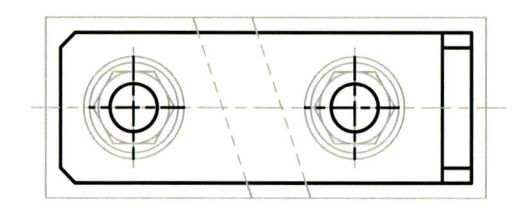

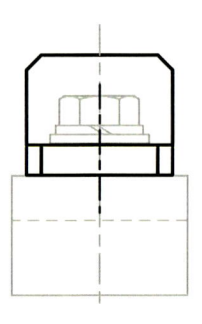

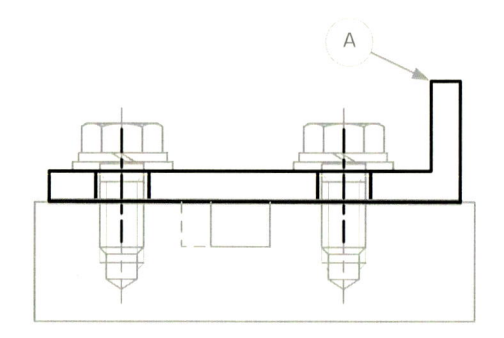

A

【演習9-2】

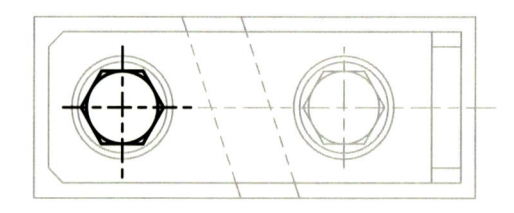

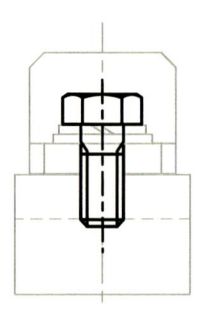

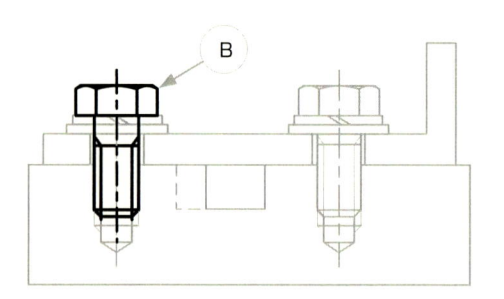

B

【演習9-3】

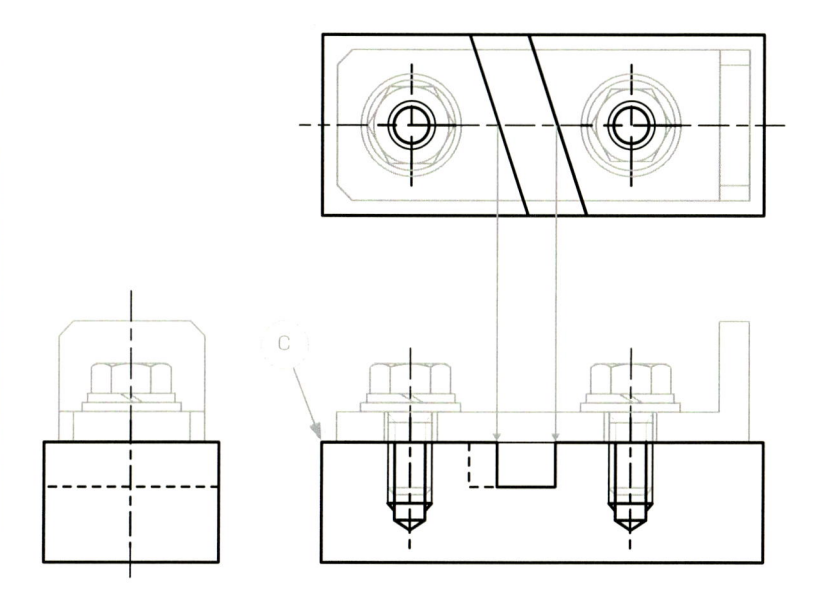

【演習9-4】

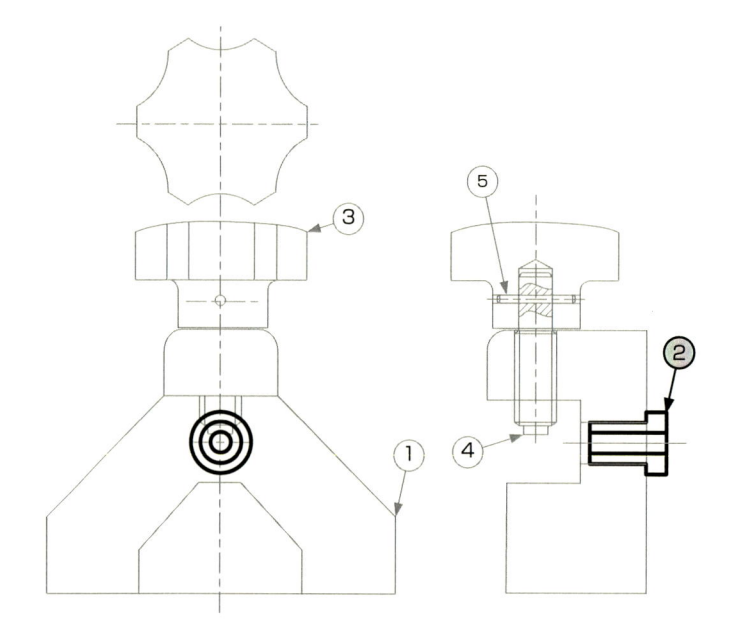

【演習9-5】

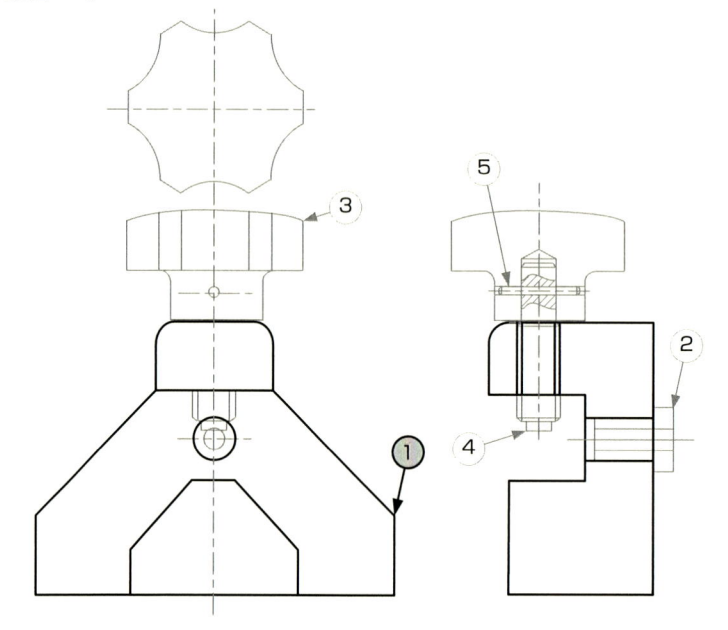

【演習9-6】

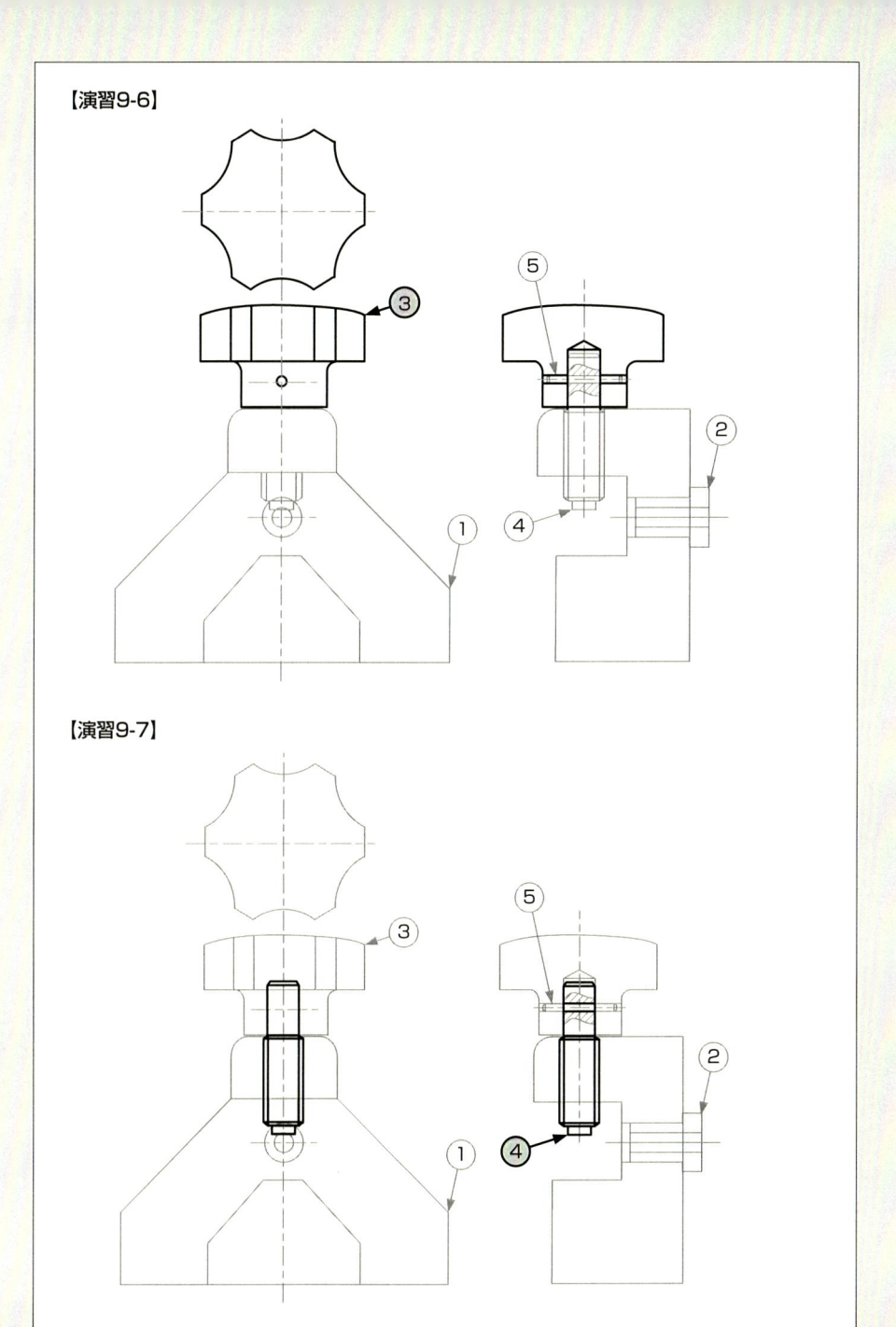

【演習9-7】

第9章　空間認識センス STEP3 モチアゲの基本〜組立図から部品を見極める!〜

【演習9-8】

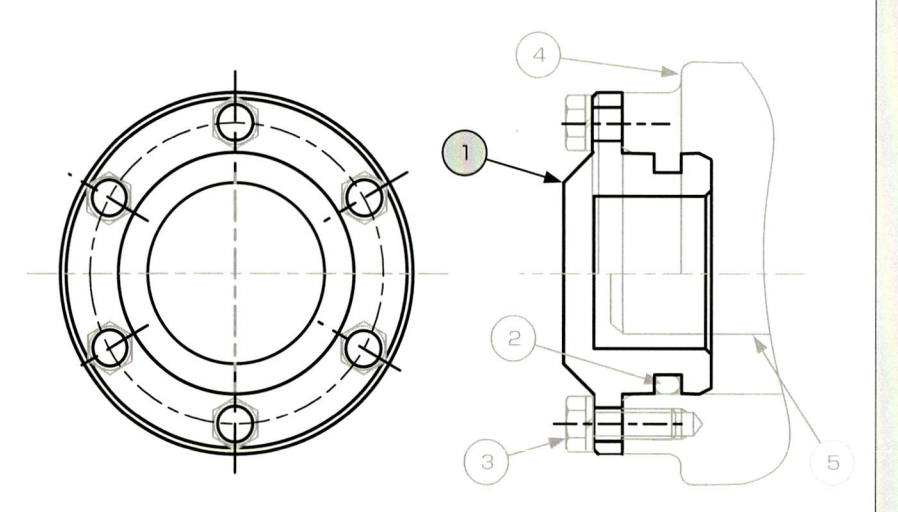

部品①はボルト③で固定される構造やから、左側面図の円周状に配置される穴は、ねじ穴ではなく貫通穴や！

一般的に対称形状のものを片側断面にするので、対称図形を思い出して描けば、全断面にできるんやで！

【演習9-9】

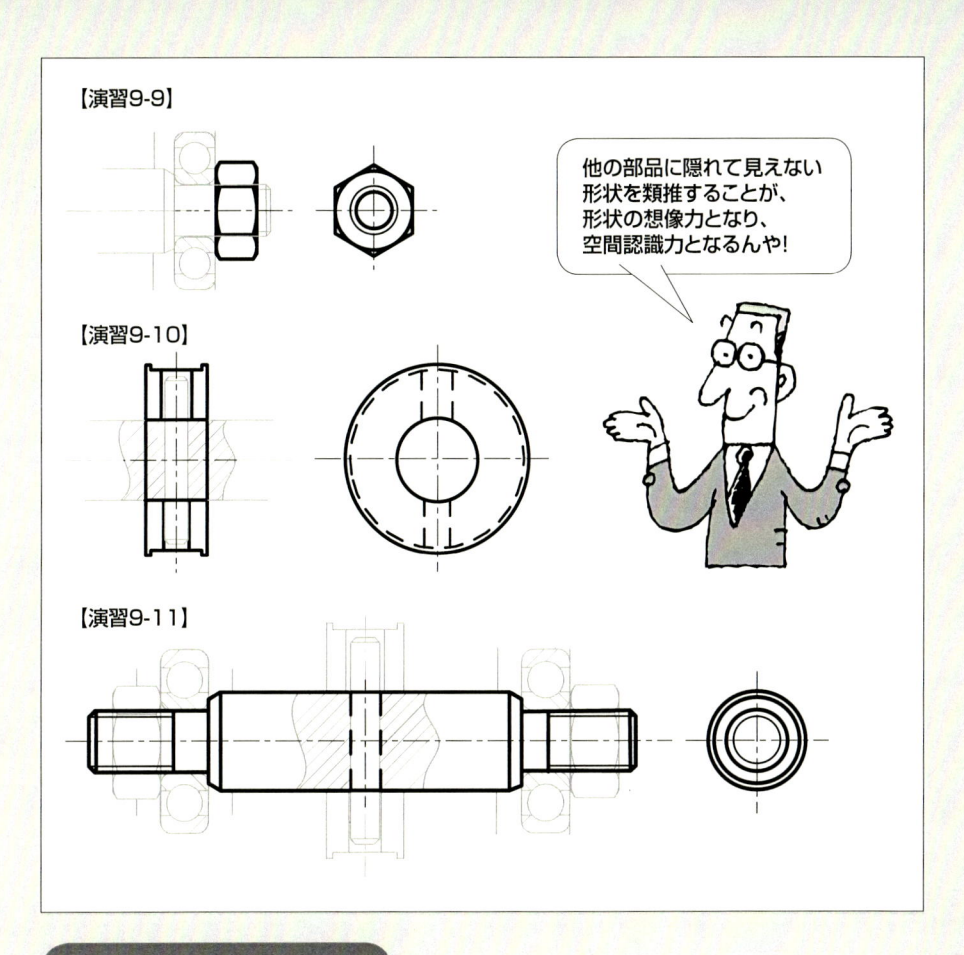

【演習9-10】

【演習9-11】

> 他の部品に隠れて見えない形状を類推することが、形状の想像力となり、空間認識力となるんや!

φ(@°▽°@) メモメモ

ねじを丸く見える方向から見たときの投影図

ねじを丸く見える方向から見た時の投影図は、下図のように2重丸で表します。

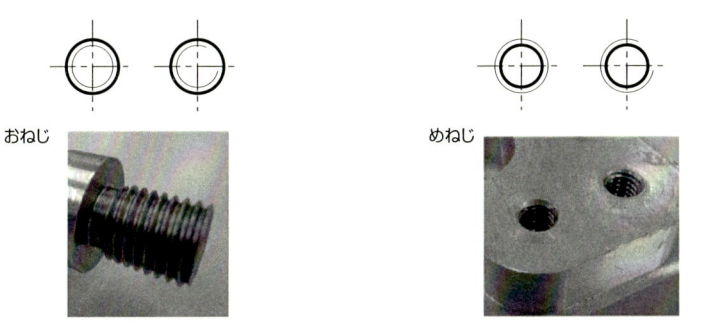

おねじ

めねじ

第9章 空間認識センス STEP3 モチアゲの基本〜組立図から部品を見極める!〜

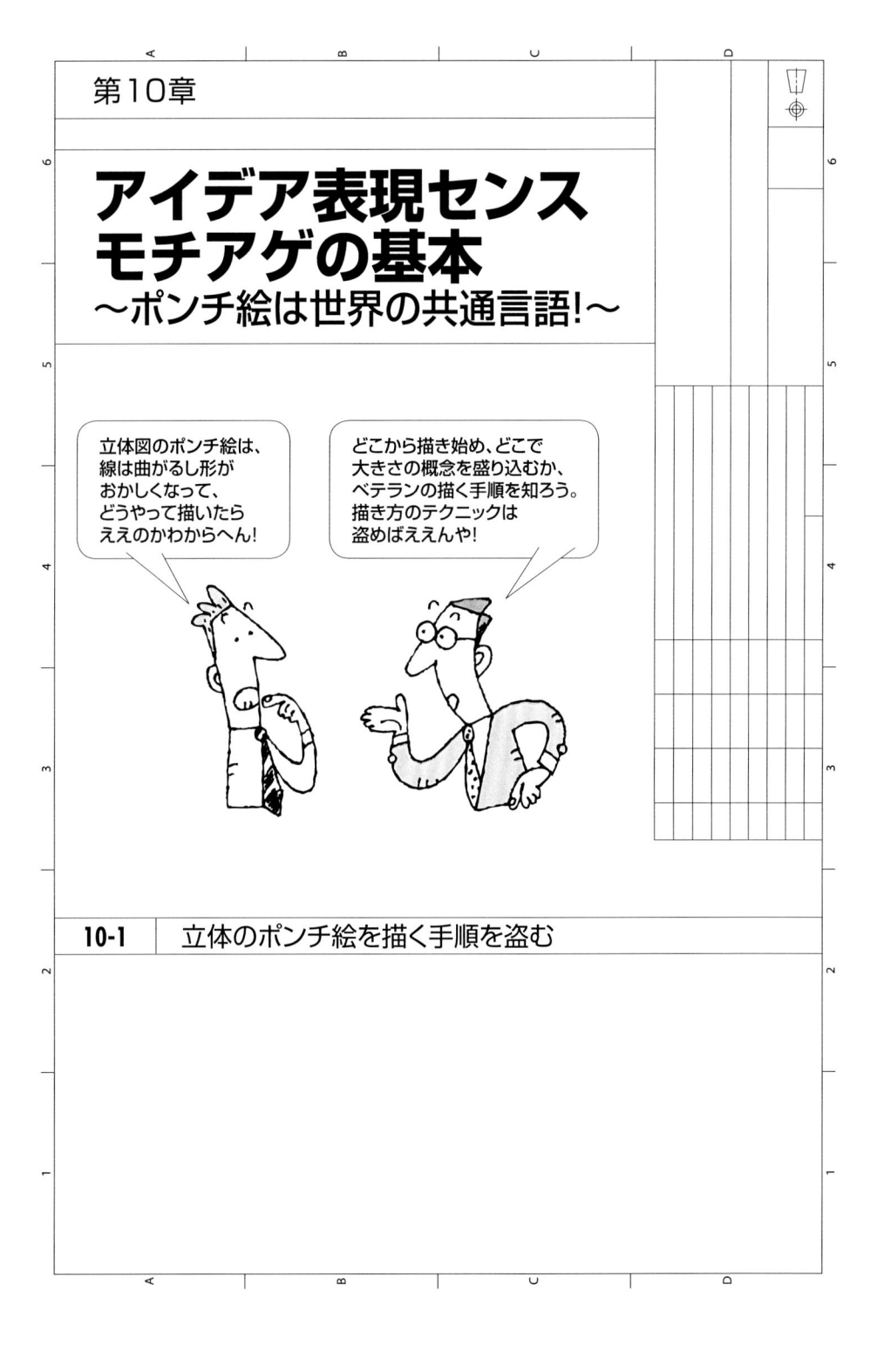

第10章

アイデア表現センスモチアゲの基本
〜ポンチ絵は世界の共通言語!〜

> 立体図のポンチ絵は、線は曲がるし形がおかしくなって、どうやって描いたらええのかわからへん!

> どこから描き始め、どこで大きさの概念を盛り込むか、ベテランの描く手順を知ろう。描き方のテクニックは盗めばええんや!

10-1 立体のポンチ絵を描く手順を盗む

第10章　1　立体のポンチ絵を描く手順を盗む

ポンチ絵を描く手順例①

簡単な図形をポンチ絵として描く手順を知りましょう！

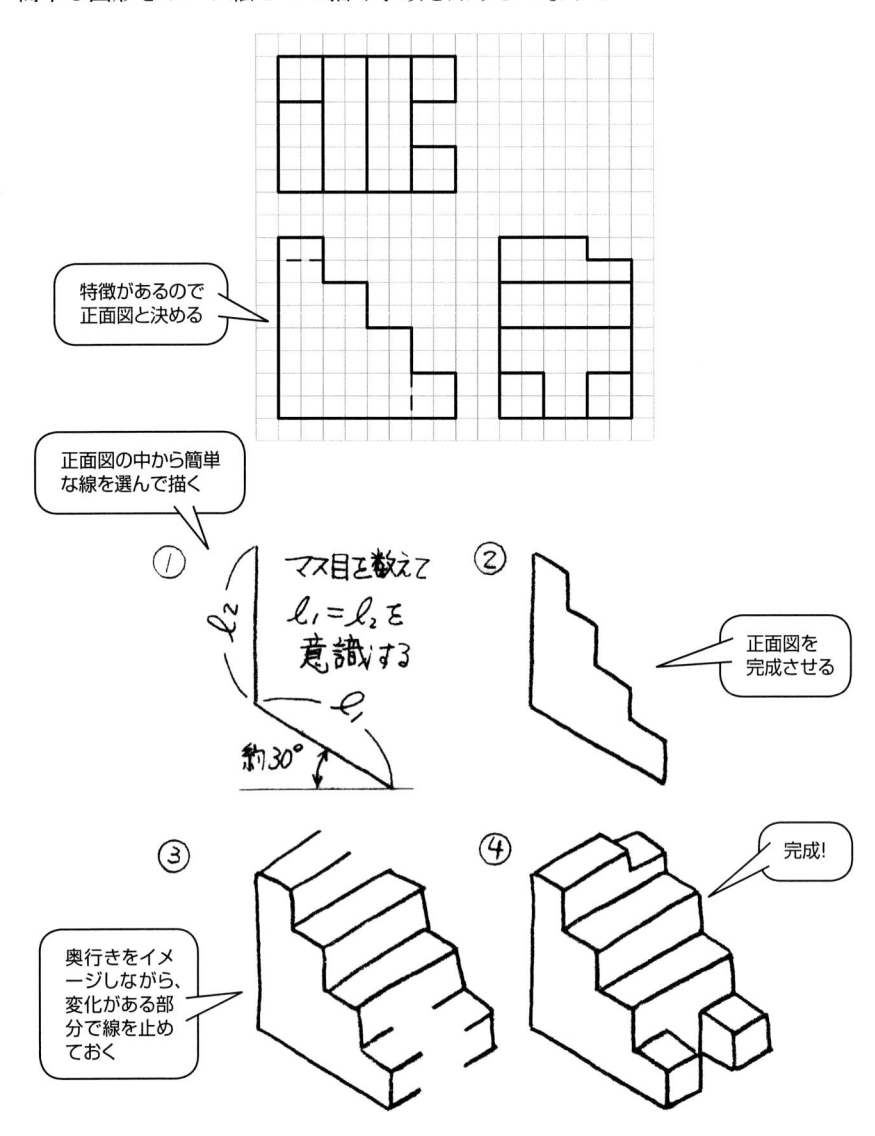

特徴があるので正面図と決める

正面図の中から簡単な線を選んで描く

① マス目を数えて $l_1 = l_2$ を意識する

約30°

② 正面図を完成させる

③ 奥行きをイメージしながら、変化がある部分で線を止めておく

④ 完成！

向きを変えて描き上げる様子です。

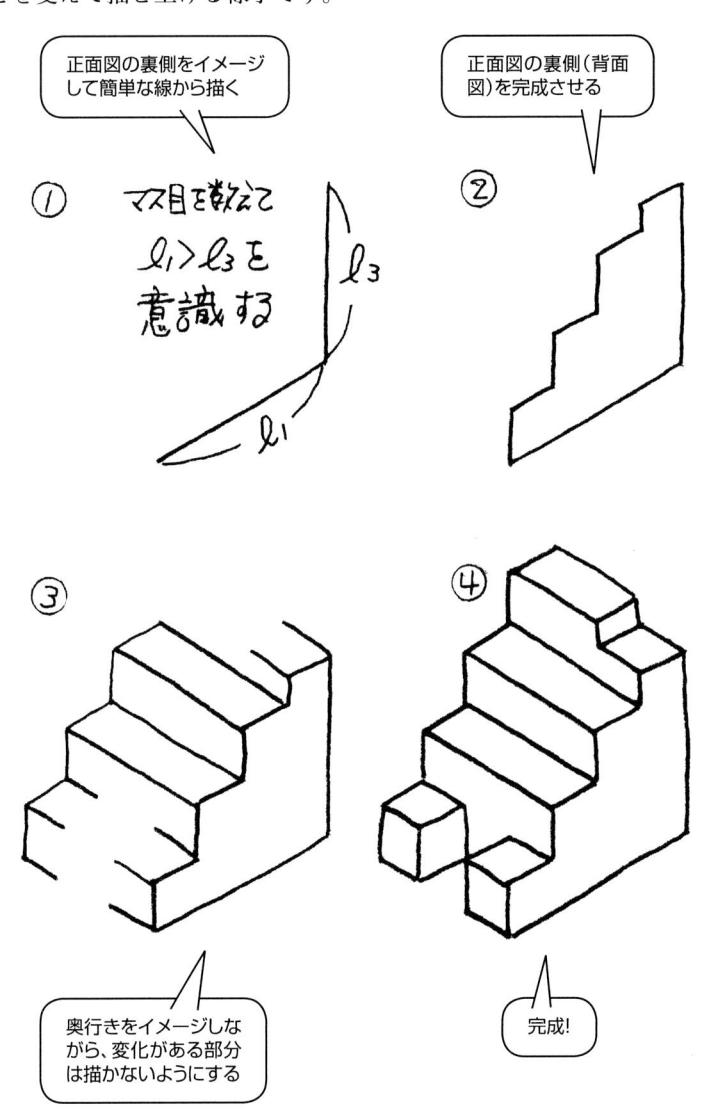

① 正面図の裏側をイメージして簡単な線から描く

マス目を数えて
$l_1 > l_3$を
意識する

② 正面図の裏側(背面図)を完成させる

③ 奥行きをイメージしながら、変化がある部分は描かないようにする

④ 完成!

(*'ェ'*)ノ 勘どころ

ポンチ絵は、漠然としたものを具体的でリアルに表現するための手段であり、定規などを使わずフリーハンドで描くことが基本です。

ポンチ絵を描く手順例②

加工や計測の基準として使われるVブロックをポンチ絵として描く手順を盗もう！

Vブロックのポンチ絵をアイソメ図（等角投影図）として描こうと思います。

Vブロック

(1) アウトライン(輪郭線)として、Vブロック下側の直線形状から描き始め、高さ方向の基準となる垂直線も合わせて描いておきます。

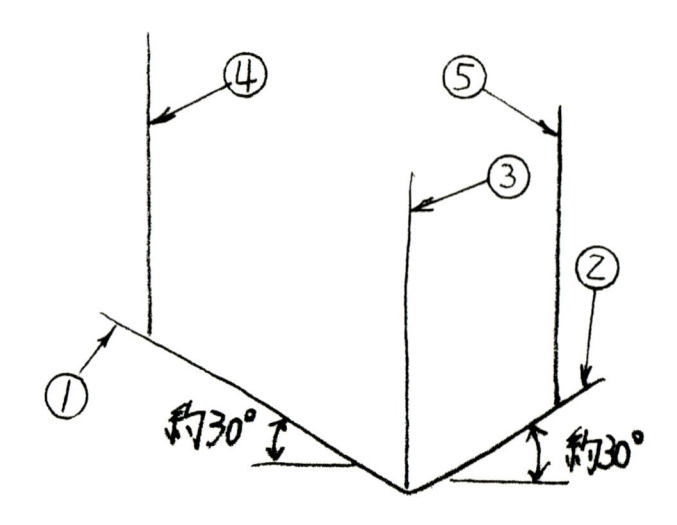

(2) Vブロックの上面を描くために、下面から線の傾きをイメージし、高さと奥行きを意識してアウトラインをスケッチします。

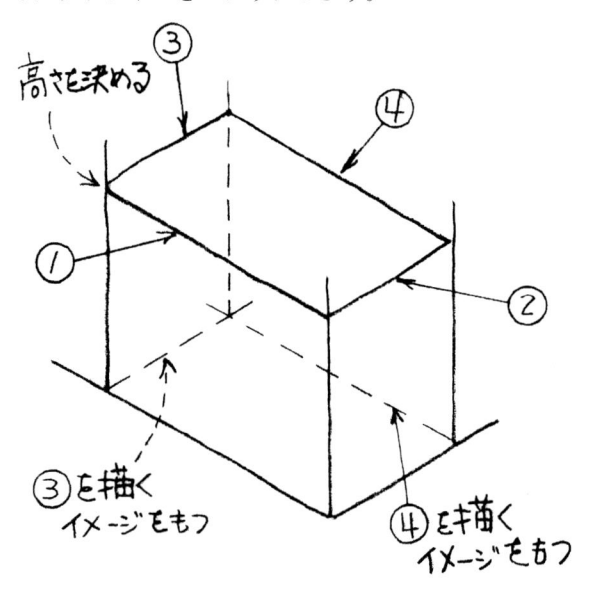

(3) V面になっている部分を描きますが、V面を均等に割り振るために、上面の端からV面の上端の厚みを描きます。その後、中心線を引いてV面の底面を高さの位置を決めて描きます。最後に、V面の斜めの線を描きます。

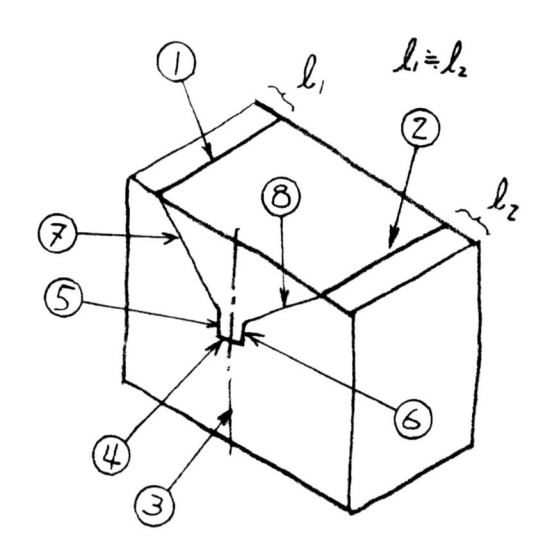

第10章 アイデア表現センス モチアゲの基本～ポンチ絵は世界の共通言語!～

(4) V面の底の部分から奥行き方向に線を描き、奥にあるV面を描きます。

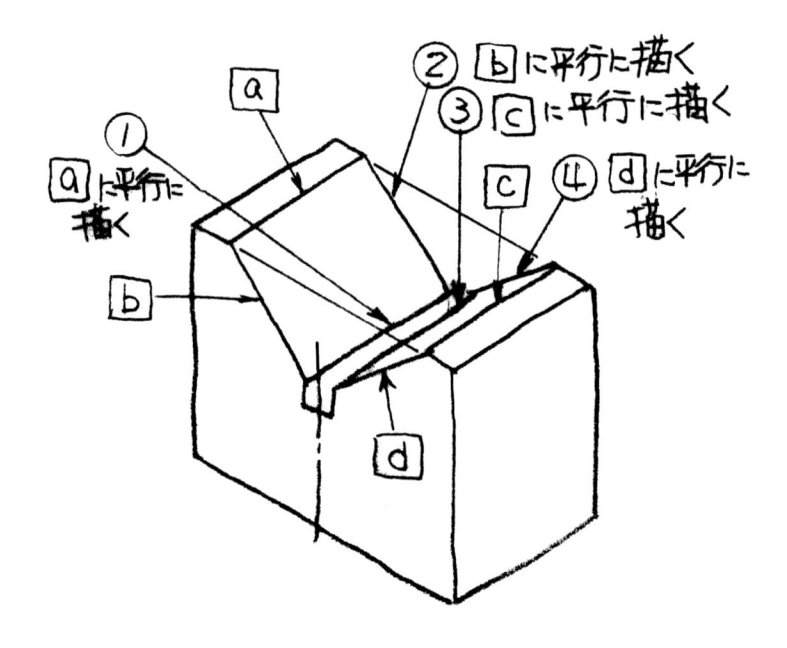

(5) 細かい部分ですが、「面が存在する」という意識をもてば、忘れやすい線を描くことができます。以上でVブロックのポンチ絵の完成です。

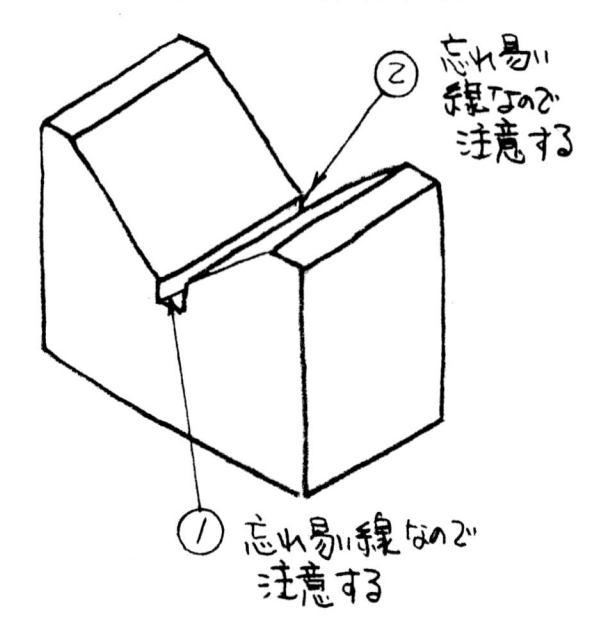

ポンチ絵を描く手順例③

ボルトとナットが組まれた状態をポンチ絵として描く手順を知ろう！

ボルトとナットが組まれた状態をアイソメ図（等角投影図）として描こうと思います。

(1) 最初に傾きを決めます。（角度 α と β は30°くらいを目安とします）
　円筒形状を描く場合は、まず中心線を描きます。そのあとでボルトとナットの大きさを意識して円筒と六角を描きます。

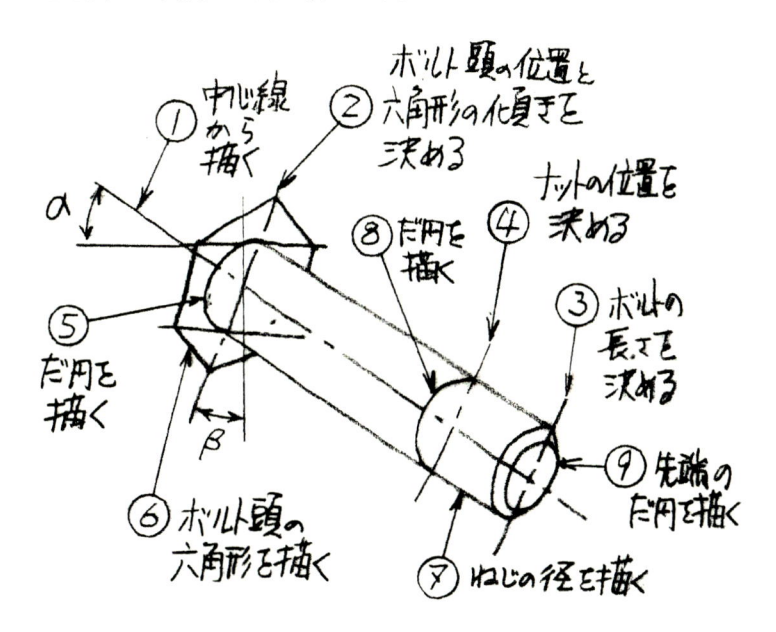

第10章　アイデア表現センス モチアゲの基本～ポンチ絵は世界の共通言語！～

(2)ボルトの六角形から参考とする引き出し線を出し、ナットの六角形を描きます。その後、ボルト六角部の厚みを描き加えます。ここでの順序は、ボルト六角部の厚みを描くのが先になってもかまいません。

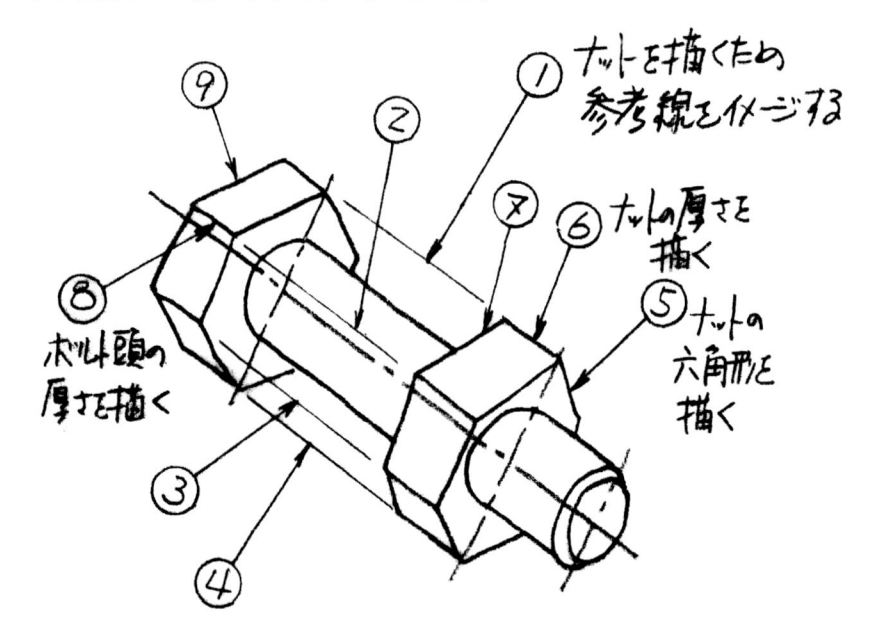

(3)ナットの面取り部の曲線を描きます。

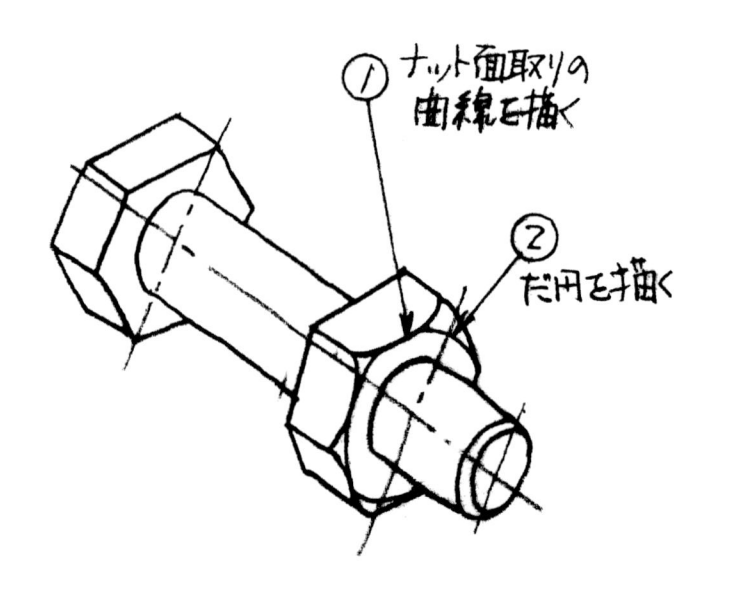

(4) 不要な下書きの線は消し、ねじ部の谷径を表す線を描きます。

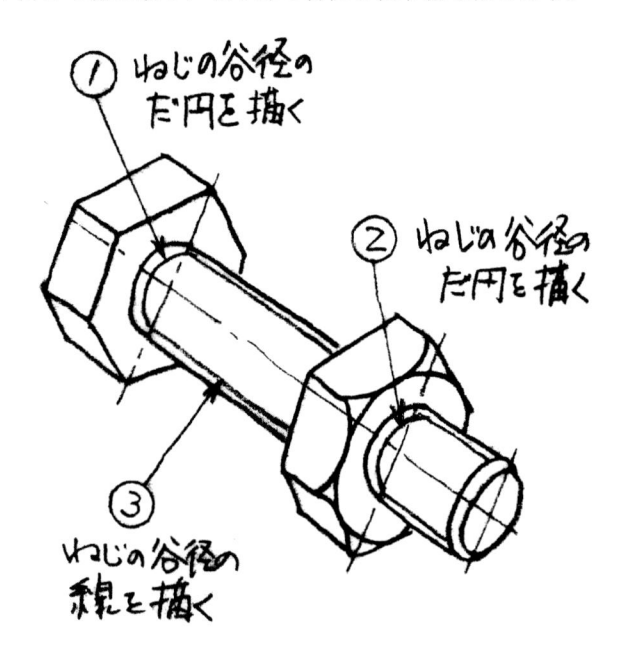

① ねじの谷径のだ円を描く

② ねじの谷径のだ円を描く

③ ねじの谷径の線を描く

(5) 不要な線は消し、ねじ部のらせん形状を描きます。少し濃く線を描くときれいに見えるでしょう。

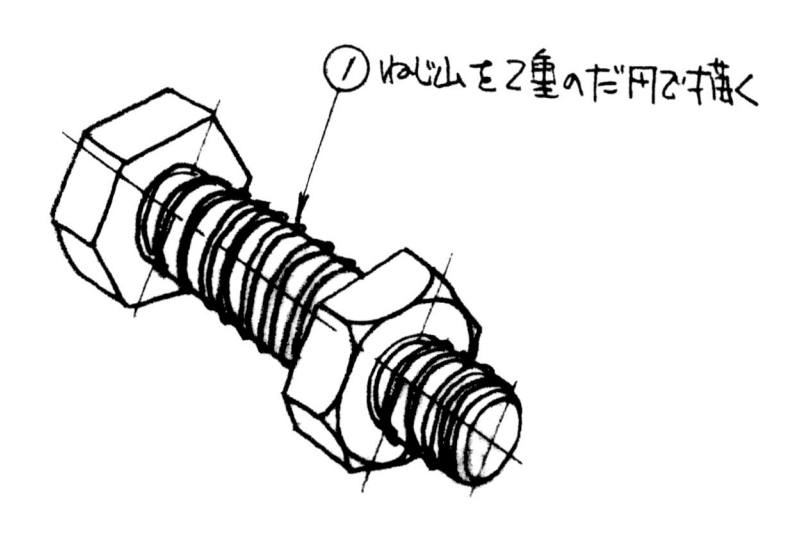

① ねじ山を2重のだ円で描く

第10章　アイデア表現センス モチアゲの基本～ポンチ絵は世界の共通言語!～

ポンチ絵を描く手順例④

ボルトとナットが組まれた状態を違う方向から見たポンチ絵として描く手順を盗もう！

「ポンチ絵を描く手順例③」の例を反対方向から見た図を描こうと思います。

(1) 最初に傾きを決めます。（角度 α と β は30°くらいを目安とします）
円筒形状を描く場合は、まずボルトの中心線を描き、ボルト頭とナットの位置を決める中心線を描いておきます。ねじ部の太さと長さを意識して下書きしておきます。ボルトとナットの六角形状の厚みを意識して円筒を描きましょう。

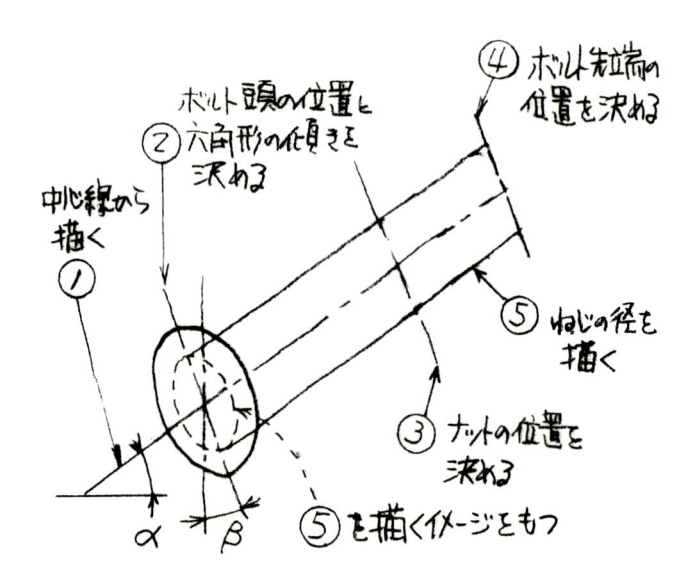

(2) ボルトとナット部の六角形状と厚みを描きます。
ボルト先端の面取りした円筒面を描きます。

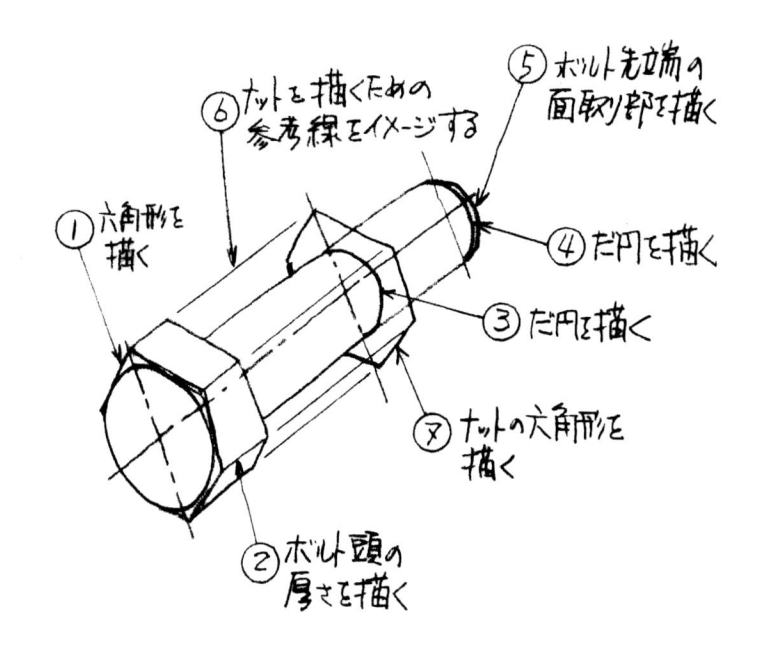

- ① 六角形を描く
- ② ボルト頭の厚さを描く
- ③ だ円を描く
- ④ だ円を描く
- ⑤ ボルト先端の面取り部を描く
- ⑥ ナットを描くための参考線をイメージする
- ⑦ ナットの六角形を描く

(3) ボルトの面取りとナットの厚さを描きます。

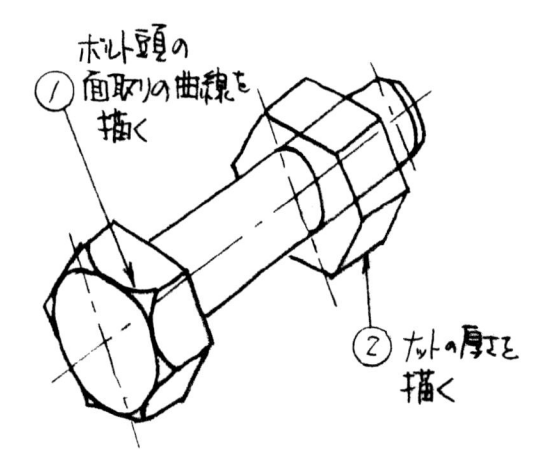

- ① ボルト頭の面取りの曲線を描く
- ② ナットの厚さを描く

第10章 アイデア表現センス モチアゲの基本～ポンチ絵は世界の共通言語!～

(4)ねじ部の谷径を表す線を描きます。

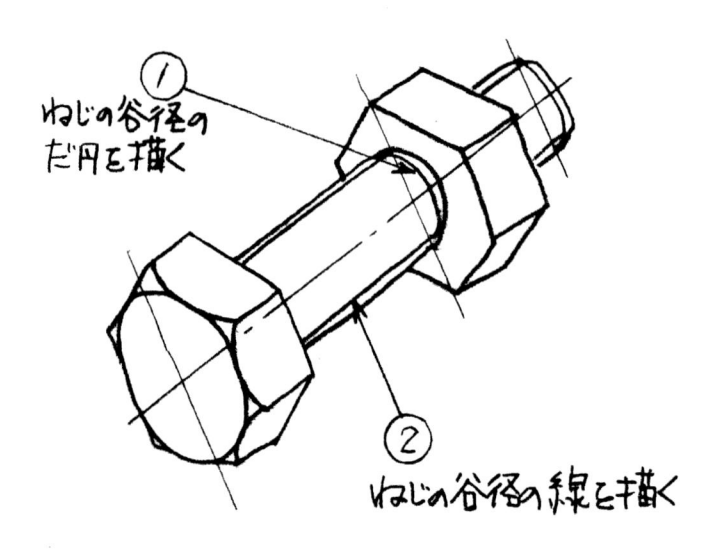

① ねじの谷径の
だ円を描く

② ねじの谷径の線を描く

(5)不要な線は消し、ねじ部のらせん形状を描きます。少し濃く線を描くときれいに
見えるでしょう。

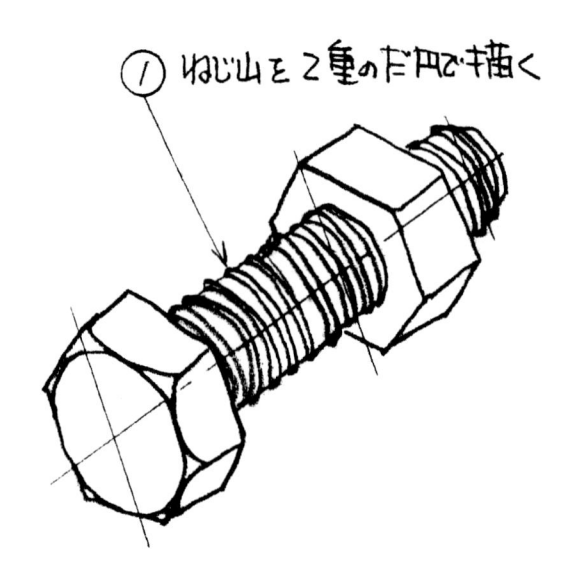

① ねじ山を2重のだ円で描く

ポンチ絵を描く手順例⑤

中・軽量の作業台をポンチ絵として描く手順を盗もう！（定規を使った例）

(1)外観（作業台の全体）をイメージし、作業台のテーブルのみを描きます。
・斜めから見たテーブルは菱形の形状をしていることをイメージします。
・上面を描き、テーブルの厚みを加えます。
・4本脚の外観をイメージします。

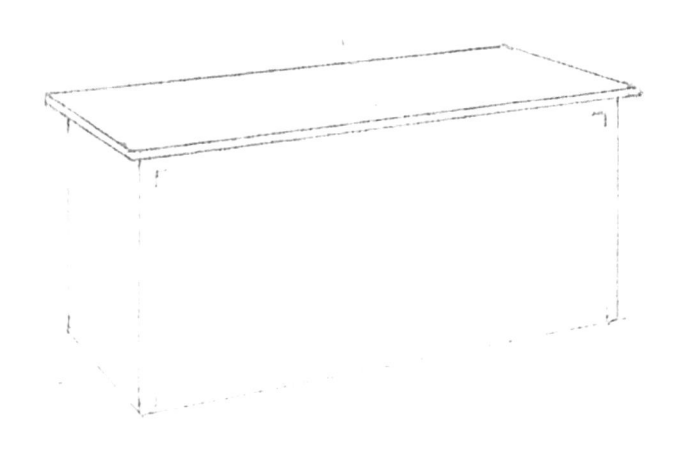

(2)4本脚の外観イメージを具体的に描きます。
手前の脚から奥の脚の順に描くとよいでしょう。

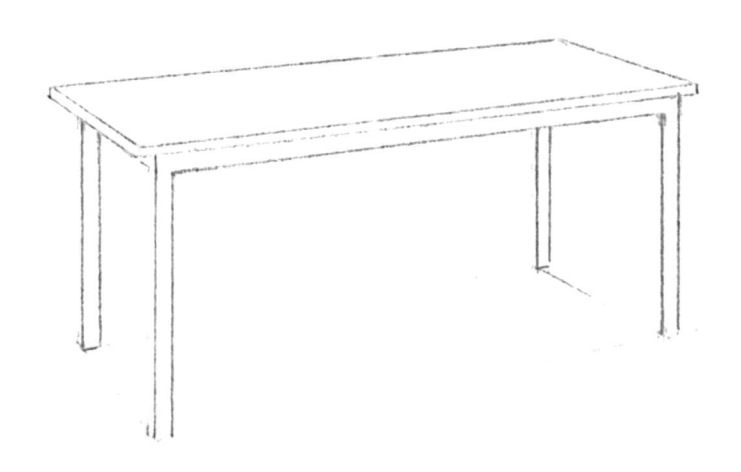

⑶4本脚に厚みを加えます。

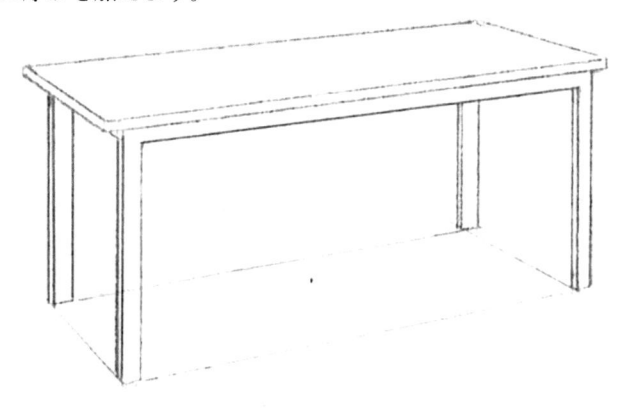

⑷脚部の繋ぎ材（短い方）を描きます。次に長い繋ぎ材をイメージします。

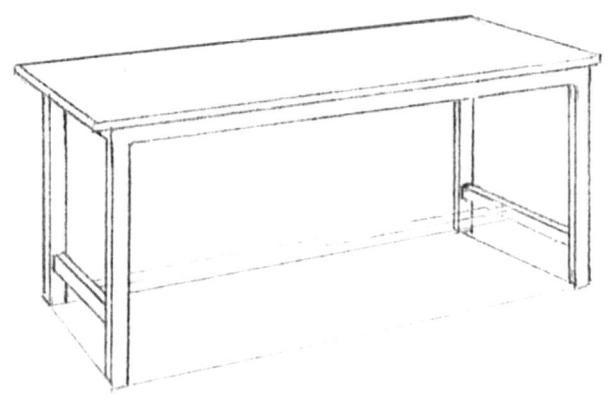

⑸脚部の繋ぎ材（長い方）を描きます。
　最後に脚下部の高さ調整用のコマを描いて完成です。

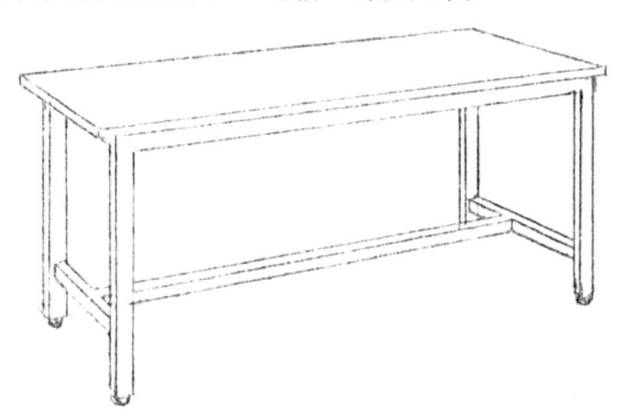

ポンチ絵を描く手順例⑥

2段スノコ台付き作業台をポンチ絵として描く手順を盗もう！（定規を使った例）

(1)外観（作業台の全体）をイメージし、作業台のテーブルのみを描きます。
　・斜めから見たテーブルは菱形の形状をしていることをイメージします。
　・上面を描き、テーブルの厚みを加えます。
　・4本脚の外観をイメージします。

(2)4本脚の外観イメージを具体的に描きます。
　手前の脚から奥の脚の順に描くとよいでしょう。

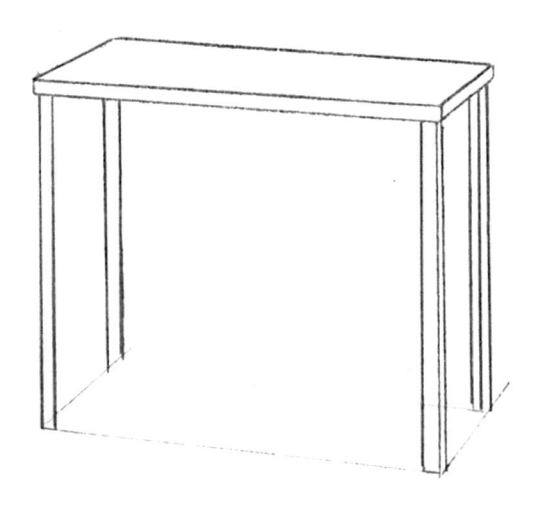

(3) 2段スノコを描きます。

(4) 2段スノコの横材を描きます。

(5) 2段スノコの横材に厚みを加え、キャスターを描きます。

ポンチ絵を描く手順例⑦

手押し車をポンチ絵として描く手順を盗もう！

(1) 外観（手押し台車の全体）をイメージし、台車の台のみを描きます。
　・斜めから見た台車面は菱形の形状をしていることをイメージします。
　・台車面を描き、厚みを加えます。

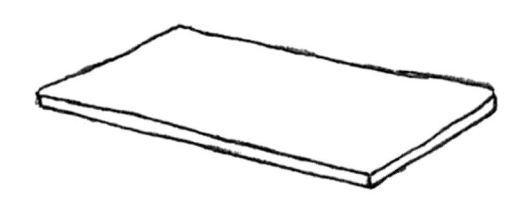

(2) 取手（ハンドル部）の垂直部を描きます。
　下から上に向かって描くとよいでしょう。

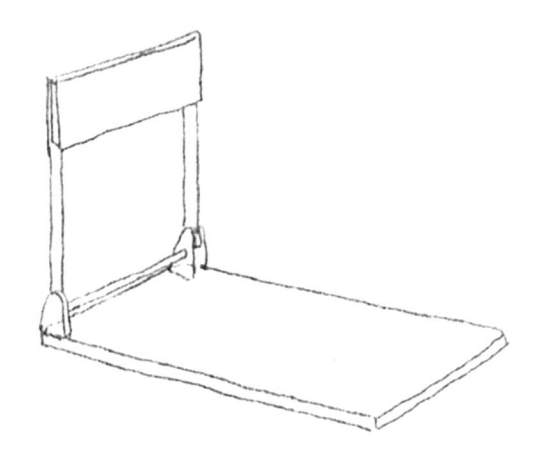

(3) 取手（ハンドル部）の持ち手を描きます。

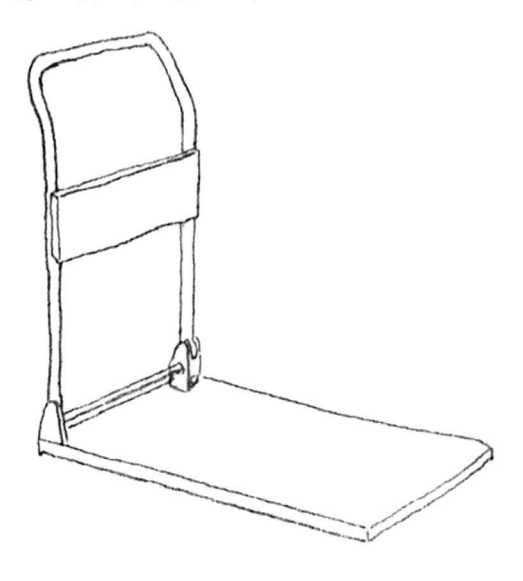

(4) 4つの車輪を描き、手押し台車が完成です。
　ハンドル部が折り畳めるとして、折り畳んだ状態をイメージし、このイメージを2点鎖線で描くと、動作と機能を表現することができます。

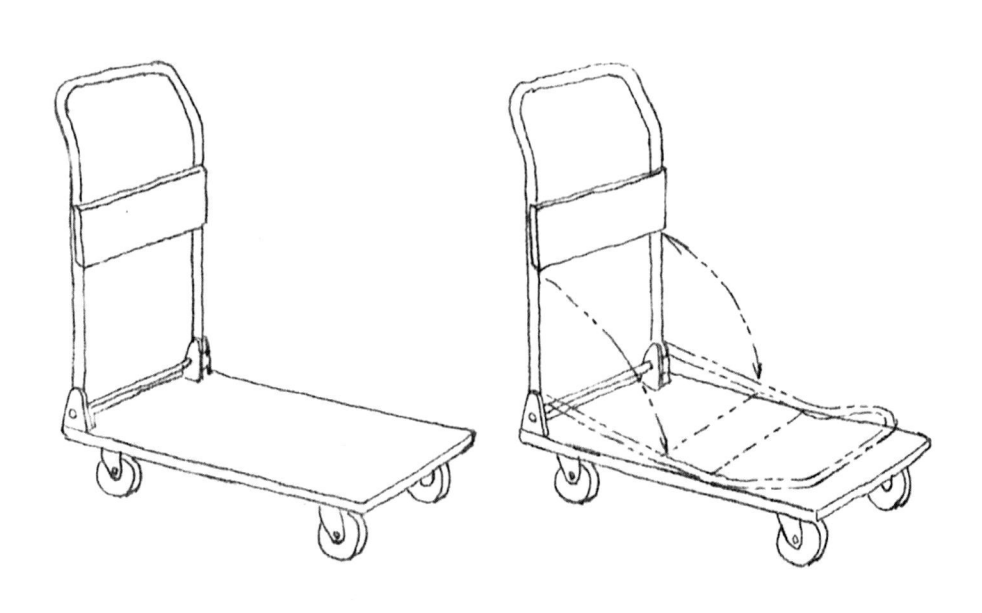

ポンチ絵を描く手順例⑧

かご台車をポンチ絵として描く手順を盗もう！

⑴ 外観（カゴ台車の全体）をイメージし、底面の台のみを描きます。
  ・斜めから見た台は菱形の形状をしていることをイメージします。
  ・上面を描き、厚みを加えます。全体の大きさもイメージしておきましょう。

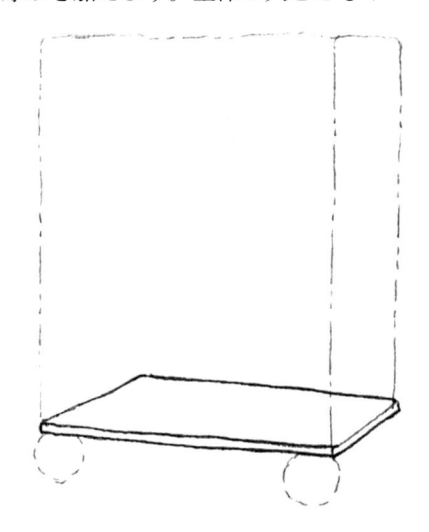

⑵ 縦のU字型のフレームを描きます。次に前面に配置されるステー（上側）、ゴムバンド（下側）を描き加えます。

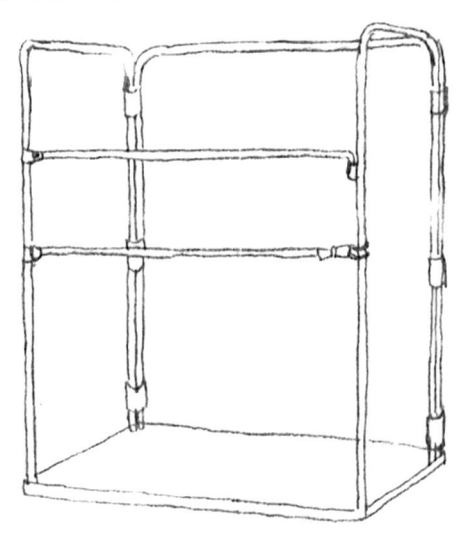

(3)すべての横材を描きます。
・見本がある場合、横材の間隔はなるべく正確に写図しましょう。

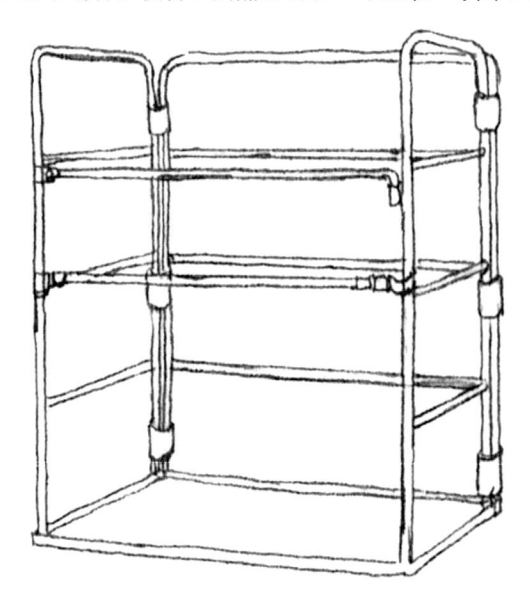

(4)すべての縦材と看板も描きます。
・見本がある場合、縦材の間隔はなるべく正確に写図しましょう。

⑸車輪を描いて完成です。車輪にストッパーのレバーを描き加えることで、機能を表現することができます。

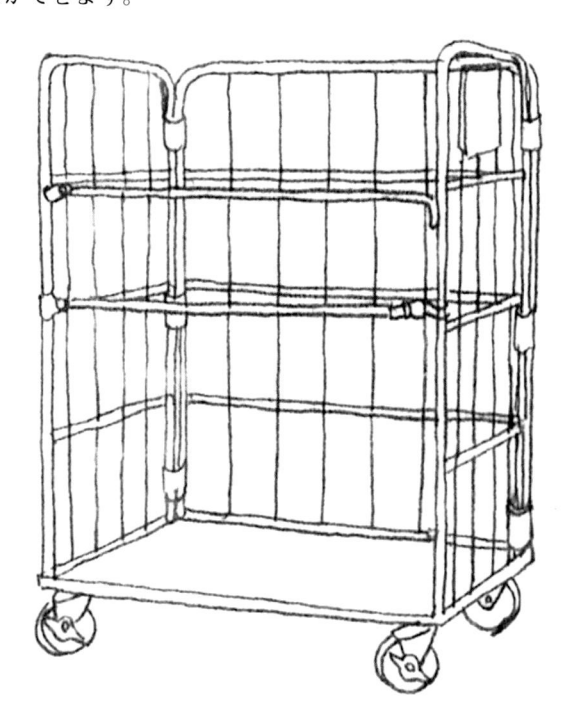

【演習10-1】　　　　　　　　　　　　　　　　　　　　　　　　**LEVEL 5**

> **課題**　基板カセットに納められたプリント基板を、炉に一枚ずつ供給する装置を示した概念図がある。3つの投影図を見て、ポンチ絵で立体図を描くこと。
>
> **問題**　解答するポンチ絵は、コピー用紙やノートを準備して、そこに記入すること。立体図の向きは、描きやすい方向で自由に決めてかまわない。

【装置の動作についての解説】

この装置は次のような順序で運転されます。

① エレベータが上昇して、カセット積載面がテーブル上面と同一の高さになった状態で、装置は待機状態になっています。

② 作業者はプリント基板が納められたカセットをエレベータに載せます。
ストッパーに当たるところまで入れます。(図はこの状態を示しています)

③ 作業者がスタートボタンを押して動作が始まります。
ただし、カセットが定位置にない場合や空のときは、警報ランプが点灯して、動作は始まりません。

④ エレベータが下降し、一番下のプリント基板が供給コンベアに載ると停止します。
このとき、プリント基板はカセットの棚から少し浮き上がった状態になります。

⑤ 供給コンベアが動き、プリント基板を炉のコンベアに供給します。
炉のコンベアは連続運転されています。

⑥ プリント基板が炉のコンベアに完全に載り移ると供給コンベアが停止します。

⑦ カセットにプリント基板が残っていると、エレベータは④からの動作を繰り返します。

⑧ カセットが空になると、エレベータは①の状態の高さまで上昇します。
カセットの棚には、いつも基板が満杯で納められているとは限らないので、途中で上昇することもあります。
作業者がカセットを取り出すと待機状態になって、移載完了を示す待機表示ランプが点灯します。

(出典:機械設計技術者試験　平成15年度版資格試験問題集　産業機械<1級>より一部改題)

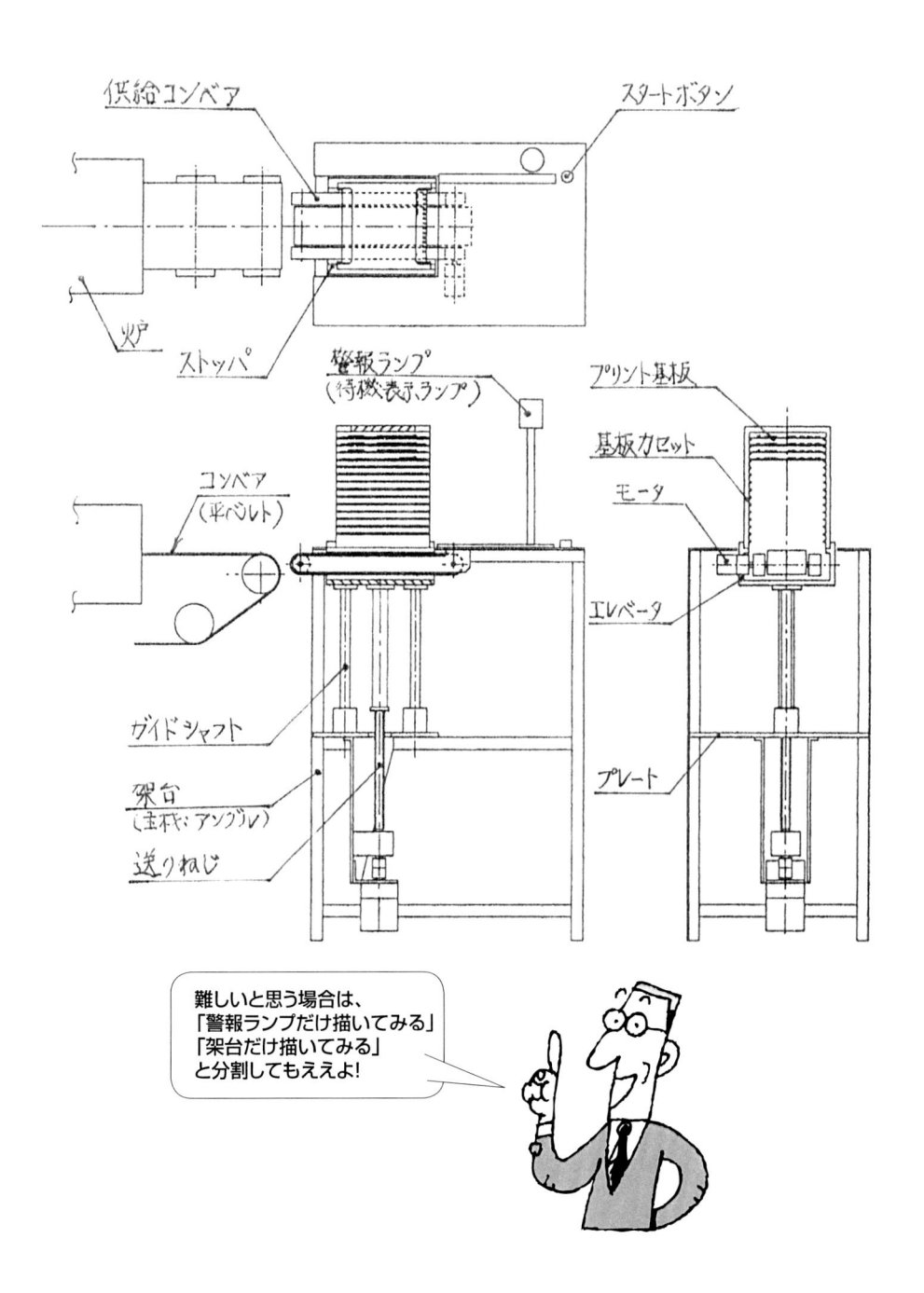

供給コンベア / スタートボタン / 炉 / ストッパ

警報ランプ（待機表示ランプ） / プリント基板 / 基板カセット / モータ / コンベア（平ベルト） / エレベータ / ガイドシャフト / 架台（主材：アングル） / 送りねじ / プレート

> 難しいと思う場合は、
> 「警報ランプだけ描いてみる」
> 「架台だけ描いてみる」
> と分割してもええよ！

先輩エンジニアがアドバイスする　解答のページ

【演習10-1】
ポンチ絵の描く手順とポイント解説
(1) 架台のテーブルを薄く描きます。
(2) 架台の脚部全体の大きさを把握し、4本脚を描きます。
(3) 炉のコンベアを描きます。とくにコンベア搬送高さと架台テーブル上面との相対位置は三面図をよく見て描きましょう。
※炉のコンベアと供給コンベアとは高さが同じであることに注意してください。
(4) 基板カセット、供給コンベアの外観を描きます。
(5) 炉の外観を描きます。
(6) 架台脚部の横材（上段・中段・下段）を描きます。
(7) エレベータのベースプレート（架台脚部の横材：中段）を描きます。
(8) エレベータの構成品（モータ、モータブラケット、カップリング、ガイドシャフト、送りねじ）を描きます。
(9) その他詳細部を描いて完成です。

方向①

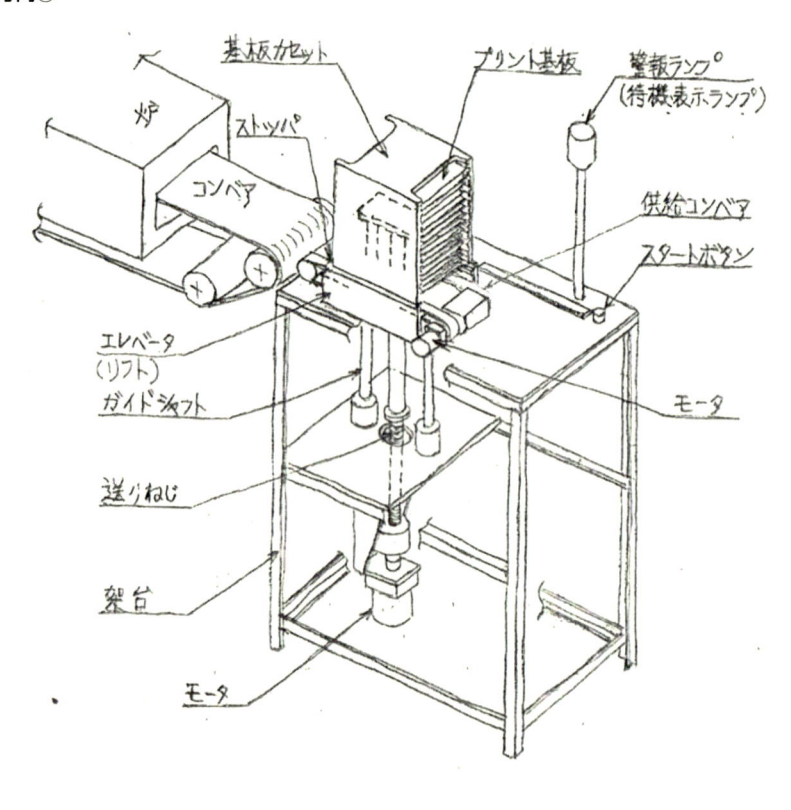

方向②

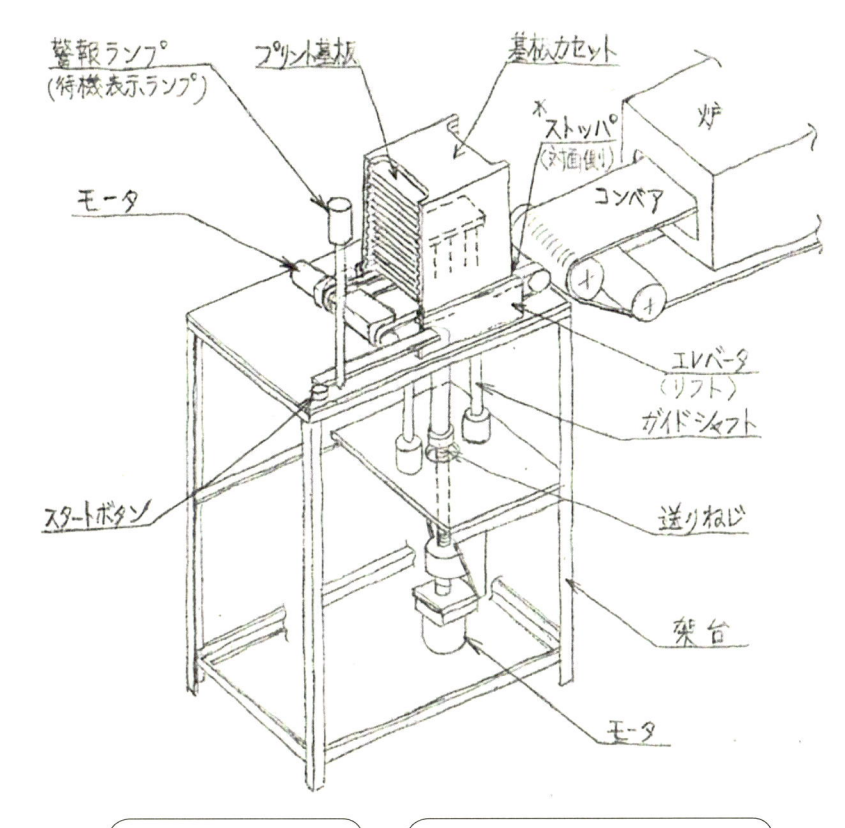

- 警報ランプ（待機表示ランプ）
- プリント基板
- 基板カセット
- モータ
- ストッパ（対面側）
- 炉
- コンベア
- エレベータ（リフト）
- ガイドシャフト
- スタートボタン
- 送りねじ
- 架台
- モータ

> 本書を通して、論理的に形状を把握し、空間認識力も少しは向上したかな？

> 構造が複雑なものほど、きれいに描けへんけど、できる部分から描き、何度も描く練習を繰り返すことが、ポンチ絵が上達する唯一の道なんや！

第10章　アイデア表現センス モチアゲの基本〜ポンチ絵は世界の共通言語！〜

● 著者紹介

山田 学 (やまだ まなぶ)

S38年生まれ、兵庫県出身。ラブノーツ代表取締役。
カヤバ工業(現、KYB)自動車技術研究所にて電動パワーステアリングとその応用製品(電動後輪操舵E-HICASなど)の研究開発に従事。
グローリー工業(現、グローリー)設計部にて銀行向け紙幣処理機の設計や、設計の立場で海外展開製品における品質保証活動に従事。
平成18年4月 技術者教育を専門とする六自由度技術士事務所として独立。平成19年1月 技術者教育を支援するためラブノーツを設立。(http://www.labnotes.jp)
著書として、『図面って、どない描くねん！』、『設計の英語って、どない使うねん！』、『めっちゃ使える！機械便利帳』、『図面って、どない描くねん！LEVEL2』、『図解力・製図力おちゃのこさいさい』、『めっちゃ、メカメカ！リンク機構99→∞』、『メカ基礎バイブル〈読んで調べる！〉設計製図リストブック』、『図面って、どない描くねん！Plus＋』、『図面って、どない読むねん！LEVEL00』、『めっちゃ、メカメカ！2 ばねの設計と計算の作法』、『最大実体公差』、共著として『CADって、どない使うねん！』(山田学・一色桂 著)、『設計検討って、どないすんねん！』(山田学 編著)『技術士第一次試験「機械部門」専門科目 過去問題 解答と解説(第3版)』、『技術論文作成のための機械分野キーワード100解説集』(Net-P.E.Jp 編著)などがある。

設計センスを磨く空間認識力"モチアゲ"
「勘」と「論理力」と「ポンチ絵スキル」をアップ！

NDC 531.9

2013年4月20日	初版1刷発行	©著 者	山田 学
2025年5月28日	初版5刷発行	発行者	井水 治博
		発行所	日刊工業新聞社

東京都中央区日本橋小網町14番1号
(郵便番号103-8548)

書籍編集部　　電話03-5644-7490
販売・管理部　　電話03-5644-7403
　　　　　　　FAX03-5644-7400
URL　　http://pub.nikkan.co.jp/
e-mail　info_shuppan@nikkan.tech
振替口座 00190-2-186076
本文デザイン・DTP──志岐デザイン事務所(矢野貴文)
本文イラスト──小島早恵
印刷──新日本印刷（POD4）

定価はカバーに表示してあります
落丁・乱丁本はお取り替えいたします。
2013 Printed in Japan
ISBN 978-4-526-07058-7　C3053

本書の無断複写は、著作権法上の例外を除き、禁じられています。

日刊工業新聞社の好評図書

図面って、どない描くねん！
―現場設計者が教えるはじめての機械製図

山田 学 著
A5判224頁　定価（本体2200円＋税）

「技術者がそのアイディアを伝える唯一の方法が製図である」と信じる著者が書いた、読んで楽しい製図の入門書。著者自身が就職してはじめて図面を描いたときの戸惑いと技能検定（機械・プラント製図）を受験してはじめて知った、"製図の作法"を読者のためにわかりやすく解説した「誰もが読んで手を打ちたくなる」本。大阪弁のタイトル、めいっぱいに詰め込まれた図面やイラスト、そのすべてに製図に対する著者のストレートな愛情が詰まっています。内容はもちろん最新のJIS製図。それに現場設計者のノウハウとコツがポイントとして随所にちりばめられています。発行以来大好評で重版を重ねている、はっきり言ってお薦めの一冊です。

＜目次＞
第1章　図面ってどない描くねん！
第2章　寸法線ってどんな種類があるねん！
第3章　寸法公差ってなんやねん！
第4章　寸法ってどこから入れたらええねん！
第5章　幾何公差ってなんやねん！
第6章　この記号はどない使うねん！
第7章　こんな図面の描き方がわからへん！
第8章　図面管理ってなんやねん！

図面って、どない描くねん！ LEVEL2
―現場設計者が教えるはじめての幾何公差

山田 学 著
A5判240頁　定価（本体2200円＋税）

　昨今では、寸法公差だけの図面では、形状があいまいに定義されるため、幾何公差を用いたあいまいさのない図面定義が必要とされています。これについては、GPS規格としてISOでも審議されてきているのです。

　本書は「幾何公差を理解することは製図を極めることである」と信じる著者による大ヒット製図入門書、第2弾。実務設計の中で戦略的に幾何公差を活用できるように、描き方から考え方、代表的な計測方法までをわかりやすく、やさしく解説しました。幾何公差をこれだけわかりやすく解説した本は他に類がありません！

＜目次＞
第1章　バラツキって、なんやねん！
第2章　データムって、なんやねん！
第3章　幾何特性って、なんやねん！
第4章　形状公差って、どない使うねん！
第5章　姿勢公差って、どない使うねん！
第6章　位置公差って、どない使うねん！
第7章　振れ公差って、どない使うねん！
第8章　幾何公差の相互依存って、なんやねん！
第9章　幾何公差を使ってみたいねん！

日刊工業新聞社の好評図書

図面って、どない描くねん!Plus＋
―現場情報を図面に盛り込むテクニック

山田 学 著
A5判224頁　定価（本体2200円＋税）

　正しい製図をするためには、JIS製図の作法に則って正確に図面を描くことが必要です。ただし、本当に現場で役に立つ図面を描くためには、ルールブックには指示されていない加工や計測に配慮した現場独自の情報を図面に盛り込み、ベテラン設計者のような図面を描かなければいけません。

　そこで、本書は「図面って、どない描くねん!」シリーズのいずれの読者にも役に立つ、「ルールブックにはない現場の情報」を図面に盛り込むためのテクニックを紹介。従来描いていた図面に、「何をプラスすればベテランのような図面を描くことができるか」をやさしく、わかりやすく解説しています。本書を読んで図面を描けば、現場の作業者を唸らせることができます!

＜目次＞
第1章　設計形状と設計意図を表す寸法記入の関係
第2章　製図の手順を知り、設計の都合を図面に盛り込む
第3章　加工から図面に何を反映させるべきかを知る
第4章　図面と計測の関係から基準面の重要性を知る
第5章　加工と計測の都合を図面に盛り込む(1)
第6章　加工と計測の都合を図面に盛り込む(2)
第7章　まとめ

めっちゃ使える! 機械便利帳
―すぐに調べる設計者の宝物

山田 学 編著
新書判176頁　定価(本体1400円＋税)

　著者自身が工場の現場や、CADの前でちょっとした基本的なことを調べたいときにあると便利だと思い、自作していたポケットサイズの手帳を商品化したもの。工場の現場でクレーム対応している最中や、デザインレビュー等の会議の場ですぐに利用できる手軽なデータ集です。

　記入できるメモ部分もありますので、どんどん使い込んで自分だけの便利帳にしてください。装丁は、デニム調のビニール上製特別仕立て。まさに設計現場で戦うエンジニアの宝物です。

＜目次＞
第1章　設計の基礎
第2章　数学の基礎
第3章　電気の基礎
第4章　力学の基礎
第5章　機械製図の基礎
第6章　材料の基礎
第7章　機械要素の基礎
第8章　海外対応の基礎
〈付録〉　メモ帳(方眼紙)

日刊工業新聞社の好評図書

図解力・製図力 おちゃのこさいさい
―図面って、どない描くねん！LEVEL0

山田 学 著
B5判228頁（2色刷） 定価（本体2400円＋税）

　ついに登場した究極の製図入門書。ヒット作「図面って、どない描くねん！」のLEVEL0にあたるレベルでありながら、「図解力と製図力を身につけることを目的とした」ドリル形式の入門書です。「図解力が乏しいということは設計力が弱いことを意味する」と主張する著者が世界一やさしい製図本を目指して書いています。学習しやすい横レイアウト、全編2色刷の見やすい内容、豊富な演習問題(Work Shop)、従来の製図書にはなかった設計の基本的な計算問題にも対応、そして何より楽しく学習するための工夫がいっぱい詰まっています。

<目次>
第1章　立体と平面の図解力
第2章　JIS製図の決まりごと
第3章　寸法記入と最適な投影図
第4章　組み合せ部品の公差設定
第5章　設計に必要な設計知識と計算
第6章　Work Shop解答解説

めっちゃ、メカメカ！リンク機構99→∞
―機構アイデア発想のネタ帳

山田 学 著
A5判208頁　定価（本体2000円＋税）

　リンク機構とは、複数のリンクを組み合わせて構成した機械機構。これは、機械設計や機械要素技術の基本中の基本ですが、設計実務の中でリンク機構を考案する際、イレギュラーな機構ほど機構考案に時間がかかり、しかも、機構アイデアには経験や知識が問われます。

　本書はこのリンク機構設計の仕組みと基本がよくわかる本であり、パラパラとめくって最適な機構を探せる、あると便利なアイデア集でもあります。ぜひ、本書から無限大の発想を生み出して下さい。

<目次>
第1章　リンク機構の基本
第2章　メカトロとリンク機構
第3章　四節リンクの揺動運動
第4章　四節リンクの回転運動
第5章　四節リンクとスライド機構
第6章　その他の四節リンクの運動
第7章　多節リンクの運動

| 日刊工業新聞社の好評図書 |

メカトロニクス The ビギニング
――「機械」と「電子電気」と「情報」の基礎レシピ

西田 麻美 著
A5判184頁　定価（本体1600円＋税）

　ロボットをはじめ、家電、自動車、生産機械など、あらゆる機械や電気製品に使われているメカトロニクス技術。その「メカトロニクス」を理解するために、そして実際の実務に携わる前に、「これだけは知っておいてほしい」基礎知識を、「完全にマスターできる」くらいにやさしく解説、紹介した本。著者はHPでも人気の女性工学博士。「機械」「電子電気」「情報」と幅広い分野の知識を1冊に閉じこめた、宝箱のような本です。

＜目次＞
第1章　メカトロニクスを支える技術者と役割
第2章　メカトロニクスに必要な制御の知識
第3章　メカトロニクスを構成する技術
第4章　メカトロニクスを実践してみよう

ついてきなぁ！加工部品設計で3次元CADのプロになる！
――「設計サバイバル術」てんこ盛り

國井 良昌 著
A5判224頁　定価（本体2200円＋税）

　板金部品、樹脂部品、切削部品の3次元CAD設計を通して、設計初心者をベテラン設計者に導く本。「設計サバイバル術」と称したノウハウポイントを「てんこ盛り」で紹介した、機械設計者すべてに役に立つ入門書。
　3次元CADの断面作成機能を駆使して、加工形状の「断面急変部」を回避することが設計サバイバルの第1歩。本書を理解して、「トラブル」や「ケガ」を最小限に止める究極のサバイバル術を身に付けよう。

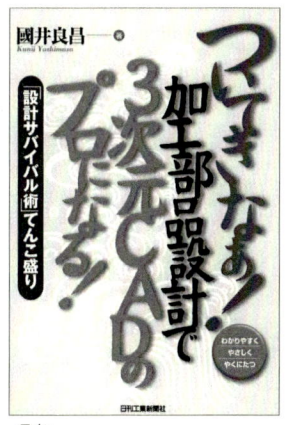

＜目次＞
第1章　究極の設計サバイバル術
第2章　板金部品における設計サバイバル術
第3章　樹脂部品における設計サバイバル術
第4章　切削部品における設計サバイバル術

日刊工業新聞社の好評図書

図面って、どない読むねん！
LEVEL 00
―現場設計者が教える
　図面を読みとるテクニック

山田 学 著
A5判248頁　定価（本体2000円＋税）

　図面を描く上で専門用語すら知らない「図面を読む立場の人」や、そういった相手を意識して図面を描かねばならない技術者向けの「製図＜読み／描き＞トレーニング」本。図面を見て話をする際に頻繁に出てくる用語を、具体的な図形や写真を使って解説。同時に、図面を読み描きする際に最低限必要な「LEVEL 00」相当の図解力も養います。もちろん、はじめて製図を勉強する人にもおすすめです。
　読み手の思考に合わせたページ展開で、とても読みやすく、わかりやすくなっています。

＜目次＞
第1章　正確に図形を伝える言葉を、知らなあかんねん！
第2章　投影図を読み解くとは、類推することやねん！
第3章　投影図以外の情報を、手がかりにすんねん！
第4章　投影図を読み解く、ワザがあるねん！
第5章　寸法数値以外の記号が、読み解くカギやねん！
第6章　寸法はばらつくから、公差があるねん！
第7章　幾何公差は寸法と区別して、考えなあかんねん！
第8章　溶接記号は丸暗記せんでええねん！
第9章　専門用語を知らな、読めへん図面があるねん！
第10章　図面管理に必要な記号を、見逃したらあかんねん！

めっちゃ、メカメカ！2
ばねの設計と計算の作法
―はじめてのコイルばね設計

山田 学 著
A5判218頁　定価（本体2000円＋税）

　「めっちゃ、メカメカ！」の続編として、「ばね」に焦点を当て、ばね設計を解説する本。特殊な「ばね」は割愛し、基本的なコイルばねに限定して、その設計方法を導く。実際にコイルばねを設計する際には、設計ポイントの知識をもって計算しなければいけない。本書はそのニーズに応えるわかりやすい入門書。読者に理解してもらうための、こだわりすぎなほどの著者の丁寧さが、「めっちゃ、メカメカ」の真骨頂。

＜目次＞
第1章　ばね効果を得るための工夫ってなんやねん！
第2章　スペースや効率を考えて材料と形状を選択する
第3章　機能を考えて、コイルばねの種類を選択する
第4章　圧縮ばねを設計する前に知っておくべきこと
第5章　圧縮ばねの計算の作法（実践編）
第6章　引張りばねを設計する前に知っておくべきこと
第7章　引張りばねの計算の作法（実践編）
第8章　ねじりばねを設計する前に知っておくべきこと
第9章　ねじりばねの計算の作法（実践編）

日刊工業新聞社の好評図書

最大実体公差
―図面って、どない描くねん！LEVEL3

山田 学 著
A5判170頁　定価（本体2200円＋税）

「図面って」シリーズ最高峰のレベル3！最高難度を求める人にこそ読んで欲しい1冊。さらに進化した幾何公差、それが、「最大実体公差」。寸法公差と幾何公差の"特別な相互関係"にある最大実体公差は、論理性を持って読み解かなければ設計意図を理解できない。また同様に図面に指示することさえできない。機械製図の最高峰である「最大実体公差」をやさしく解説した本。

<目次>

第1章　独立の原則と相反する包絡の条件ってなんやねん！

第2章　どないしたら幾何公差だけ増やせんねん！

第3章　最大実体公差って、どの幾何公差に使ったらええねん！～形状公差・姿勢公差編～

第4章　最大実体公差って、どの幾何公差に使ったらええねん！～位置公差編～

第5章　機能ゲージって、どない設計すんねん！

第6章　最大実体公差を、もっと簡単に検査したいねん！

第7章　その他の幾何公差テクニックはどない使うねん！